质子交换膜燃料电池水热管理技术基础及应用

涂正凯 余 意 著

科学出版社
北 京

版权所有，侵权必究

举报电话：010-64030229，010-64034315，13501151303

内 容 简 介

本书在综述质子交换膜燃料电池水热管理技术研究进展的基础上，介绍了燃料电池水气传输的基本机制；提出了质子交换膜燃料电池温度场分布的测量方法，研究了不同操作条件对燃料电池内部温度分布的影响及其热平衡机制；研究了质子交换膜燃料电池在高温高压下的运行特性，并对燃料电池的最优工作压力进行了推导分析；研究了质子交换膜燃料电池的尾气冷凝机制，并提出尾气冷凝除湿和尾气冷凝自增湿两种不同机制对燃料电池性能的影响；研究了重力辅助排水机制对质子交换膜燃料电池性能影响的机理，并利用单电池和电堆进行试验验证其机理；本书还重点研究了闭口系质子交换膜燃料电池的水气管理方法，并提出了影响燃料电池耐久性的水淹和碳腐蚀机制。

本书主要供具备一定燃料电池研究基础和开发经验的大学生、研究生及相关科技研究和工程开发人员参考。

图书在版编目（CIP）数据

质子交换膜燃料电池水热管理技术基础及应用/涂正凯，余意著. —北京：科学出版社，2017.11
ISBN 978-7-03-055285-3

Ⅰ.①质… Ⅱ.①涂… ②余… Ⅲ.①质子交换膜燃料电池-研究
Ⅳ.①TM911.4

中国版本图书馆 CIP 数据核字（2017）第 274190 号

责任编辑：吉正霞 王 晶 / 责任校对：董艳辉
责任印制：张 伟 / 封面设计：苏 波

科 学 出 版 社 出版
北京东黄城根北街 16 号
邮政编码：100717
http://www.sciencep.com

北京凌奇印刷有限责任公司 印刷
科学出版社发行 各地新华书店经销

*

开本：787×1092 1/16
2017 年 11 月第 一 版 印张：12
2022 年 3 月第五次印刷 字数：277 000
定价：60.00 元
（如有印装质量问题，我社负责调换）

前　言

燃料电池采用友好、安全、高效的方式——电化学反应,将氢能源中的化学能转变为电能,而被称为终极环保的能源转换装置。进入21世纪,经历近半个世纪的研究和开发,燃料电池技术实现了跨越式的突破,其在交通、电力和通信等领域也得到了小规模的示范和推广。然而,燃料电池商业化应用仍然受制于其较低的稳定性和耐久性,其中影响燃料电池可靠运行和使用寿命的最大制约因素是水热管理。

作者在科研院校和工业界从事质子交换膜燃料电池技术研究和开发逾十年,主要研究方向是通过改善质子交换膜燃料电池水热管理技术,提高质子交换膜燃料电池的稳定性和耐久性。作者在国际能源和电化学专业期刊上发表科学论文近50篇,承担和参与燃料电池基础研究的基金项目和电堆及系统设计开发的工程项目10余项,积累了一定的经验和丰富的资料。本书立足于上述工作撰写,书中大量引用了作者所在单位的试验结果和作者学生及同事在国内外期刊上发表的学术论文。可以说本书是作者同事和学生集体努力工作的成果。在本书出版之际,作者衷心感谢参与本书撰写和编辑工作的所有同仁,尤其感谢裴厚昌博士和陈奔博士对本书撰写工作的支持。

本书分为6章。第1章首先对质子交换膜燃料电池工作原理进行了简单的介绍,燃料电池种类有很多种,本书主要针对质子交换膜燃料电池水气传输进行研究。因本书所面向的是具备一定燃料电池研究和开发经验的学者和工程师,对于质子交换膜燃料电池的工作原理只做简单的描述,对于燃料电池相关的热力学和电化学知识本书不做赘述。然后介绍了质子交换膜燃料电池水气传输的机制,作为深入探索水热管理技术的基础。第2章至第6章分别介绍了质子交换膜燃料电池的温度分布及热平衡机制、高温高压运行特性、尾气冷凝机制、重力辅助排水机制及影响耐久性的水淹和碳腐蚀机制。本书内容循序渐进,从质子交换膜燃料电池水气传输的机制出发,最后通过对水淹和碳腐蚀机制的研究和阐述,将质子交换膜燃料电池领域的重点和难点问题——水气管理与耐久性结合在一起。

由于作者水平有限,书中难免存在疏漏之处,还请广大读者批评指正。

涂正凯　余　意
2017年3月1日

目 录

1 质子交换膜燃料电池水热管理机制 1

  1.1 质子交换膜燃料电池简介 1
    1.1.1 质子交换膜燃料电池工作原理 4
    1.1.2 质子交换膜燃料电池结构 5
    1.1.3 质子交换膜燃料电池堆简介 6
  1.2 质子交换膜燃料电池水热传输机制 7
    1.2.1 概述 7
    1.2.2 质子交换膜燃料电池水管理研究现状 8
    1.2.3 质子交换膜燃料电池热分布研究现状 14
    1.2.4 质子交换膜燃料电池水传输机制 18
  1.3 质子交换膜燃料电池扩散层表面液滴脱离机理 20
  参考文献 22

2 质子交换膜燃料电池温度分布及热平衡机制 27

  2.1 质子交换膜燃料电池扩散层温度分布 27
    2.1.1 数学模型 27
    2.1.2 计算模型 29
    2.1.3 模型假设 30
    2.1.4 单流道扩散层温度分布 30
    2.1.5 操作压力对温度分布的影响 31
    2.1.6 反应气体流量对温度分布的影响 32
    2.1.7 进气温度对温度分布的影响 33
  2.2 氢空质子交换膜燃料电池温度场分布的实验研究 34
    2.2.1 燃料电池电堆温度分布的在线监测方法 35
    2.2.2 氢空燃料电池温度分布特性 39
    2.2.3 操作条件对氢空燃料电池温度分布的影响 40
  2.3 氢氧质子交换膜燃料电池温度场分布的实验研究 47
    2.3.1 氢氧燃料电池堆温度分布研究方法 47
    2.3.2 氢氧燃料电池温度分布 48
    2.3.3 操作条件对氢氧燃料电池温度分布的影响 52

2.4 质子交换膜燃料电池内热平衡的理论分析 …… 55
  2.4.1 不同过量系数进出口水蒸气流量分布 …… 57
  2.4.2 对流换热量与总散热量的关系 …… 57
  2.4.3 冷却水散热量分析 …… 58
  2.4.4 电堆的产热速率分析 …… 59
  2.4.5 系统热平衡分析 …… 60
参考文献 …… 62

3 质子交换膜燃料电池高温高压运行特性 …… 64
3.1 理论公式推导 …… 65
3.2 温度和压力对理论电压的影响 …… 67
3.3 最优工作压力分析 …… 68
3.4 燃料电池电堆高温运行特性分析 …… 69
参考文献 …… 72

4 质子交换膜燃料电池尾气冷凝机制 …… 74
4.1 尾气冷凝除湿对燃料电池性能的影响 …… 74
  4.1.1 尾气冷凝除湿的理论机制 …… 74
  4.1.2 尾气冷凝除湿机制的实验方法 …… 77
  4.1.3 温度对电堆性能的影响 …… 78
  4.1.4 阴极相对湿度对燃料电池性能的影响 …… 81
  4.1.5 操作压力对燃料电池性能的影响 …… 82
  4.1.6 尾气冷凝除湿对电池运行稳定性的影响 …… 83
4.2 尾气冷凝自增湿对燃料电池性能的影响 …… 85
  4.2.1 燃料电池尾气冷凝系统设计 …… 85
  4.2.2 尾气冷凝对电池性能的影响 …… 86
  4.2.3 燃料电池尾气冷凝回收水量 …… 87
  4.2.4 尾气冷凝自增湿散热特性分析 …… 89
参考文献 …… 94

5 质子交换膜燃料电池重力辅助排水机制 …… 95
5.1 重力辅助排水理论分析 …… 95
5.2 燃料电池单电池重力辅助排水的实验研究 …… 99
  5.2.1 单电池重力辅助排水实验方法 …… 99
  5.2.2 单电池基本性能 …… 102
  5.2.3 不同流速电池性能 …… 103
  5.2.4 不同温度低流速电池性能 …… 104

  5.2.5 反应气体不加湿对电池性能影响 ·· 105
 5.3 燃料电池堆重力辅助排水的实验研究 ·· 106
  5.3.1 电堆重力辅助排水实验方法 ··· 107
  5.3.2 相同进气方式、不同倾斜角度对电池性能的影响 ···················· 109
  5.3.3 相同倾斜角度、不同进气方式对电池性能的影响 ···················· 111
  5.3.4 电堆竖直放置时电池浓差极化比较与分析 ······························ 113
 参考文献 ··· 113

6 闭口系质子交换膜燃料电池水气管理机制 ··· 115
 6.1 闭口燃料电池脉冲排放动态响应特性的实验研究 ······················· 116
  6.1.1 闭口系燃料电池脉冲排放动态特性的实验研究方法 ················ 116
  6.1.2 阳极脉冲排放特性 ··· 118
  6.1.3 阴极脉冲排放特性 ··· 126
  6.1.4 阳极闭口运行对膜电极的影响 ··· 131
 6.2 阳极闭口系燃料电池的阴极出口开口率优化的实验研究 ··········· 139
  6.2.1 阳极闭口系燃料电池的阴极出口开口率优化的实验方法 ········ 139
  6.2.2 阴极开口率对阳极闭口燃料电池运行稳定性影响 ···················· 141
  6.2.3 不同阳极开口率下运行性能诊断 ··· 142
 6.3 阴、阳极全闭口系燃料电池运行特性的实验研究 ······················· 148
  6.3.1 阴、阳极全闭口系燃料电池运行特性的实验研究方法 ············ 148
  6.3.2 阴、阳极全闭口系燃料电池运行特性研究 ······························ 150
  6.3.3 工作温度对全闭口运行影响 ··· 151
  6.3.4 压差对全闭口运行影响 ··· 153
  6.3.5 闭口系燃料电池运行性能诊断 ··· 157
  6.3.6 阴、阳极全闭口燃料电池运行优化 ··· 159
 6.4 闭口系燃料电池启停衰减特性的实验研究 ··································· 168
  6.4.1 闭口系燃料电池启停衰减特性的实验研究方法 ······················· 168
  6.4.2 横电流和横电压放电 ··· 171
  6.4.3 启动和停机过程 ··· 172
  6.4.4 闭口系燃料电池启停衰减诊断 ··· 173
 参考文献 ··· 180

1 质子交换膜燃料电池水热管理机制

1.1 质子交换膜燃料电池简介

传统的化石能源如石油、煤、天然气等是通过燃烧反应将化学能直接转化为机械能，同时产生热能并释放出粉尘、一氧化碳、二氧化碳等物质，它们对自然环境和地球生态造成非常不利的影响。通过燃烧反应将应用较为广泛的化石能源如汽油、柴油等转化为机械能的效率受卡诺循环限制而较低，一般为 26%～40% 和 34%～45%，天然气转化效率略有增加，仍不过 35%～40%。对于交通运输行业，不但需要提出高燃料转化率要求，还需努力减少尾气排放，早日实现尾气的零排放愿景。许多企业在提升自身竞争力的同时还致力于减少因尾气排放而引发的环境污染。对于我国电力行业，目前采用最多的是火力发电，占总发电量的 70% 以上。然而火力发电会产生大量的环境污染物，包括废气、废水以及废渣等有害物质，此外，还伴随有噪声。加上全球气温变暖引发的全球自然灾害日益频繁，随着经济发展，环境污染也逐步恶化，这些都对开发清洁能源提出越来越迫切的要求[1]。

清洁能源指的是无污染物质产生的能源，主要包括可再生能源以及核能。可再生能源因其自身优势不存在能源枯竭的问题，因此越来越受到各个国家尤其是传统化石能源短缺国家的重视。核能产生能量的同时会消耗燃料铀，因此不是可再生能源，而且核能利用的成本相对较高。此外，没有哪个国家能保证核电站的绝对安全，包括技术和管理最先进、最成熟的国家。人类历史上发生的几次核泄漏事件都对人类生活和自然环境造成了不可恢复的破坏，如美国的三里岛核事故、苏联的切尔诺贝利核事故以及日本的福岛核电站泄漏事故均对世人产生极大的消极影响。此外，在战争或恐怖袭击中核电站很容易成为攻击的目标，核电站在遭到袭击后不可避免地对人类和环境造成极其严重且不可恢复的后果。基于此，目前一些发达国家在对核电站项目建设上都极其谨慎，如德国计划逐步关闭目前境内所有的核电站，致力于发展可再生能源，但由于技术不够成熟，目前可再生能源成本普遍要比其他传统化石能源高。

某些可再生能源，如太阳能、水力、风力等受地域和环境的制约。最重要的是可再生能源的利用不但初期投资和过程维护成本高，而且可再生能源的能效低，因而其所需电成本提高。目前各国许多科学家正在努力对提高可再生能源利用效率的方法进行研究。随着地球资源特别是传统化石能源的加速耗竭以及日益严重的环境问题，致力于发展可再生能源刻不容缓。

可再生能源氢能具有无污染排放、热值高、来源丰富等优点，日益受到世人的广泛重视，并被各国公认为理想能源。国际能源界曾做出预测，21 世纪是能源的革命时期，人类社会的发展将会告别传统的化石能源，进入经济氢能的可持续发展时代。有专家认为，在所有清洁能源类中,氢能最具发展前途,其丰富的来源和优越的使用性能将会在能源领域中扮演非常重要的角色。氢能是氢的化学能,氢主要以化合态的形式存在,是分布最广泛的物质,占宇宙质量的四分之三。氢气可以从化石燃料以及水等氢化物中制得,也属于二次能源。目前,工业上生产氢气的方式有很多,常见的有煤炭气化制氢、重油及天然气催化裂解制氢、水电解制氢、太阳能光解制氢等。其中太阳能和水可以认为是用之不竭的物质。通过利用太阳能以及水转化的氢气作为能源使用后重新变成水,是一种理想的可持续发展能源。

燃料电池是一种将燃料的化学能转化为电能的能源转化装置,英国物理学家威廉·葛洛夫(William Grove)早在1839年便提出燃料电池基本原理,最先实现电解水逆反应产生电流。由于当时传统化石能源丰富,燃料电池并没有受到关注。在20世纪50年代法兰西斯·汤玛士·培根(Francis Thomas Bacon)作为先驱者开始对燃料电池做基础研究工作,随着美国太空计划采用了燃料电池为其重要能源供应系统后,燃料电池才逐渐受到重视并取得了蓬勃的进展。直到20世纪90年代,燃料电池才真正实现技术突破。基于燃料电池高速发展、节约能源、环境保护、保护有限自然资源意识的加强以及可持续发展的需求,燃料电池将会得到进一步的发展与重视[2]。

燃料电池是在催化剂的作用下将燃料和氧化剂的化学能直接转化为电能,不受卡诺循环限制,以能量转化效率高、运行可靠性高、环境无污染、运动部件少、无噪声等优势而被认为是替代传统化石能源最有前景的绿色能源转化装置。与普通常用的电池一样,燃料电池都具有正、负极,通过电化学反应直接产生电能对外输出。普通电池为封闭式的装置,存储在内部的化学能直接产生电能。燃料电池为开放式的装置,需要反应物通入燃料电池并将反应物的化学能高效直接地转化成电能并对外输出,只要不断供应反应所需的燃料和氧化剂,就可以源源不断地提供电能。

目前燃料电池按电解质类型可分为质子交换膜燃料电池(PEMFC),直接甲醇燃料电池(DMFC),固体氧化物燃料电池(SOFC),碱性燃料电池(AFC),磷酸燃料电池(PAFC)以及熔融碳酸盐燃料电池(MCFC)[3]。其中,质子交换膜燃料电池除了具有一般燃料电池的优势外,还具有比功率高、工作温度低、启动快、结构简单、无电解质损失、寿命长等突出优点而受到广泛的关注,被誉为最有前途的能量转化装置[4]。早期的质子交换膜燃料电池寿命很短,随着燃料电池领域专家的努力以及一些国家政府部门的大力推动,到目前质子交换膜燃料电池已经经过50多年的发展,其寿命水平得到大大提高,从最初的500 h增加到目前将近20 000 h。质子交换膜燃料电池以固体聚合物作为电解质,避免了液态电解质操作的复杂性,同时固体聚合物电解质可以在低温下工作,这使质子交换膜燃料电池具有低温快速启动的优点。同时,由于质子交换膜燃料电池各个组件都很薄,电池在装配时可获得非常紧凑的结构,这使质子交换膜燃料电池具有能量密度高的特点。另外,由于采用固体电解质,电池也可以在不同方位和不同角度运行。

质子交换膜燃料电池的这些优势非常适合用于交通运输行业和其他可移动设施的电源,同时,也可应用于发电厂或备用电站等固定设施。除此之外质子交换膜燃料电池也非常适合应用在航空航天、深海潜艇等特殊领域。在其所有可能涉及的应用范围内,质子交换膜燃料电池的性能甚至可能已经远远超过其他电能产生装置。在军用领域,质子交换膜燃料电池成功地应用在潜艇上。潜艇因具有隐蔽性好、对敌威慑力大等优点,一直是国防军工科技发展的重点之一。质子交换膜燃料电池独具的优点,正好满足了潜艇对隐蔽性和续航能力的需求。德国霍瓦兹公司制造的212A型和214型潜艇代表着燃料电池在潜艇中应用的最高水平[5]。在民用领域,质子交换膜燃料电池可以作为汽车动力来源,降低了汽车对化石能源的需求,减少了尾气等有害物质的排放。2008年6月16日,本田第一辆新型燃料电池车"FCX Clarity"(图1-1)正式下线,该车为本田公司推出的新一代氢燃料电池汽车;2014年11月19号,丰田公司发布了全新氢燃料电池汽车"Mirai"[6],中文译作"未来"(图1-2),实现了燃料电池汽车规模化量产,并首先在日本上市,2015年在北美和欧洲上市。世界各大汽车制造商,如戴姆勒-克莱斯勒、福特、丰田、通用及国内上海汽车(上汽)等公司均对燃料电池汽车的研制投入了大量人力物力。如表1-1所示,国内以上汽集团为代表的燃料电池整车技术相比国外先进技术还存在不小的差距,主要表现在整车动力性和耐久性上。

图1-1　本田推出燃料电池车

图1-2　丰田质子交换膜燃料电池车 Mirai

表 1-1 国内外燃料电池汽车整车技术参数对比[7]

性能	上汽	本田	丰田	现代	通用	戴姆勒-克莱斯勒
最高车速/(km/h)	150	160	155	160	160	170
百公里加速时间/s	15.0	11.0	10.9	12.8	12.0	11.4
氢瓶压力容量/(MPa/kg)	35/3.6	35/4.0	70/6.3	70/5.8	70/4.2	70/3.7
续驶里程/km	300	435	500	650	320	385
冷启动温度/℃	−10	−30	−30	−25	−24	−25
驱动电机功/kW	88	100	90	100	94	100
电机扭矩/(Nm)	210	250	260	300	320	290
燃料电池功率/kW	36	100	90	100	93	80
电池类型	锂离子	锂离子	镍氢	锂离子	镍氢	锂离子
电池能量/(kW·h)	5.5	—	—	—	1.8	1.4

1.1.1 质子交换膜燃料电池工作原理

本部分只简单描述质子交换膜燃料电池的工作原理及其结构。

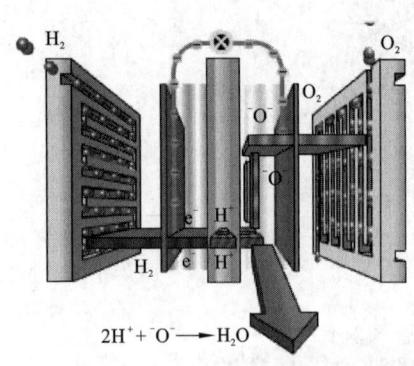

图 1-3 质子交换膜燃料电池工作原理图

质子交换膜燃料电池阳极中的氢气以及阴极中的氧气分别在阳极催化层和阴极催化层内发生氧化和还原反应。图 1-3 是质子交换膜燃料电池的工作原理图。燃料电池运行时,阴极反应气体氧气通入阴极流道,阳极反应气体氢气通入阳极流道。反应气体通入电池后,气体被流道分配至电池内活性区域,在活性区域,氢气通过气体扩散层(gas diffusion layer,GDL)到达阳极催化层表面,在催化剂作用下,解离为质子和电子,质子通过燃料电池的核心部件质子交换膜,到达电池的阴极,电子则经过电流收集板收集,对外电路做功;氧气经过 GDL 到达阴极催化层表面,在催化剂的作用下,氧气与通过质子交换膜的质子、外电路电子,结合生成水,放出大量的热。其电池反应顺序如下:

电池阳极,氢气穿过气体扩散层到达阳极催化层,在催化剂的作用下,氢分子解离为质子并释放出电子。反应后,质子穿过膜到达阴极催化层,电子则由外电路对外做功最后到达阴极。外电路由于电子通过,形成电流,对外做功。

阳极:$2H_2 \longrightarrow 4H^+ + 4e^-$

电池阴极,氧气穿过气体扩散层到达阴极催化层,在催化剂的作用下,氧与质子、外电路的电子发生反应生成水,同时放出大量的热。

阴极:$O_2 + 4e^- + 4H^+ \longrightarrow 2H_2O$

总的反应式:$2H_2+O_2 \longrightarrow 2H_2O+Q$(热量)

1.1.2 质子交换膜燃料电池结构

如图1-4所示,质子交换膜燃料电池主要由膜电极组件(membrane electrode assemblies,MEA)、燃料电池阴阳极流场板、密封结构、锁紧装置、电流收集装置、气体供给装置及端板组成。

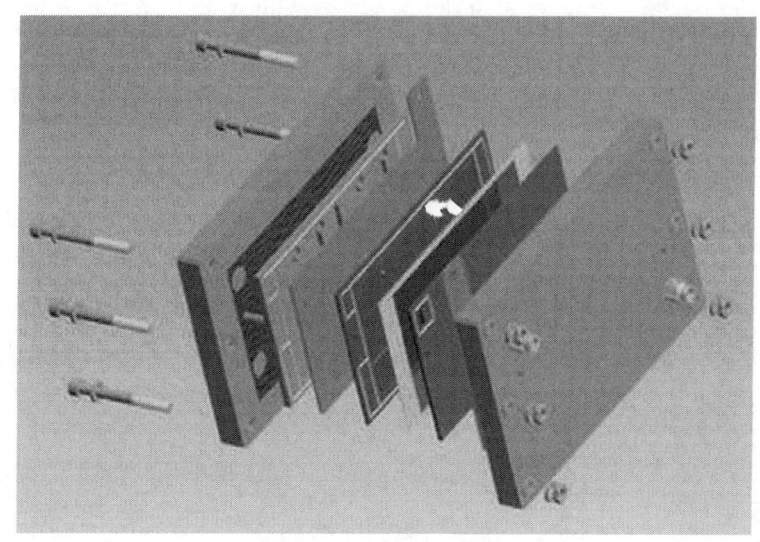

图1-4 质子交换膜燃料电池结构示意图

膜电极是质子交换膜燃料电池中的核心组件,它由质子交换膜、阴阳极催化剂、气体扩散层组成。膜电极中质子交换膜起隔绝氧气与氢气、防止气体在阴极流道与阳极流道间混合反应的作用,同时,质子交换膜还起着传导质子的作用,在电池运行时,质子从电池的阳极向阴极运动。目前商业化的质子交换膜厚度在微米级别,主要有杜邦公司(DuPont)Nafion膜,Gore公司的膜,Asahi Chemical和Asahi Glass公司的Aciplex膜和Flemion膜,Dow Chemical公司的Dow膜和东岳的Chinafion膜。

气体扩散层是反应气体流通的通道,也是燃料电池内液态水和气态水排出的通道。常见气体扩散层材料有东丽(Toray)碳纤维纸。碳纤维纸的主要作用是支撑催化层和微孔层,进行气体传输。它是电和热的良导体。MEA在制作时,通常将微孔层附着在气体扩散层一侧上,使其起到导气疏水、提高气体传质的作用,同时,在有一定开孔率的流场内扩散层对膜也起着支撑作用。燃料电池在运行时,产生的电子都通过气体扩散层导入电流收集器上。膜电极中常用的催化剂是铂,铂属于贵金属,这也是燃料电池成本较高的原因之一。目前国内外学者正在进行非贵金属催化剂的研究,以开发低成本的催化剂材料。

现在应用比较成熟的燃料电池流场板有石墨流场板与金属流场板。石墨流场板易于机械加工,流场形式可根据设计要求进行加工;但是,石墨流场板体积较大,比较脆,在运行中受到震动容易破碎。金属流场板设计成功后,成型效率高,相同功率电池堆较石墨板电堆体积要小,但是,金属流场板电池堆组装后接触电阻比较大,同时金属板易腐蚀等缺点限制了其应用。流场板内设有一定形状的流道,流道是反应气体流动的通道,同时也是生成液体排出电池外的通道。其作用主要是将气体最优分配到电池内的活性区域,参加反应;若合理设计流道,可以将电池内的水及时排出,避免电池内堵水现象的发生。其流道的主要结构为长直流道、多蛇形流道、交指形流场、点状流场、网状流场等。

燃料电池内密封结构的主要作用是避免反应气体泄漏而发生危险,因此密封结构应该稳定可靠。电流收集装置在燃料电池工作时,收集电子,向外电路做功,因此电流收集装置一般选用电阻较小、强度与刚度较好的金属。锁紧装置将燃料电池锁紧,在密封装置的配合下密封电池,同时锁紧装置会对电池施加一定的预紧力,降低电池内阻。

1.1.3 质子交换膜燃料电池堆简介

通常单个质子交换膜燃料电池无法满足实际需求,为提高其输出电压和功率,需多个单电池同时工作。多个单电池串联组合起来形成燃料电池电堆,电堆的电压就是多个单电池电压的总和。图1-5为燃料电池的电堆结构。燃料电池单电池开路电压在1.25 V左右,运行时电压低于1 V,单电池电压较低,输出功率不高,远远满足不了汽车及潜艇等动力设备的用电需求。在燃料电池的使用过程中,通常是将一定数量的单电池,通过堆垒,组成燃料电池堆,对外供电。电池堆在组装时,要保证单电池间定位准确,以免由于定位不准而发生漏气与受力不均匀;电池堆在设计时,应考虑材料的匹配问题。燃料电池电堆由一定数量单电池组成,单电池之间存在配合问题,为使电池发挥其最佳性能、减小电池内阻等,应该合理使用电池材料,保证电池堆的匹配。电池堆组装完毕后,要进行气密性检测,防止因气体的内漏与外漏而发生危险。

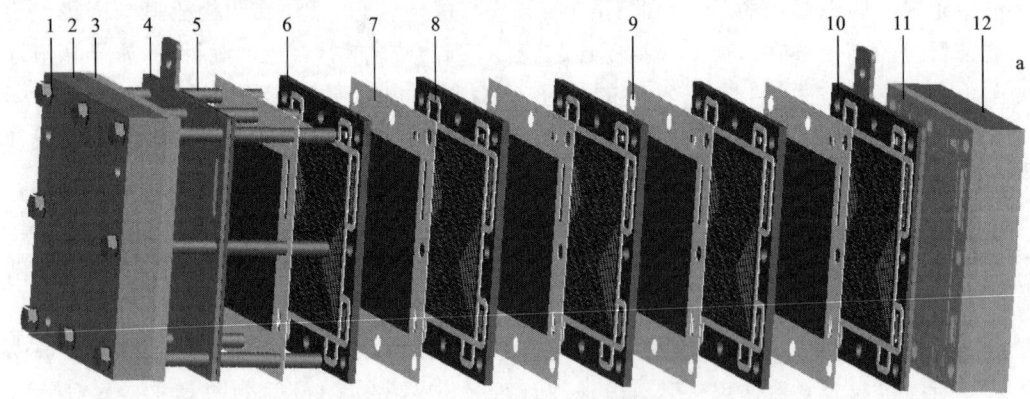

图1-5 质子交换膜燃料电池电堆结构

1.金属垫圈;2.阳极端板;3.隔热罩;4.集电器;5.螺栓;6.双极板;7.带有框架的膜电极组件;
8.密封垫;9.螺栓孔;10.单极板;11.隔热罩;12.阴极端板

表1-2列出了目前公开报道的质子交换膜燃料电池堆的性能对比,从表中可以看出以丰田、本田和通用为代表的国外车企已经将电堆应用于较高的电流密度和功率密度,而国内的电堆还处于较低的电流范围。燃料电池汽车如果要在动力性和使用寿命上实现与传统汽油车的对标,必须要提高电堆的功率等级。而提高电堆的功率势必须要提高燃料电池电堆的额定工作电流。众所周知,燃料电池在高电流密度下,生成的较多水和热会带来如水淹和局部温度过高等水热管理方面的问题。因此,本书将重点介绍质子交换膜燃料电池水热管理技术及其在电堆上的应用。

表1-2 国内外燃料电池电堆技术参数对比[7]

指标	上汽	通用	本田	丰田	日产	现代	美国能源部2017目标
耐久性/h	3000	5000	—	6000	—	5000	5000
冷启动温度/℃	−10	−40	−30	−37	−30	−30	−30
电流密度/(mA/cm^2)/平均节电压/V	800/0.68	1500/0.65	1200/0.67	—	—	—	—
体积比功率/(kW/L)	1.0	1.4	3.0	3.0	2.5	1.7	2.4
铂金担量/(g/kW)	0.9	0.3	—	0.3	—	—	0.1

1.2 质子交换膜燃料电池水热传输机制

1.2.1 概述

质子交换膜燃料电池在运行过程中内部是一个很复杂的体系,其中水热管理是燃料电池中非常富有挑战性的综合性工程问题。质子交换膜燃料电池的水热管理影响电池内部反应气体的分布,而反应气体的分布又决定着电流的分布。若气体分布不均匀,引起局部缺气而不能产生电流,严重则引起反极,导致催化剂降解和电池性能衰减,对电池产生不可避免的伤害。因此,质子交换膜燃料电池内部的水热管理是决定电池性能的关键因素。在理想状态下,反应气体应尽可能地均匀到达电极表面,保证电流密度分布均匀,增加电池运行平稳性,提高电池性能。

水管理对燃料电池性能影响至关重要。燃料电池在反应过程中会生成液态水,然而,为了获得较高的电池性能,通常在运行过程中又需要对反应气体进行加湿,以保证质子交换膜得到合理的润湿,减少质子传导阻力,降低内阻。若反应气体加湿不足,引起膜脱水,电池性能变差;若加湿度过高,析出液态水,会增加电池排水负担。电池运行过程中,会产生水,并随尾气排出电池。若水不能及时排出,在电池内不断地累积将会产生"水淹"现象,堵塞流道,影响气体分配,堵塞气体扩散层,影响气体传输,覆盖在催化层反应区域,限制了反应气体与催化层接触反应。这些将会导致反应气体在电堆中的每一个单片以及单片中不同的区域分配不均匀,使电堆每个单片性能参差不齐,严重影响了整个电堆的性能。"水淹"严重甚至会引起反极,产生不可逆损害,大大减少电池的寿命。从本质上讲,燃料电池的水管理问题就是如何优化和平衡其反应过程生成的水含量和为了加湿气体通入燃料电池内部的水含量,从而使燃料电池内部加湿均匀的同时不产生局部水淹的现象。

热管理对燃料电池性能的影响同样非常重要。如图1-6所示为典型的质子交换膜燃料电池电压和效率曲线,燃料电池在运行过程中会释放热量,在中低电流区域燃料电池的发热量低于燃料电池的发电量,即燃料电池发电效率大于50%;而在高电流区域燃料电池的发热量会高于其发电量,即燃料电池发电效率小于50%。这表明,当燃料电池工作在较高电流时,为了保持一定的工作温度,其散热需求会远高于低电流工作时的散热需求。如果燃料电池工作时的热量不能及时排出,其工作温度将会持续上升,而燃料电池的内部温度并不是由里到外均匀分布的[8],也就不可避免会出现局部单节电池或者电池内部局部区域超温现象。当温度升到一定程度时,质子交换膜会脱水导致电导率极剧降低,影响电池发电性能。更为严重的是,质子交换膜在高温环境的局部热点会导致穿孔,最终影响质子交换膜燃料电池电堆运行的安全性。

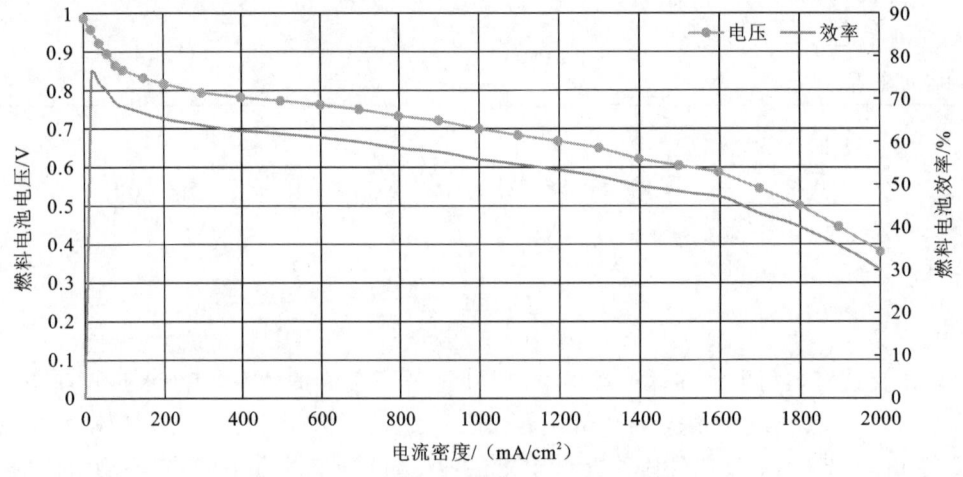

图1-6 典型的质子交换膜燃料电池电压和效率曲线

本书将从质子交换膜燃料电池水生成和传输机理开始介绍,并从燃料电池内部水管理和热分布研究现状来分析水热管理的策略。

1.2.2 质子交换膜燃料电池水管理研究现状

1. 模拟分析

国内外学者对质子交换膜燃料电池内的水管理进行了大量的建模计算研究。模型从简单一维单相流模型到三维模型,研究对象包括膜电极中的各种结构对电池内水分布的影响。此外,对燃料电池内两相流和瞬态问题的研究也越来越多,因此对电池内水分分区域研究也成为一个新的趋势。越来越多的学者通过模拟计算研究水淹对电池性能的影响，或利用模型来预测电池内的水淹。迄今，为了准确地模拟液态水在燃料电池 GDL 中的分布和传输，研究人员提出了不同的仿真模型，主要分为两相流模型和多相流模型。Liu 等发表的综述[9]中详细介绍了液态水在气体扩散介质中的传输过程，同时指出不管什么模型，其能否准确模拟液态水在电池内部的分布取决于液态水传输特性是否准确，如用于计算毛细作用和渗透作用的参数是否准确。近几年来，离散格子玻尔兹曼(lattice Boltzmann)模型、全孔隙(full morphology)模型和多孔网络(pore-network)模型广泛应用于研究燃料电池内部液态水的生成、传递和分布。

Bernardi 和 Verbrugge[10]建立一维等温数学模型描述了各组分在气、液和固三相复杂网络中的传输机理，分析了制约燃料电池性能的因素。模拟结果表明，阴极中用于气体传递的体积必须超过 20%，否则引起传质问题将不可避免地导致非常低的电流密度。Nguyen[11]提出了二维 PEM 燃料电池水热管理模型，研究了气体加湿对电池性能和水管理的影响。结果表明，阳极透过膜侧扩散到阴极的水无法使膜充分加湿，使膜内阻增大。因此，为减小膜内阻，阴阳极气体均须加湿。李文安等[12]提出了一个三维直流道 PEMFC 单体模型，计算了阳极气体在不同加湿条件下，电池阴阳极侧的水沿流道方向的分布情况，并得到不同工况下的电池极化曲线。结果表明，有效的阳极加湿能提高电池性能，但过高的阳极含水量会抑制阴极水的反扩散，从而使阴极含水量过多，甚至出现电极溢流现象。You 和 Liu[13]认为形成两相流的初始电流密度和饱和水在阴极侧的分布系数取决于阴阳极侧的加湿温度、电池操作温度以及 GDL 的特性。水过量会造成阴极溢流，从而降低氧气传递速率，使电池性能变差。Qin 等[14]利用 VOF 模型研究了流道亲疏水程度对水传输特性的影响。结果表明，利用疏水结构流道，液态水的表面接触角大于未经过处理的流道表面但小于膜电极表面，流道经疏水后可使电池内的水有效排出。徐城杰等[15]进行了质子交换膜燃料电池内部水传递的数值模拟，结果表明，水分浓度沿流动方向阳极侧不断降低，而阴极侧的却不断升高，阴极流道末端易发生水淹；阴极扩散层中的液态水分布随电流大小而不同，低电流密度时从内到外逐渐减少，而高电流密度时相反。

流道对电池的排水起至关重要的作用，已有大量文献对流道内水传输机理进行数值计算。Fuller 和 Newman[16]研究了气态水与液态水沿流道分布现象，Wang 等[17]模拟了液态水和压力变化，Wilson 等[18]研究了操作条件对流道内水的影响。同时，除了流道布局，流道尺寸和截面形状也会影响电池内排水和电池性能。Dutta 等[19]用 Navier-Stocks 方程来模拟 PEMFC 中的三维流动，并考虑了流道宽度对速率分布的影响。结果表明，GDL 层能够使电流密度分布更加均匀；在 GDL 中，反应气体和水通过对流和扩散传质，即使 GDL 中空隙率低，对流传质的影响也不能忽略。Nguyen 和 White[20]探讨了交指流场，研究表明，使用交指流场时，气体流动和毛细力及蒸发时的剪切力是液态水从阴极除去的两种主要的传递机理。

2. 实验研究

实验是研究电池内水分布的有效手段。更多的研究人员利用实验方法考察燃料电池中的水管理问题,采用成像设备对电池进行监测是研究燃料电池内水分布的主要手段。实验中,可以通过观测设备对电池内的水分布进行监测,已知的监测手段包括直接可视化观测、中子成像技术、磁共振成像和 X 射线成像等。其中,被广泛使用的可视化技术是利用透明极板,使观测设备直接观测电池内水的分布情况。能够在线并实时、直观地观察到流道内的流动过程,有利于研究液态水流动规律,从而优化流场设计以及操作条件。该方法采用的常见设备包括数码摄像机和高速摄影机、红外摄像机和 CCD 摄像机等。

Gao 等[21]采用共焦显微镜以及压力微传感器研究了水在不同类型 GDL 中的可视化实验。结果表明,尽管三种 GDL 的结构不全相同,但是在疏水层和表面粗糙的亲水层,水在其内部的传递是不稳定的,类似于柱状流沿着孔路径传输。Lopez 等[22]采用可视化技术,对两个透明流场(多通道蛇形流场以及瀑布形流场)的水管理进行对比研究。在多通道蛇形流场的末端比瀑布形流场末端形成的液态水多,并且当气体相对湿度(RH)为 100%时,多通道蛇形流场则出现水淹现象。Kim 等[23]在单电池的阳极和阴极都设置了透明的窗口,可以清楚地观察阳极和阴极的水淹情况。发现采用单蛇形流道的电池在运行过程中阳极水淹比阴极水淹更加严重,气体流速慢是造成阳极水淹的主要原因。研究指出,PEMFC 在低电流密度下要比在高电流密度下更加容易发生水淹,因为在高电流密度时,反应能够产生更多的热量,阻止水淹;在低电流密度条件下,水淹通常开始于电池的燃料入口区域;在高电流密度条件下,水淹通常开始于电池的中部区域。还发现,在阳极和阴极流道转弯处容易形成水滴,这是因为转弯处的温度要低一些;阳极转弯处的水滴会变成水团,但阴极转弯处的水滴没有形成水团,这种差异是阳极和阴极的气体流速不同造成的。电池运行过程中,电化学反应生成的水不能及时移出,会导致电池内水的聚集。若电池内发生由于水的聚集而产生的水淹,轻则使电池内电流分布不均,电池性能低下,重则引起反极,产生不可逆损害,大大缩短电池的寿命。Mocotéguy 等[24]实验研究了 5 片闭口氢氧燃料电池堆的运行特性。研究发现,电池性能在运行过程中出现了急剧下降,不到 60 s 便接近 0 V,其主要原因是电池运行过程中产生的液态水不能及时排出,阻塞流道,造成活性区氧气的"饥饿"。Kim[25]和 Herbig 等[26]通过在电池尾部增设循环泵,使尾气在电堆内强制循环流动,利用产生的风力将液滴吹离流道。

不同流道结构和流道尺寸对液态水的传输也有很大影响。对于优化流场结构,流道对电池的排水起至关重要的作用,常规流场形式有平行直流道、交织型流道和蛇形流道。在常规平行直流道中,气体在流道与 GDL 之间流动,扩散系数成为气体至催化层参加反应的主导因素。因此,液态水的积累与电池性能及反应气体的传输性能有关。研究表明,常规平行直流道设计容易导致电池内气体分配不均以及催化剂的水淹。因此,该流场结构仅适合于气体流速较高、压降较小的场合。采用长的蛇形流道以及合理的岸宽、槽宽和槽深设计有利于排除产生的液态水。单蛇形流道能够有效去除质子交换膜燃料电池中的液态水,但是单蛇形流道中的压降比较大;相比之下,平行流道的压降比较小,但容易被液态水阻塞通道。在多蛇形流道中,压降比前两者的要小,且液态水的移除比在平行流道中要容易。

Xu 和 Zhao[27]在传统蛇形流道上做了修改,设计出一种新型蛇形流场,有效地提高了阴极排水以及阴极传质。另外，在阴极流道内掺入亲水的吸水毛细管材料也可以有效地解决堵水问题，Ge 等[28]在阴极蛇形流道中掺入了吸水的毛细管材料用来排除液态水，通过这种方法，可以实现在高电流密度（1.2 A/cm²）下电池不堵水。此外，UTC 燃料电池阴极侧采用多孔极板作为水传输板，该板需具合适的孔径以及具有亲水性，在板的表面形成致密的不能通过气体的水膜，阴极产生的液态水通过压差作用进入双极板中间的水道，从而起到了解决堵水的作用，然而这需要气体侧压力大于水侧压力，否则水从水道进入气道将增加堵水的严重性。Liu 等[29]和 Soong 等[30]通过对流道内增加凸台等结构，研究了电池内排水及电池性能。结果表明，气体传输及电池性能因为电池内凸台的作用都出现了显著增长，特别是在低电压的操作条件下。Jiao 等[31]通过横向安装一个矩形筒轴流管道，对电池性能进行了研究。结果表明，改进流道不仅能有效增强局部电池性能，还能增加电池的排水性能。

Nguyen 提出了一种交织型流场，该流场能够解决电池内水淹的发生。交织型流场中，由于每个流道出口或进口是闭口条件，因此，气体进入流道后，在压力作用下反应气体被强制通过 GDL 到达出口流场，最后排出电池。此过程中，电池内生成的水同时被带走。该流场要求进口气体压力较大，这使电池系统的寄生功耗上升，同时，由于气体压力的提升，电池内膜电极的机械强度将会下降。单蛇形或者多蛇形流道由于其较高的电池性能，在流场设计中被广泛使用。在蛇形流道中，由于流道截面积较小，单个流道长度较长，在流场中不可避免地形成拐角，这导致了相邻两个流道间压力差较大，此时气体也不可避免地类似交织型流场发生强制扩散。该流道进口气体压力较大，也会产生较大的寄生功耗。同时，该流场由于气体流速较高，膜在进口处容易发生脱水，而在电池出口处形成水淹。陈士忠[32]认为阴阳极均为交织型流场电池输出特性最好，阴极流场对水管理的影响最大，阴极过量液态水的迅速排出对提高电池的输出特性有着积极的作用。

在优化操作条件方面，通过控制操作条件来解决堵水问题是最常用的方法，包括：采用大的阴极过量系数，通过蒸发和对流将产生的水带走；阴极定期采用瞬时大气流将产生的水吹走；提高电堆工作温度，在运行过程中晃动电堆促进排水等。这些方式虽然常用，但会不可避免地造成额外的能量损失以及气体损失等。质子交换膜燃料电池操作条件包括进气湿度、电池温度、工作电流密度、背压、气体流量等。对操作条件的合理优化，可以有效地对电池内的水进行管理。刘璘等[33]对质子交换膜燃料电池流道内水淹进行了研究。结果表明，电池阴极的水淹区域要大于阳极，这是因为水主要在阴极生成。提高电池阴极侧反应气体流量不仅能强化电池水管理能力，还能提高电池性能。该研究还表明在微重力环境中，液态水在气体推动力的作用下更容易排出电池，从而减小了反应气体流向催化层的传质阻力，提高了电池性能。裴后昌等[34]实验研究了反应气体低流速下质子交换膜燃料电池内液滴自身重力对电池性能的影响。结果显示，自身重力有利于液滴脱离气体扩散层，使液态水有效排出电池堆。电池水平放置阴极向下时，液滴重力与其脱离气体扩散层方向一致，电池性能最佳；电池竖直放置时，液滴重力与气体将其吹扫出电池方向一致，其向外排水能力最强。通过分析可以得出，合理利用液滴重力可以防止水淹。

Ballard 公司的 Wilkinson 等[35]最早提出通过阳极排水来控制阴极堵水，由于膜两侧存在水浓度梯度,阴极不断累积的水会向水浓度较低的阳极侧迁移,并通过阳极尾气排出电堆。阳极排水还可以通过阴阳极不同的压差,将阴极的水驱赶到阳极来实现,不过这种方法需要较高的操作压力,阴阳极不同的压差也很容易引起膜破裂。Anderson 等[36]在阳极通入大量系数的干气体,将阴极扩散到阳极的水带走,通过这种方法,阴极扩散层中的饱和液态水可在阳极排出,缓解了堵水。

从材料上解决电池中的水传输问题方面,主要是通过改变扩散层(GDL)的材料属性和结构,以及在有水的情况下实现阴极催化层(CCL)功能化来解决堵水问题。为避免 GDL 孔隙堵水,通常在扩散层内添加疏水材料(PTFE)形成疏水表面,使液态水能更好地排出。此外,在扩散层和催化层之间添加疏水的微孔层(MPL)可将催化层产生的水吸收并转移到气体扩散层然后排出电堆,微孔层还可以协助反应气体在催化层表面均匀分配,提高电流密度分布均匀性。Oh 等[37]在阴极催化层中添加了疏水的混合黏结剂 P(VdF-co-HFP)共聚物,使阴极催化层有更好的疏水性,有效抑制了阴极堵水并提高了氧气的传质。在有水的情况下实现阴极催化层(CCL)功能化方面,可以通过改变催化层的微观结构来实现,美国 Kansas 大学研制了一种微观结构的催化层,可以在高液态水环境下工作。该催化层结构分别给气体和液态水提供不同的通道,将气体和水分别送入和排出催化层达到在有水的环境下实现 CCL 功能化,且不影响电子和质子传导。Ho 等[38]研究了亲水性的阳极催化剂对燃料电池性能的影响。结果显示,阳极催化剂添加亲水 SiO_2 粒子后,电池内的水管和电池性能得到了增强。Kim 等[39]在阴极侧内通入少量的氢气,氢气与氧气在阴极催化层内发生反应,反应产生的热量使液态水蒸发,催化层表面水蒸气浓度比气体流道高,水蒸气将会从催化层表面扩散到流道,此外反应的蒸汽热膨胀力会将残余的水从扩散层驱赶到流道,来实现减轻阴极堵水的目的。

PEM 燃料电池操作条件包括进气湿度、电池温度、工作电流密度、背压、气体流量等。对操作条件的合理优化,可以有效地对电池内的水进行管理。最优操作条件的水管理方法与电池内的膜电池组件有关。操作条件对电池内的水平衡和电池性能的影响通过模拟可得,同时也可以用大量实验对 MEA 和 GDL 进行定量优化。其中,影响燃料电池内部水生成和传输过程的一个重要操作条件是湿度。为提高燃料电池的输出功率,通常对电池反应气体进行预增湿,目前常用的加湿方法有外部加湿法、内部加湿法、自增湿法、膜加湿法等。外部加湿法是在反应气体通入电池前,将气体通入加湿器,对其进行加湿。通常加湿器对气体加湿时,温度要高于燃料电池运行温度,以保证气体充分加湿后进入电池堆。内部加湿法中,一种方法是在电池内设计专门的储水结构,利用膜的渗透对反应气体加湿。其中,水和加湿气体分别在膜的两侧,因此膜中水的渗透性对反应气体的加湿充分与否起重要作用;同时,膜要阻止反应气体的渗透,以免发生气体泄漏。另外一种方法是将气体通入多孔碳板内部,在多孔碳板内部设计有加湿水容器,水通过多孔的孔隙对反应气体进行加湿。内部加湿法的优点是使加湿器与电池合为一体,简化了系统,但是这也增大了电池堆的体积,限制了电池的应用。

近年来,自增湿成为研究的热点之一。自增湿方法是利用特殊自增湿材料或者设计燃料电池堆结构,满足自增湿。利用材料进行自增湿,一种方法是采用自加湿膜,在膜中加入纳米级别的 Pt 颗粒,电池运行时,膜中渗透的氢气与氧气通过催化剂的作用反应生成水,利用生成的水即可达到对膜加湿的目的。此种方法结构简单,大大简化了燃料电池结构,但是利用膜的渗透性,容易导致氢氧互串,发生危险,特别是在反应气体压力比较大的场合。另外一种自增湿方法是用逆流燃料电池结构,使氢气和氧气流向相反。燃料电池运行时,干燥的氢气与加湿后的空气分别从电池的两端进入,此时,电池内阳极气体侧处于干燥状态,阴阳极之间就产生了较大的水浓度差,由于较大浓度梯度的作用,水从电池的阴极流向阳极,达到加湿的目的;相应地,干燥的空气与加湿后的氢气分别从电池的两端进入,膜内的水会由阳极向阴极移动。这种加湿方法不需要外部设备参与,仅对燃料电池进气结构进行改造,但是,该方法仅适用于工作电流密度较小的场合。膜加湿法是通过结构设计,在膜中形成大量水通道,利用外部压力设备对膜进行加湿。膜加湿法的优点是其加湿度可控,且湿度控制灵活,但是,此种加湿方法会导致膜结构变得十分复杂。

Jung 等[40]提出了一种利用引射装置对反应气体加湿的增湿系统。该系统由引射装置、双焓混合器以及水管理装置组成。系统增湿性能由水的温度和气体流量决定,进口气体温度同时受加湿度和系统反馈时间控制。Nguyen 等[41]研究了直接注水式加湿系统和交织型流道设计在保证反应气体加湿度方面的作用。结果显示,交织型流场可以减轻质量传递过程中电化学反应而导致的水淹。Hyun 和 Kim[42]研究了一种外部加湿方法。该加湿实验中,反应气体的湿度与温度通过露点温度测试仪器得到。采用 E-tek 公司膜电极,膜为 Nafion 115,实验测试了反应气体加湿与电池性能之间的关系。结果显示,当氢气相对湿度低于氧气相对湿度的 10%~15%时,电池性能最佳。Rajalakshmi 等[43]研究了传统外部喷淋加湿方法在不同操作条件下对电池运行特性的影响。对千瓦级电堆,作者也研究了对一定压降气体,达到其理论相对湿度时,增湿条件的参数。

内部加湿要求膜电极采用新工艺及流场结构来满足电池自增湿。Lee 等[44]制作了 Pt-zirconium phosphate-Nafion 复合膜,应用于自增湿质子交换膜燃料电池中。穿透膜内的氢气与氧气在此催化剂的作用下生成水,对膜增湿。Lee 研究了 Pt 的尺寸以及其在膜中的分布对电池自增湿效果的影响。Büchi 和 Srinivasan[45]提出了燃料电池内部加湿模型,该模型中反应气体为氢气与空气。对模型研究显示,电池温度为 70℃以上时,通入电池阴极中的干空气可被电化学反应生成的水完全加湿。对此模型,Büchi 等通过 1800 h 实验,验证了在 60℃以上时此结论的准确性,但是此时电池在 0.6 V 时电流密度要低于气体完全加湿时的 20%~40%。同时,在运行中水对阳极的反渗透十分明显。Ge 等[46]利用吸水海绵,吸收电池内液态水,对进口空气进行加湿。此外,他们利用薄膜,采用干湿气体对向流动的方式,使水从阴极到阳极侧的反扩散加强,从而达到对阳极气体加湿的目的。

若反应气体不加湿,燃料电池在运行时,进口处气体比较干燥,随着电池内电化学反应的进行,电池内反应气体在出口处具有一定的湿度。Tatsuya[47]通过设计电池,利用电池内冷却剂与反应气体之间的热交换,形成一定的温度梯度,使反应气体从高温处升至低温处,该过程中所带水蒸气到达出口并凝结,在重力的作用下,液滴回到气体入口处,液态水再次蒸发,周而复始达到给气体增湿的目的,实现了燃料电池的自增湿。

此外还有其他加湿方法应用于燃料电池。如采用液态水直接加湿反应气体和利用极薄膜使水渗透达到对气体加湿的目的。前一种方法是直接将液态水注入电池管道内,水在进入电堆前以雾态形式存在,经过池堆加热,相变为水蒸气。该方法适用于电池功率在千瓦级别以上的电池。采用极薄膜方法依靠水从阴极向阳极渗透进行加湿。此方法对膜的强度要求比较高,但往往由于膜的厚度较小,容易发生膜的破裂,因此应用不是太广泛。总体说来,以上加湿方法均有应用,且各有其优缺点,但具有广泛适用性的更好的加湿方法仍然有待研究。

1.2.3 质子交换膜燃料电池热分布研究现状

燃料电池在运行时将生成水,同时会放出大量的热。电化学反应生成的水若不能及时移出电池,将导致电池内积水。轻微积水会造成电池内局部供气不足、电流分布不均,导致不均匀的性能衰减;严重的将引起电池反极,加速电池性能的衰减,缩短电池寿命。为使生成的水能及时排出电池,国内外学者进行了大量的研究。

燃料电池堆在运行时会产生大量的热,若散热不合理,将造成电堆内的温度分布不均匀。过高的温度使质子交换膜脱水,降低膜的质子传导率,使电池堆性能下降,甚至导致电池产生不可逆损害。若局部温度过低,电池内的催化剂达不到最佳活性点。另外,若电堆内单电池各点温差过大,会使膜受热不均,缩短燃料电池的寿命。同时,若电堆中各单电池温差过大,则难以对电池的运行温度进行控制,会造成电池均一性下降,使电池输出性能降低。

1. 模拟分析

在目前的文献中,有较多利用模拟手段对燃料电池内的温度分布进行研究。数学模拟是指用Fluent流体软件对PEMFC内部传热传质进行模拟的过程,针对不同问题、不同方向做不同的模拟实验。

数学模拟又分为一维、二维和三维。Fuller和Newman通过建立二维模型,研究了燃料电池内热管理和水平衡的关系。Jung和Nguyen[48]建立的燃料电池二维模型中,对电池内热管理进行了研究。Dannenberg等[49]利用简化Bulter-Volumer以及Stefan-Maxwell方程,建立了质量与能量传递在二维流道方向的模型。Bernardi和Verbrugge[50-51]最早针对PEMFC内部传热传质提出了一维模型,并较为详细地描述了电极化学反应和内部传递过程。此后的很多研究都是以Bernardi等的早期研究数据为理论基础,提出了相应的一维和二维模型。近年来,三维模型逐渐成为主要的研究方法。通过三维模拟电池内部传递过程,可以对电池内部的工作过程进行更为详尽和全面的分析,使实验结果更加准确。Wen等[52]建立了典型单电池的三维模型,结果表明,PEMFC电池温度场的不均匀性与工作电流密度有关。电流密度越大,电池温度不均匀性越大,在较低的电流密度下,电池内温度近似均匀,最终模拟的温度场分布基本与实际实验所测结果相吻合。

由 Li 和 Becker[53]模拟的经典三维模型如图 1-7 所示,结果给出了单通道在单一变量下的温度分布。Ju[54]与 Shan[55]等通过建立燃料电池三维模型,对电池内的热管理及水管理进行了研究。朱蓉文等[56]运用 Fluent 模拟分析 50 cm² 的单电池,讨论了冷却水对膜上温度分布的影响。结果表明,冷却水温度梯度较大,大部分冷却水温度偏低,冷却水换热效果不好;电池在高电流密度完全加湿时,冷却水可改善温度分布不均,冷却水与进气同进效果较好;反应气体完全加湿条件下,多蛇流道温度沿流道减小。Bapat 和 Thynell[57]在燃料电池中,利用二维两相模型,研究了电池内电阻率的各

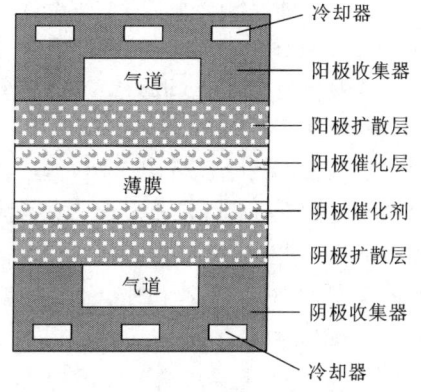

图 1-7 燃料电池结构示意模型[55]

向异性与工作电流密度和电池温度分布之间的关系。结果显示,GDL 高横向电阻率影响电流密度在邻近气体流道区域的分布,并且在邻近集流器区域产生较高的电流密度。同时,由于 GDL 的高热传导各向异性,阴极催化层最高和最低温度取决于平均电流密度而不是局部电流密度。崔东周等[58]讨论了水、热、气管理的主要措施和它们对电池性能的影响。分析表明,对质子交换膜燃料电池物理机制认识的不足是水、热、气管理水平较低的原因。应建立质子交换膜燃料电池的多尺度、多相、多物理场、动态仿真模型,进行分析、模拟和优化,来提高其性能。近年来,部分研究者倾向于用 Fluent 三维模拟,它可以模拟出的燃料电池在一定状态下的传质、传热过程,且所需实验器材少,成本低,成功率高,应用范围广,可用于改进燃料电池结构,预测实验可行性,对燃料电池故障进行检测等。国内外学者通过对燃料电池进行理论和数值模拟,建立了相应的数学物理模型来预测燃料电池的热量分布规律。同时,很多学者也采用实验的方法,对燃料电池内的热量分布进行了研究。

2. 实验研究

目前,实验研究中,多采用热电偶或热敏感应器与热成像仪对电池内温度分布进行研究。将热电偶或者热敏感应器与电池内不同部位接触,用以测量该处的温度。该方法使传感器和燃料电池制成一体,所以又称一体式传感器测温。

在 Costamagna[59]的实验中,不仅描述了内部温度的分布,还分析了在运行过程中稳态时能量的传递。并指出温度和湿度是电池维持最高效率的重要因素,当温度高于峰值 130℃会使膜产生不可逆损害,空气中水的过量压缩会导致流体通道堵塞。Fabian 等[60]运用微型热电偶测量得到电池实时温度分布,结果显示,电池阴极的岸结构对氧气的分布有影响。Abdullah 等[61]作出了电池的极化曲线,该电池有 5 块分块电池,采用 Nafion 112 膜,催化剂在各分块电池上。结果显示电池内的温度梯度沿流道方向改变,电池内温差在开路时仍然存在,这是由电池内燃料穿透引起的穿透电流造成的。Maranzana 等[62]通过测试分块透明单电池发现,电池内温度分布与电流密度的分布及水分布有很大关系。

电池内的局部老化与电池内的燃料穿透有关,这也关系到燃料电池的可靠性。Wen 和 Huang[63]研究了透明电池,将热电偶置于电池阴极侧流道石墨板内,结果显示电池内的液态水与热分布有关,透明电池能有效测量电池内的温度分布。

燕希强等[64]将微型热电偶置于膜电极内部,使热电偶与 MEA 加工成为一体,测量运行中电池内部的温度变化。同时,还将热电偶加进 PEMFC 的阴极催化层,以及阴阳极催化层和电解质之间,来测量内部温度场。此外,还有用独立于电池的测温传感器,独立于燃料电池测温,其热电偶具有灵敏度高的特点。Vie 和 Kjelstrup[65]通过热电偶测量了电池内温度,同时计算了 MEA 的导热系数和传热系数。Mench 等[66]采用两片 25 μm 厚的 Nafion 膜压住 8 个直径为 50 μm 的 R 型热电偶,来测量燃料电池内温度分布。结果显示,此方法对 MEA 影响不大,但制作过程复杂,容易损坏热电偶,导致实验数据不能准确显示温度分布。

Zhang 等[67]利用 4 cm×4 cm 单电池、霍尔效应传感器及 10 个超薄 T 型热电偶置于燃料电池的阴极催化层和气体扩散层之间,同时测量了不同气体流量、不同电流密度下,电池的温度分布和电流密度的分布以及两者的一致性。实验结果显示,电池内进口处电流密度和温度较高;电池内温度分布和电流密度分布一致性较好;在大流量进口气体时,氢气对电池电流密度没有提高,气体对电池有冷却作用。Zhang 等[68]采用相同电池,研究了在缺气条件下电池电流密度和温度的分布。结果显示,当电池负载为定电流模式时,空气缺乏会导致进口电流密度上升,出口电流密度下降,温度整体上升,而进口处温度上升最大。氢气缺乏导致出口温度不变,电流密度降至零,而进口电流密度与温度上升尤为明显。当负载为定电压模式时,除了出口处的微小变化,电流密度不均与温度分布不均受气体缺乏的影响不明显。

对于热敏电阻,一般的研究者常用印刷技术和微电机系统(micro electromechanical system,MEMS)技术将热敏电阻"溶"入电池内部与电池成为一体,来测量内部的温度分布。Pattekar 和 Kothare[69]利用该方法直接测量了甲醇燃料电池内部的温度。

Lee 等[70]利用 MEMS 技术测量了电池温度分布,结果显示,传感器的存在造成电池性能的降低,不能反映一般电池正常运作时的温度分布。虽然 MEMS 系统传感器可以任意安放和准确定位,但将其放入电池中,增加了接触电阻,阻止了气体扩散层的流道,使电池的反应区域减少 12%,电池性能降低约 5%。Wilkinson 等[71]在单电池的 MEA 表面用蚀刻技术布置了 19 个热电偶,其中 17 个在阳极,2 个在阴极,具体分布如图 1-8 所示。由于是嵌入式加入电偶,热电偶的测量不会影响整个流场的流动和化学反应,实测阳极有 9 个电偶,阴极有 1 个热电偶能正确输出数据。当电池负载电流为 280 A 时,阴极和阳极相差不到 1℃;低于 280 A 则两极温差大于 1℃。实验结果指出温度分布和电流流向有很大联系,可通过电池温度分布来预测工作电流的变化趋势。

同时还有很多学者将热电偶从流道板脊的背面进行温度测量。由于燃料电池的特殊结构,让热电偶或微型温度传感器独立插入电池内部测量温度的方法,容易损坏热电偶导致不能测温,因此,该方法在实验中应十分小心。

近来,将光学温度传感器作为测量燃料电池温度的方法广受研究者关注,其结构简

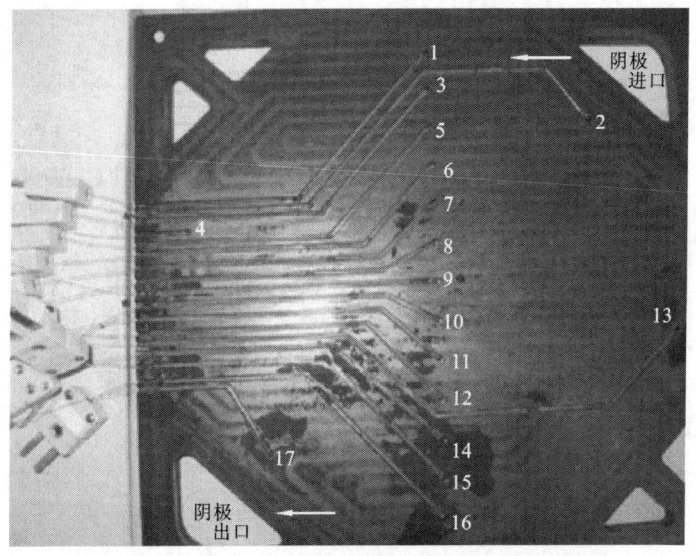

图 1-8　燃料电池温度分布测试热电偶布置示意图[73]

单、响应快、测量范围广、分辨率高、不受电磁干扰和电化学影响、可用于任何燃料电池的内部温度测量。但其操作过程复杂,传感器在放置过程中容易被损坏,小范围改变了电池本身的结构,影响了电池的正常运行。虽然研究经费较高,但其分辨率和瞬时性均能满足工程要求。

Hinds 等[72]利用光栅光纤传感器(fiber bragg grating,FBG)可以测量温度的原理,对燃料电池内温度分布进行了研究。该方法对 PEMFC 流场板改变较大,需设置专门的结构来定位传感器,这使该过程变得复杂。汪茂海等[73]与 Inman 等[74]应用红外成像技术测量电池阴极外表面的温度分布,电池活性棉结为 5 cm²,阴极采用有机玻璃,在阳极短板插入加热棒加热阳极。实验中通入未经预热的干燥纯氧和氢气,对电池内温度分布进行了研究。Hakenjos 等[75]用红外线摄像机(CCD camera)测量 49 个总活性面积为 45 mm×45 mm 的 5 mm×5 mm 的子电池,实验结构如图 1-9 所示。实验中,为使传感器能直接接触到流道场,在阴极表面沉积 2 mm 厚的石墨层,埋入红外线测试装置,改变了气体扩散层结构。接收信号时,红外线摄像机接收了范围在 8~12 μm 的波长进行分析。实验结果指出,电流密度很低,水淹地区温度较高,冷凝器所产生的热量对温度的分布起主要作用;电池水淹区域温度比未水淹区域高;温度作为重要因素会影响电池内部的电流密度。该实验也为两相模拟提供了理论依据。

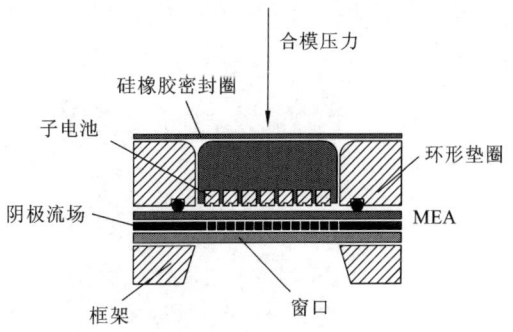

图 1-9　燃料电池温度分布测试意示图[77]

Wang 等[76]应用热成像仪,热电偶测试了活性面积为 39 mm×29 mm 的单电池,气体不加湿,蛇形流道。其结论为:由于出口膜湿度的增加,出口处 MEA 温度高于进口;随着电流密度升高,电池温度及温度分布的不均匀性都升高。

还有其他对电池内温度分布研究的方法。Cao 等[77]发展了一种新的质子交换膜燃料电池(PEMFC)局部特性测试方法,该方法实现了在不改变 PEMFC 膜电极和电池结构的情况下,对 PEMFC 电流密度和局部温度分布的同步测量。实验结果表明,阳极流场板背面最大温差小于 1℃;电流密度分布主要受电极内液态水分布的影响;同时,水蒸气冷凝放热导致电池局部温度升高是造成电池温度分布不均的主要因素。Hauer 等[78]通过模拟和测验霍尔感应装置检测 PEMFC 内部温度分布与电流密度之间的关系,通过电流密度计算出温度大致分布。虽然该实验能测量出电池内部的电流密度分布,且电池电流密度确实能影响温度分布,但该实验对电池内温度分布的预测精确度值得商榷。

1.2.4 质子交换膜燃料电池水传输机制

图 1-10 所示的是质子交换膜燃料电池内部水传输和水平衡机制示意图。通常质子交换膜燃料电池内部的水传输分为电化学拖拽(electro-osmotic drag,EOD)、反向扩散(back diffusion,BD)、毛细作用(capillary effect)和压力梯度渗透(hydraulic permeation)等几个过程。质子交换膜燃料电池中的水分,一方面来源于电化学反应本身所产生的液态水,这部分水分一方面主要产生在催化层表面,并在毛细作用下从气体扩散层溢出到达流道内,随着反应气体的流动而排出流场外部;另一方面来源于反应气体的加湿。由于质子交换膜必须保持一定的含水量才能获得良好的导电性,因此反应气体通入燃料电池内部前需要进行加湿,通过加湿的反应气体对质子交换膜进行润湿。更重要的是,质子通过质子交换膜的传输必须携带水分子,而这个水分子正是来源于反应气体加湿的水分。理想的燃料电池水平衡模式是将燃料电池反应生成的液态水进行内部循环,将其用于反应气体的加湿,只是将少量残留在流道内的液态水通过反应气体的流动排出电池外部。这样就不需要在燃料电池系统中增加加湿器,从而简化了燃料电池系统的设计,也降低了燃

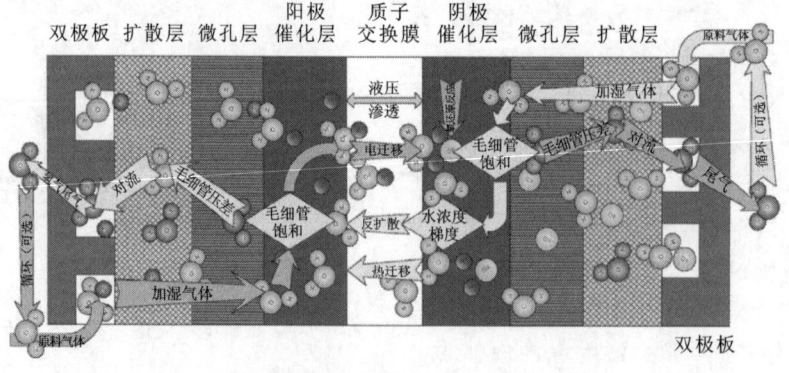

图 1-10 质子交换膜燃料电池水平衡机制示意图[79]

料电池系统的成本。然而,质子交换膜燃料电池是一个多相流、多尺度、动态的发电装置,要想通过内部的水循环利用而实现水平衡并不是一件简单的事情。要实现这一目标,不仅要优化催化层和气体扩散层以及双极板表面的亲疏水程度,还要优化燃料电池系统的控制策略,使燃料电池尾气中的水分都能得到充分有效的利用。

燃料电池发生电化学反应产生的水是在阴极,生成水的速率可以表示为

$$N_{H_2O,gen} = \frac{i}{2F} \tag{1-1}$$

其中:i 为电流密度;F 为法拉第常量。

电化学拖拽是质子交换膜中最主要的水传输模式,简单来说,质子携带水分子通过质子交换膜从阳极扩散到阴极的过程称为电化学拖拽。电化学拖拽产生的液态水流量可表示为

$$N_{H_2O,drag} = \xi(\lambda)\frac{i}{F} \tag{1-2}$$

其中:ξ 是质子交换膜的电拖系数,其含义是一个质子由阳极扩散到阴极所携带的水分子数量。

测量电拖系数的方法有很多种,比较常见的一种是测量一定电流下质子交换膜的水含量,称为电拖测水法。表 1-3 总结了文献中所报道的燃料电池电拖系数的测量结果。从表中可以看出已报道的电拖系数大多是基于 Nafion® 117 膜测量的,而电拖系数的大小与燃料电池工作的温度和压力都有密切关系。

表 1-3 质子交换膜燃料电池电拖系数对比

测量方法	质子交换膜	温度/℃	电拖系数
膜脱水法	Nafion® 117	25	1.4
	Nafion® 117 改型		2.9~3.4
电拖测水法	增强型 Nafion® 117	30	1.4~2.0
	Nafion® 117		2.6~4.0
DMFC 分析法	Nafion® 117	60,80	3.16
电拖测水法	Nafion® 117	30,50,80	1.8~2.7
核磁共振法	Nafion® 117	30~80	1.7~2.5
电拖测水法	Nafion® 117	80	1.5~2.6
铂电位法	Nafion® 211	80	—
氢泵法	Gore 膜	80	1.07
电拖测水法	Nafion® 115	40,60	0.25~0.4

燃料电池内的液态水在电化学拖拽的作用下,会由阳极扩散到阴极,这样会在阴极和阳极之间形成浓度梯度。在这个浓度梯度的作用下,部分液态水会由阴极扩散回阳极,这个过程称为反向扩散。反向扩散的液态水流量可表示为

$$N_{H_2O,diff} = D(\lambda)\frac{\Delta c}{\Delta z} \tag{1-3}$$

其中：D 为质子交换膜的反向扩散系数；$\dfrac{\Delta c}{\Delta z}$ 为质子交换膜两侧的液态水浓度梯度。燃料电池液态水反向扩散系数与质子交换膜两侧的液态水浓度梯度、质子交换膜的厚度、温度和压力梯度密切相关。

燃料电池内的液态水在压力梯度的作用下，会在质子交换膜的两侧处于动态平衡式的运动和迁移，这个过程称为压力梯度渗透。压力梯度渗透的液态水流量可表示为

$$N_{\mathrm{H_2O,hyd}} = k_{\mathrm{hyd}}(\lambda)\dfrac{\Delta p}{\Delta z} \tag{1-4}$$

其中：k_{hyd} 为质子交换膜的压力梯度渗透系数；$\dfrac{\Delta p}{\Delta z}$ 为质子交换膜两侧的压力梯度。与电化学拖拽和反向扩散相比，压力梯度渗透的液态水流量基本忽略不计。然而，车载燃料电池系统的工作压力一般都较高，在优化燃料电池电堆水平衡的时候，就必须考虑压力梯度渗透的液态水流量。对于一般的常压燃料电池系统，压力梯度渗透的液态水流量通常忽略不计。

1.3 质子交换膜燃料电池扩散层表面液滴脱离机理

质子交换膜燃料电池通常是利用过量的空气产生的风力来克服液滴的黏滞力，将液滴吹离电池。燃料电池内部液态水的流动与传输机制应基于对流道内液态水的受力平衡进行分析，而燃料电池的排水策略与流道内液态水受力状态紧密相关。文献[80]通过模拟与实验研究水平放置的单电池时发现，阴极向下利用液滴自身的重力能明显改善扩散层的排水能力，提高电池性能。Yu 等[81]组装 1 kW 的燃料电池堆研究也发现，电堆竖直放置较水平放置时电池性能提升近 20%。同时，Quéré 等[82]研究单个液滴在粗糙斜面上的运动行为，指出当液滴的重力分力大于黏滞力时，液滴将发生滑行，并脱离斜面。Hao 等[83]指出液滴体积越大，在疏水倾斜表面自行脱离的角度越小。在前人的研究基础上，本课题组提出用液滴的重力来克服液滴的黏滞力，实现液滴的自脱离。液滴脱离的条件为重力大于黏滞力（图 1-11），即

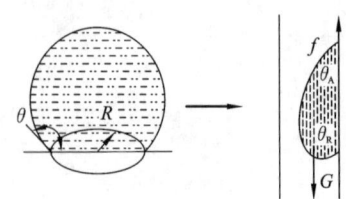

图 1-11 液滴脱离示意图

$$\dfrac{1}{3}\pi\rho g R_{\mathrm{c}}^3 \dfrac{(1-\cos\theta)^2(2+\cos\theta)}{\sin^3\theta} \geqslant \pi\sigma_{\mathrm{LV}}R_{\mathrm{c}}(\cos\theta_{\mathrm{R}}-\cos\theta_{\mathrm{A}}) \tag{1-5}$$

其中，R_{c} 为球罐型液滴底面半径；ρ 为液体密度；θ 为接触角；σ_{LV} 为表面张力系数；θ_{A} 和 θ_{R} 分别为前进角和后退角。

燃料电池运行时，催化层/质子交换膜界面产生的水在蒸发、扩散以及毛细力的共同作用下经扩散层传输到气体流道，并在流道表面涨大，直至脱离。可以看出，液态水的脱离过程主要分为两部分：一部分是在多孔电极扩散层中的输运，一部分是液滴在扩散层表面的涨大。研究电极中液态水的脱离时间，对预防电池水淹，提高电池运行的稳定性有至关重要的作用。

由于燃料电池内部气体扩散层结构错综复杂，其中包含各种尺寸规格的孔，计算时我们可以将其看成是不同横截面积的弯曲毛细管束。因此为了得知液态水在扩散层中传输

的具体路径长度,根据毛细管长度和直径之间的分形标度定律来计算毛细管弯曲长度 L,

$$L=L_0^{D_T}\lambda^{1-D_T} \tag{1-6}$$

令气体扩散层的平均毛细管径为 λ,其中,L_0 为沿流动方向毛细管的直线长度,即气体扩散层单位特征体沿流动方向的边长;D_T 为曲线(弯曲度)分形维数,$1 \leqslant D_T \leqslant 2$,参数见表 1-4。由管径为 λ 的弯曲毛细管构成多孔介质如图 1-12 所示。

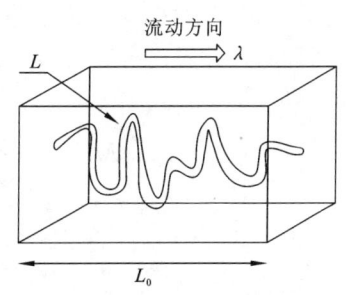

图 1-12 由管径为 λ 的弯曲毛细管构成多孔介质的示意图

根据 Lucas-Washburn 方程[84],水滴穿过弯曲毛细管所需时间 t_1 与毛细管弯曲长度的关系可表示为

$$L=\left(\frac{\sigma_{LV}R\cos\theta}{2\eta}\right)^{1/2}\sqrt{t_1} \tag{1-7}$$

其中:η 为切向黏度;θ 为弯液面与壁之间的角度;R 为通道半径,式(1-7)可化简为

$$t_1=\frac{2\eta L^2}{\sigma_{LV}R\cos\theta}=\frac{4\eta L_0^{2D_T}\lambda^{1-2D_T}}{\sigma_{LV}\cos\theta} \tag{1-8}$$

表 1-4 水滴穿过弯曲毛细管时间计算的相关参数

参数	数值
分形维数 D_T	1.5
液体表面张力 $\sigma_{LV}/(N/m)$	6.45×10^{-2}
弯液面与壁之间的角度 $\theta/(°)$	50
切向黏度 $\eta/[kg/(m \cdot s)]$	4.06×10^{-4}
扩散层厚度 L_0/m	2.0×10^{-4}

基于表 1-4 中的相关系数进行计算,从图 1-13 和图 1-14 可以看出,当孔径值逐渐增大,毛细管弯曲长度逐渐减小,水滴穿过的时间也逐渐缩短。因此,在选择或设计扩散层内部通道的孔径时,在有限的范围内,可以适当选择较大的通道孔径,这相当于在相同的空间内,减小了扩散层弯曲长度的同时,又增加了水传输的流畅性[85]。

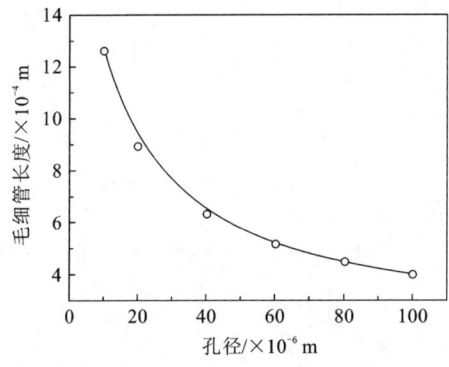

图 1-13 不同孔径对应的毛细管弯曲长度图

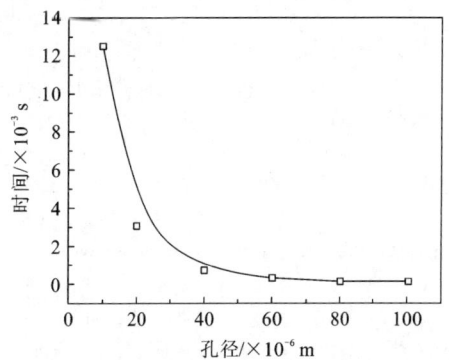

图 1-14 不同孔径对应的水滴穿过时间

电极中生成的水传输到扩散层表面,并不断长大,直至在重力的作用下发生脱离。若电流密度为 i,脱离时底面的临界半径为式(1-5)中的 R_c,则液滴长大至脱离的时间 t_2 可表示为

$$\frac{i}{2F} \cdot M_{H_2O} \cdot \pi R_c^2 \cdot t_2 = V = \frac{1}{3}\pi \rho g R_c^3 \frac{(1-\cos\theta)^2(2+\cos\theta)}{\sin^3\theta} \tag{1-9}$$

即

$$t_2 = \frac{2}{3}\frac{\rho g R_c F}{i M_{H_2O}}\frac{(1-\cos\theta)^2(2+\cos\theta)}{\sin^3\theta} \tag{1-10}$$

可以看出,液滴的脱离时间随电流密度的增大而减短(图 1-15),主要原因是电流密度越大,单位面积上生成的液态水越多,液滴长大所需的时间越短。当现有液滴脱离后,电极表面立即进入下一个液滴的生长阶段,为避免由于液滴的不均匀分布引发流道阻塞,同时提高燃料的利用率,此时液滴的生长时间可作为电池的脉冲排放依据,保证电池安全可靠地运行。

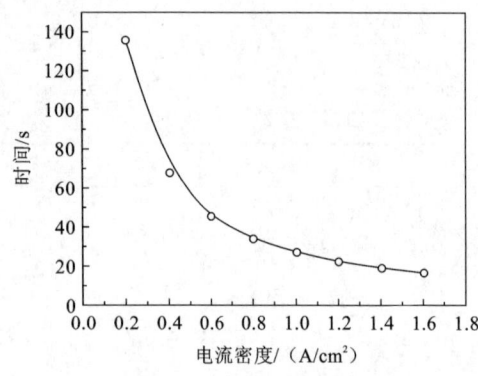

图 1-15 不同电流密度下液滴的长大(脱离)时间

通过以上方法建立燃料电池内部液态水的传输和生长模型,分析液态水在电极内部的传输时间以及液滴脱离时间。可以得出液态水穿过多孔电极的时间随孔径的增大而减小,较大通道孔径有利于提高液态水在多孔电极中传输的流畅性;相对于液滴的生成时间,液态水在电极中传输的时间可以忽略。液滴的脱离时间主要由球冠形液滴的生成时间决定,且电流密度越大,所需的脱离时间越小;为避免由于不均匀分布引起的流道阻塞,液滴的脱离时间可作为闭式燃料电池的脉冲排放依据,以保证电池安全可靠地运行。

参 考 文 献

[1] 衣宝廉. 燃料电池:原理・技术・应用[M]. 北京:化学工业出版社,2003

[2] 衣宝廉. 燃料电池:高效、环境友好的发电方式[M]. 北京:化学工业出版社,2000

[3] VIELSTICH W, GASTEIGER H A, LAMN A. Handbook of Fuel Cells-Fundamentals, Technology and Applications[M]. New York:John Wiley and Sons,Ltd,2003

[4] TU Z K,ZHANG H N,LUO Z P,et al. Evaluation of 5kW proton exchange membrane fuel cell stack operated at 95℃ under ambient pressure[J]. Journal of Power Sources,2013,222:277-281

[5] HAMMERSCHMIDT A. Fuel cell propulsion of submarines[C]//Proceedings of the Advanced Naval Propulsion Symposium,Arlington,VA. 2006

[6] LARMINIE J,DICKS A,MCDONALD M S. Fuel Cell Systems Explained[M]. New York:Wiley,2003

[7] 吴文瀚. 上海氢燃料电池汽车产业发展环境分析[J]. 上海汽车,2014(9):29-33

[8] YANG X G, YE Q,CHENG P. Matching of water and temperature fields in proton exchange membrane fuel cells with non-uniform distributions[J]. International Journal of Hydrogen Energy,2011,36(19):12524-12537

[9] LIU X, PENG F, LOU G, et al. Liquid water transport characteristics of porous diffusion media in polymer electrolyte membrane fuel cells: A review[J]. Journal of Power Sources, 2015, 299(4): 85-96

[10] BERNARDI D M, VERBRUGGE M W. A Mathematical model of the solid-polymer-electrolyte fuel cell[J]. Journal of the Electrochemical Society, 1992, 139(9): 2477-2491

[11] NGUYEN T V. A gas distributor design for proton-exchange-membrane fuel cells[J]. Journal of the Electrochemical Society, 1996, 143(5): 103-105

[12] 李文安, 杨立军, 杜小泽, 等. 阳极加湿对质子交换膜燃料电池性能的影响[J]. 中国电机工程学报, 2010, 17: 111-116

[13] YOU L, LIU H. A two-phase flow and transport model for the cathode of PEM fuel cells[J]. International Journal of Heat and Mass Transfer, 2002, 45(11): 2277-2287

[14] QIN Y, LI X, JIAO K, et al. Effective removal and transport of water in a PEM fuel cell flow channel having a hydrophilic plate[J]. Applied Energy, 2014, 113: 116-126

[15] 徐城杰, 张广升, 刘洪潭, 等. PEM 燃料电池内部水传递的数值模拟[J]. 工程热物理学报, 2010(9): 1504-1507

[16] FULLER T F, NEWMAN J. Water and thermal management in solid-polymer-electrolyte fuel cells[J]. Journal of the Electrochemical Society, 1993, 140(5): 1218-1225

[17] WANG Z H, WANG C Y, CHEN K S. Two-phase flow and transport in the air cathode of proton exchange membrane fuel cells[J]. Journal of Power Sources, 2001, 94(1): 40-50

[18] WILSON M S, ZAWODZINSKI C. Fuel cell with metal screen flow-field: U. S. Patent 5,798,187[P]. 1998-8-25

[19] DUTTA S, SHIMPALEE S, VAN ZEE J. Three-dimensional numerical simulation of straight channel PEM fuel cells[J]. Journal of Applied Electrochemistry, 2000, 30(2): 135-146

[20] NGUYEN T V, WHITE R E. A water and heat management model for Proton Exchange Membrane fuel cells[J]. Journal of the Electrochemical Society, 1993, 140(8): 2178-2186

[21] GAO B, STEENHUIS T S, ZEVI Y, et al. Visualization of unstable water flow in a fuel cell gas diffusion layer [J]. Journal of Power Sources, 2009, 190(2): 493-498

[22] LÓPEZ A M, BARRERAS F, LOZANO A, et al. Comparison of water management between two bipolar plate flow-field geometries in proton exchange membrane fuel cells at low-density current range[J]. Journal of Power Sources, 2009, 192(1): 94-99

[23] KIM S, HONG I. Effects of humidity and temperature on a proton exchange membrane fuel cell (PEMFC) stack [J]. Journal of Industrial and Engineering Chemistry, 2008, 14(3): 357-364

[24] MOÇOTÉGUY P, DRUART F, BULTEL Y, et al. Monodimensional modeling and experimental study of the dynamic behavior of proton exchange membrane fuel cell stack operating in dead-end mode[J]. Journal of Power Sources, 2007, 167(2): 349-357

[25] KIM B J, KIM M S. Studies on the cathode humidification by exhaust gas recirculation for PEM fuel cell[J]. International Journal of Hydrogen Energy, 2012, 37(5): 4290-4299

[26] HERBIG T, HILD T, WNENDT B. Cathode humidification of a PEM fuel cell through exhaust gas recirculation into a positive displacement compressor: U. S. Patent 7,781,084[P]. 2010-8-24

[27] XU C, ZHAO T S. A new flow field design for polymer electrolyte-based fuel cells[J]. Electrochemistry Communications, 2007, 9: 497-503

[28] GE S H, LI X G, HSING I M. Water management in PEMFCs using absorbent wicks[J]. Journal of the Electrochemical Society, 2004, 151: B523-B528

[29] LIU H C, YAN W M, SOONG C Y, et al. Effects of baffle-blocked flow channel on reactant transport and cell performance of a proton exchange membrane fuel cell[J]. Journal of Power Sources, 2005, 142(1): 125-133

[30] SOONG C Y, YAN W M, TSENG C Y, et al. Analysis of reactant gas transport in a PEM fuel cell with partially blocked fuel flow channels[J]. Journal of Power Sources, 2005, 143(1): 36-47

[31] JIAO K,ZHOU B,QUAN P. Liquid water transport in straight micro-parallel-channels with manifolds for PEM fuel cell cathode[J]. Journal of Power Sources,2006,157(1):226-243

[32] 陈士忠.质子交换膜燃料电池水管理的实验与模拟[D].大连:大连理工大学,2010

[33] 郭航,赵建福,刘璿,等.质子交换膜燃料电池短时微重力性能实验研究[J].工程热物理学报,2009,30(8):1376-1378

[34] 裴后昌,涂正凯,刘志春,等.低流速燃料电池重力辅助排水[J].化工学报,2014,65(S1):415-420

[35] WILKINSON D P,VOSS H H,PRATER K. Water management and stack design for solid polymer fuel cells[J]. Journal of Power Sources,1994,49(1):117-127

[36] ANDERSON R,BLANCO M,BI X T,et al. Anode water removal and cathode gas diffusion layer flooding in a proton exchange membrane fuel cell[J]. International Journal of Hydrogen Energy,2012,37(21):16093-16103

[37] OH K H,KIM W K,SUNG K A,et al. A hydrophobic blend binder for anti-water flooding of cathode catalyst layers in polymer electrolyte membrane fuel cells[J]. International Journal of Hydrogen Energy, 2011, 36:13695-13702

[38] HO J U,UK JEONG S,TAE PARK K,et al. Improvement of water management in air-breathing and air-blowing PEMFC at low temperature using hydrophilic silica nano-particles[J]. International Journal of Hydrogen Energy, 2007,32(17):4459-4465

[39] KIM S I,BAIK K D,KIM B J. Experimental study on mitigating the cathode flooding at low temperature by adding hydrogen to the cathode reactant gas in PEM fuel cell[J]. International Journal of Hydrogen Energy,2009,38(8):1544-1552

[40] JUNG S H,KIM S L,KIM M S,et al. Experimental study of gas humidification with injectors for automotive PEM fuel cell systems[J]. Journal of Power Sources,2007,170(2):324-333

[41] WOOD III D L,YI J S,NGUYEN T V. Effect of direct liquid water injection and interdigitated flow field on the performance of proton exchange membrane fuel cells[J]. Electrochimica Acta,1998,43(24):3795-3809

[42] HYUN D,KIM J. Study of external humidification method in proton exchange membrane fuel cell[J]. Journal of Power Sources,2004,126(1):98-103

[43] RAJALAKSHMI N,SRIDHAR P,DHATHATHREYAN K S. Identification and characterization of parameters for external humidification used in polymer electrolyte membrane fuel cells[J]. Journal of Power Sources,2002,109(2):452-457

[44] LEE H K,KIM J I,PARK J H,et al. A study on self-humidifying PEMFC using Pt-ZrP-Nafion composite membrane[J]. Electrochimica Acta,2004,50(2):761-768

[45] BÜCHI F N,SRINIVASAN S. Operating proton exchange membrane fuel cells without external humidification of the reactant gases fundamental aspects[J]. Journal of the Electrochemical Society,1997,144(8):2767-2772

[46] GE S,LI X,HSING I. Internally humidified polymer electrolyte fuel cells using water absorbing sponge[J]. Electrochimica Acta,2005,50(9):1909-1916

[47] TATSUYA K. Fuel cell US:6733911[P]. 2004

[48] JUNG S Y,NGUYEN T V. An along-the-channel model for proton exchange membrane fuel cells[J]. Journal of the Electrochemical Society,1998,145(4):1149-1159

[49] DANNENBERG K,EKDUNGE P,LINDBERGH G. Mathematical model of the PEMFC[J]. Journal of Applied Electrochemistry,2000,30(12):1377-1387

[50] BERNARDI D M,VERBRUGGE M W. Mathematical model of a gas diffusion electrode bonded to a polymer electrolyte[J]. Aiche Journal,1991,37(8):1151-1163

[51] BERNARDI D M,VERBRUGGE M W. A mathematical model of the solid-polymer-electrolyte fuel cell[J]. Journal of the Electrochemical Society,1992,139(9):2477-2491

[52] WEN X F,XIAO J S,ZHANG Z G. Thermal modeling of proton exchange membrane fuel cell[J]. Chinese Journal

of Power Sources,2006,130(6):461-465

[53] LI S,BECKER U. A three dimensional CFD model for PEMFC//In:ASME 2004 2nd International Conference on Fuel Cell Science,Engineering and Technology[J]. American Society of Mechanical Engineers,2004:157-164

[54] JU H,MENG H,WANG C Y. A single-phase,non-isothermal model for PEM fuel cells[J]. International Journal of Heat and Mass Transfer,2005,48(7):1303-1315

[55] SHAN Y,CHOE S Y. A high dynamic PEM fuel cell model with temperature effects[J]. Journal of Power Sources,2005,145(1):30-39

[56] 朱蓉文,肖金生,余江洪. 冷却水对电池中温度分布的影响[J]. 武汉理工大学学报,2006,28(E2):489-494

[57] BAPAT C J,THYNELL S T. Effect of anisotropic electrical resistivity of gas diffusion layers(GDLs)on current density and temperature distribution in a Polymer Electrolyte Membrane(PEM)fuel cell[J]. Journal of Power Sources,2008,185(1):428-432

[58] 崔东周,肖金生,潘牧,等. 质子交换膜燃料电池水、热、气管理[J]. 电池,2005,34(5):373-375

[59] COSTAMAGNA P. Transport phenomena in polymeric membrane fuel cells[J]. Chemical Engineering Science,2001,56(2):323-332

[60] FABIAN T,O'HAYRE R,PRINZ F B,et al. Measurement of temperature and reaction species in the cathode diffusion layer of a free-convection fuel cell[J]. Journal of The Electrochemical Society,2007,154(9):B910-B918

[61] ABDULLAH A M,OKAJIMA T,MOHAMMAD A M,et al. Temperature gradients measurements within a segmented H_2/air PEM fuel cell[J]. Journal of Power Sources,2007,172(1):209-214

[62] MARANZANA G,LOTTIN O,COLINART T,et al. A multi-instrumented polymer exchange membrane fuel cell:Observation of the in-plane non-homogeneities[J]. Journal of Power Sources,2008,180(2):748-754

[63] WEN C Y,HUANG G W. Application of a thermally conductive pyrolytic graphite sheet to thermal management of a PEM fuel cell[J]. Journal of Power Sources,2008,178(1):132-140

[64] 燕希强,侯名,孙立言,等. 燃料电池内部温度测量方法:CN101158607[P]. 2008

[65] VIE P J S,KJELSTRUP S. Thermal conductivities from temperature profiles in the polymer electrolyte fuel cell[J]. Electrochimica Acta,2004,49(7):1069-1077

[66] MENCH M M,WANG C Y,ISHIKAWA M. In situ current distribution measurements in polymer electrolyte fuel cells[J]. Journal of the Electrochemical Society,2003,150(8):A1052-A1059

[67] ZHANG G,SHEN S,GUO L,et al. Dynamic characteristics of local current densities and temperatures in proton exchange membrane fuel cells during reactant starvations[J]. International Journal of Hydrogen Energy,2012,37(2):1884-1892

[68] ZHANG G,GUO L,MA L,et al. Simultaneous measurement of current and temperature distributions in a proton exchange membrane fuel cell[J]. Journal of Power Sources,2010,195(11):3597-3604

[69] PATTEKAR A V,KOTHARE M V. A microreactor for hydrogen production in micro fuel cell applications[J]. Journal of Microelectromechanical Systems,2004,13(1):7-18

[70] LEE C Y,HSIEH W J,WU G W. Embedded flexible micro-sensors in MEA for measuring temperature and humidity in a micro-fuel cell[J]. Journal of Power Sources,2008,181(2):237-243

[71] WILKINSON M,BLANCO M,GU E,et al. In situ experimental technique for measurement of temperature and current distribution in proton exchange membrane fuel cells[J]. Electrochemical and Solid-state Letters,2006,9(11):A507-A511

[72] HINDS G,STEVENS M,WILKINSON J,et al. Novel in situ measurements of relative humidity in a polymer electrolyte membrane fuel cell[J]. Journal of Power Sources,2009,186(1):52-57

[73] 汪茂海,郭航,马重芳,等. 质子交换膜燃料电池温度和电流分布同步测定[J]. 电源技术,2004,28:764-766

[74] INMAN K,WANG X,SANGEORZAN B. Design of an optical thermal sensor for proton exchange membrane fuel cell temperature measurement using phosphor thermometry[J]. Journal of Power Sources,2010,195(15):

4753-4757

[75] HAKENJOS A, MUENTER H, WITTSTADT U, et al. A PEM fuel cell for combined measurement of current and temperature distribution, and flow field flooding[J]. Journal of Power Sources, 2004, 131(1): 213-216

[76] WANG M, GUO H, MA C. Temperature distribution on the MEA surface of a PEMFC with serpentine channel flow bed[J]. Journal of Power Sources, 2006, 157(1): 181-187

[77] CAO T, LIN H, TAO W. Synchronous measurement of temperature and current density distribution of PEMFC [J]. CIESC Journal, 2011

[78] HAUER K H, POTTHAST R, WÜSTER T, et al. Magnetotomography—A new method for analysing fuel cell performance and quality[J]. Journal of Power Sources, 2005, 143(1): 67-74

[79] DAI W, WANG H, YUAN X Z, et al. A review on water balance in the membrane electrode assembly of protom exchange membrane fuel cells[J]. International Journal of Hydrogen Energy, 2009, 34(23): 9461-9478

[80] NAJJARI M, KHEMILIB F, NASRALLAH S B. The effect of the gravity on transient responses and cathode flooding in a proton exchange membrane fuel cell[J]. International Journal of Hydrogen Energy, 2013, 38(8): 3330-3337

[81] YU Y, TU Z K, ZHAN Z G, et al. Gravity effect on the performance of PEM fuel cell stack with different gas inlet/outlet positions[J]. International Journal of Energy Research, 2012, 36(7): 845-855

[82] QUERE D, AZZOPARDI M J, DELATTRE L. Drops at rest on a tilted plane[J]. Langmuir, 1998, 14(8): 2213-2216

[83] LV C J, YANG C W, HAO P F, et al. Sliding of water droplets on microstructured hydrophobic surfaces[J]. Langmuir the Acs Journal of Surfaces and Colloids, 2010, 26(11): 8704-8708

[84] DIMITROV D I, MILCHE A, BINDER K. Capillary rise in nanopores molecular dynamics evidence for the lucas-washburn equation[J]. Physical Review Letters, 2007, 99(5): 054501

[85] THEODORAKAKOS A, OUS T, GAVAISES M et al. Dynamics of water droplets detached from porous surfaces of relevance to PEM fuel cells[J]. Journal of Colloid and Interface Science, 2006, 300: 673-687

2 质子交换膜燃料电池温度分布及热平衡机制

如第 1 章所述,利用燃料电池的数学模型,可以预测燃料电池内质量和热量的传递以及电化学反应的过程。同时,对数学模型的分析还可对电池设计、电池材料的选择及实际操作条件的优化起到一定的指导作用。Bernardi[1,2]与 Rho 等[3]于 20 世纪 90 年代首先建立了燃料电池的一维数学模型,Fuller、Newman[4]和 Jung、Nguyen[5]在 1993 年到 1998 年期间,建立了燃料电池的二维数学模型。随着燃料电池数学模型的不断改进和发展,考虑了 X/Y/Z 方向传递的三维数学模型。目前,燃料电池的仿真模型已经能较全面地反映电池内的传热与传质过程。气体扩散层作为质子交换膜燃料电池水、气和热的传输通道,对燃料电池的水热管理起着重要的作用。气体扩散层表面的温度分布直接影响质子交换膜表面的温度分布和水汽凝结。本章首先介绍如何基于燃料电池基本的数学模型,结合数值模拟的方法来求解不同操作条件下气体扩散层表面的温度分布,研究气体扩散层表面的温度场分布趋势;其次采用内置热电偶的方法来研究质子交换膜燃料电池分别在空气和氧气作为氧化剂情况下的电堆内部温度场分布;最后对质子交换膜燃料电池的热平衡进行理论分析。对燃料电池气体扩散层表面和电堆内部温度场及热平衡的研究,有利于优化燃料电池电堆的流场结构和材料导热性的设计,进而提升燃料电池运行的稳定性和寿命。

2.1 质子交换膜燃料电池扩散层温度分布

2.1.1 数学模型

质子交换膜燃料电池运行时,其内部的气体控制方程由最基本的质量守恒方程、动量守恒方程、能量守恒方程和组分守恒方程等组成,分别如下所示:

质量守恒方程:
$$\frac{\partial(\varepsilon\rho)}{\partial t}+\nabla\cdot(\varepsilon\rho\vec{u})=S_m \tag{2-1}$$

动量守恒方程:
$$\frac{\partial(\varepsilon\rho\vec{u})}{\partial t}+\nabla\cdot(\varepsilon\rho\vec{u}\vec{u})=-\varepsilon\nabla p+\nabla\cdot(\varepsilon\mu\nabla\vec{u})+S_u \tag{2-2}$$

能量守恒方程:
$$\frac{\partial(\varepsilon\rho c_p T)}{\partial t}+\nabla\cdot(\varepsilon\rho c_p \vec{u} T)=\nabla\cdot(k^{\text{eff}}\nabla T)+S_Q \tag{2-3}$$

$$S_Q = I^2 R_{\text{ohm}} + \beta S_{H_2O} h_{\text{reaction}} + r_w h_L + S_{a,c}\eta \tag{2-4}$$

组分守恒方程:
$$\frac{\partial(\varepsilon c_k)}{\partial t}+\nabla\cdot(\varepsilon\vec{u} c_k)=\nabla\cdot(D_k^{\text{eff}}\nabla c_k)+S_k \tag{2-5}$$

燃料电池中,电化学反应在催化剂的表面进行,催化层内反应采用巴特勒-福尔默方程(Bulter-Volmer 方程)[5]来描述电化学反应过程。

由电荷守恒原理可得,电流守恒方程:

$$\nabla \cdot (\sigma_e \nabla \phi_e) + S_e = 0 \tag{2-6}$$

$$\nabla \cdot (\sigma_m \nabla \phi_m) + S_m = 0 \tag{2-7}$$

催化层中阳极和阴极的 Bulter-Volmer 方程分别为

$$S_a = j_{a,\text{ref}} \left(\frac{C_{H_2}}{C_{H_2}^{\text{ref}}}\right)^{\gamma_a} \left(e^{\frac{\alpha_a F}{RT}\eta_a} - e^{-\frac{\alpha_c F}{RT}\eta_a}\right) \tag{2-8}$$

$$S_c = j_{c,\text{ref}} \left(\frac{C_{O_2}}{C_{O_2}^{\text{ref}}}\right)^{\gamma_c} \left(e^{\frac{\alpha_a F}{RT}\eta_c} - e^{-\frac{\alpha_c F}{RT}\eta_c}\right) \tag{2-9}$$

其中:η 为过电位;j_{ref} 为参考交换电流密度,过电位与电极电势和双电势之间存在如下关系:

$$\eta = \phi_e - \phi_m - V^{\text{ref}} \tag{2-10}$$

其中:V^{ref} 在阳极为 0,阴极为开路电势。电流源项可以通过以下公式计算:

$$S_e = \begin{cases} -s_a < 0 & (\text{阳极催化层}) \\ +s_c > 0 & (\text{阴极催化层}) \\ 0 & (\text{其余区域}) \end{cases} \tag{2-11}$$

$$S_m = \begin{cases} +s_a > 0 & (\text{阳极催化层}) \\ -s_c < 0 & (\text{阴极催化层}) \\ 0 & (\text{其余区域}) \end{cases} \tag{2-12}$$

其中:质量源项 S_m 在流道和扩散层均为 0;而在阳极和阴极的催化层 S_m 分别为

$$s_{H_2} = -\frac{M_{H_2}}{4F} s_a \tag{2-13}$$

$$s_{O_2} = -\frac{M_{O_2}}{4F} s_c \tag{2-14}$$

$$s_{H_2O} = \frac{M_{H_2O}}{2F} s_c - r_w \tag{2-15}$$

其中:M 为摩尔质量;F 为法拉第常量(96 487 C/mol)。

在质子交换膜燃料电池中,气体扩散层和催化层均属于多孔介质。对于大范围内的雷诺数以及不同类型的充满形式,均采用以下半经验公式:

$$\nabla p = \frac{150\mu}{D_p^2} \frac{(1-\varepsilon)^2}{\varepsilon^3} v + \frac{1.75\rho(1-\varepsilon)}{D_p \varepsilon^3} v^2 \tag{2-16}$$

气体的流动为层流,因此方程式(2-16)中的第二项极小,可以忽略,从而式(2-16)优化得到 Blake-Kozeny 方程[6]:

$$\nabla p = \frac{150\mu}{D_p^2} \frac{(1-\varepsilon)^2}{\varepsilon^3} v \tag{2-17}$$

其中:μ 为黏性,$1/m^2$;D_p 为平均粒子直径,m;ε 为孔隙率。由此,渗透性和内部损失系数为

$$\alpha = \frac{D_p^2}{150} \frac{\varepsilon^3}{(1-\varepsilon)^2} \tag{2-18}$$

在多孔介质的层流流动中,多孔介质模型可用 Darcy 定律近似处理:

$$\nabla p = -\frac{\mu}{\alpha}\bar{v} \qquad (2\text{-}19)$$

扩散方程为

$$q_y^k = -D_k \frac{\partial c_k}{\partial y} \qquad (2\text{-}20)$$

其中：

$$D_k = \varepsilon (1-s)^b D_k^0 \left(\frac{p_0}{p}\right)^\gamma \left(\frac{T}{T_0}\right)^{1.5} \qquad (2\text{-}21)$$

2.1.2 计算模型

计算几何模型如图 2-1 所示，模型由质子交换膜、催化剂层、阴阳极气体扩散层、阴阳极流道及电流收集板几部分组成。其结构的具体尺寸及网格划分如表 2-1 所示，物性参数及模拟边界条件分别如表 2-2 和表 2-3 所示。

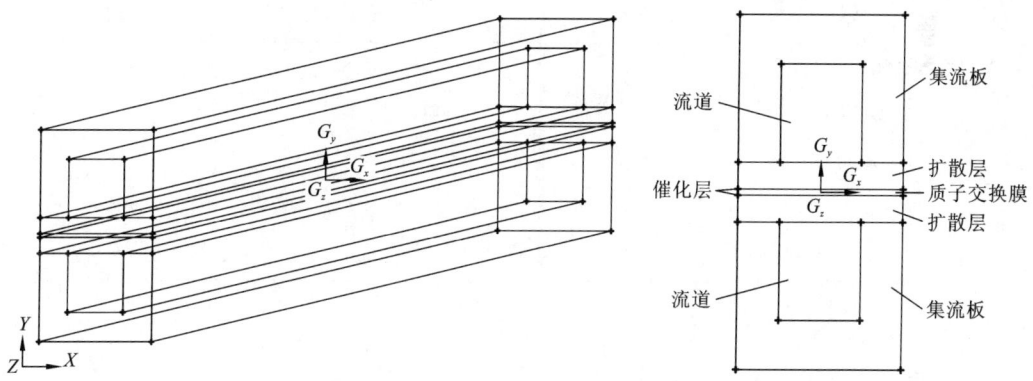

图 2-1 单流道质子交换膜燃料电池几何模型

表 2-1 单流道质子交换膜燃料主要几何尺寸及网格划分

结构	厚度/网格	宽度/网格	长度/网格
双机板/mm	1.2/12	1.6/16	62.5/625
流道/mm	0.8/8	0.8/8	62.5/625
气体扩散层/mm	0.21/5	1.6/16	62.5/625
催化层/mm	0.012/5	1.6/16	62.5/625
质子交换膜/mm	0.036/5	1.6/16	62.5/625

表 2-2 单流道质子交换膜燃料主要物性参数

参数	数值	参数	数值
氢气扩散系数/(m²/s)	1.1×10^{-4}	集流板有效电导率/[1/(Ω·m)]	8.3×10^4
氧气扩散系数/(m²/s)	3.2×10^{-5}	扩散层的孔隙率	0.5
水蒸气扩散系数/(m²/s)	7.35×10^{-5}	扩散层黏性阻力系数/(1/m²)	1×10^{12}

续表

参数	数值	参数	数值
其他组分扩散系数/(m^2/s)	1.1×10^{-5}	扩散层有效电导率/([1/($\Omega\cdot m$)]	5000
阳极交换电流密度/(A/m^3)	2×10^9	催化层的孔隙率	0.5
阴极交换电流密度/(A/m^3)	1×10^5	催化层的比表面积	2×10^5
阳极浓度指数	0.5	催化层有效电导率/[1/($\Omega\cdot m$)]	1000
阴极浓度指数	1	膜摩尔质量(kg/kmol)	1100
孔隙中水的饱和指数	2	膜质子传导系数	1
阳极交换系数	0.5	膜质子传导指数	1
阴极交换系数	1.5	接触电阻/($\Omega\cdot m^2$)	2×10^{-6}

表 2-3 单流道质子交换膜燃料边界条件

参数	数值	参数	数值
操作压力/atm	2	阳极过量系数	1.5
出口背压/atm	0	阴极过量系数	2
操作温度/℃	80	阳极加湿	100%
空气温度/℃	80	阴极加湿	100%
氢气温度/℃	80	开路电压	1.066

注:1 atm=1.013 25×10^5 Pa

2.1.3 模型假设

模拟计算时,为建立质子交换膜数学模型,做出以下假设:
(1) 燃料电池在稳定条件下运行;
(2) 反应气体为理想气体,并且不可压缩;
(3) 反应气体不能渗透质子交换膜;
(4) 气体扩散层、催化层和膜均为各向同性;
(5) 流道内的气体为层流流动。

2.1.4 单流道扩散层温度分布

图 2-2 是氢气过量系数为 1.5、空气过量系数为 2、加湿度为 80%、气体温度为 353 K、电池操作压力为 1 atm 时气体扩散层表面沿流道方向的温度分布图。从图中可以看出,气体扩散层表面沿流道方向温度逐渐上升,进口段温度上升幅度要高于电池出口段。电

池内阴极气体扩散层表面温度高于阳极温度,其温差沿流道方向逐渐增大。在靠近电池进口处,阴极气体扩散层表面温度为353.9 K左右,阴极和阳极气体扩散层表面温度差为0.1℃左右;而在靠近电池出口处温度差上升到0.3℃左右,且阴极气体扩散层表面温度为354.4℃左右,与进口处相比温度上升了0.5℃。

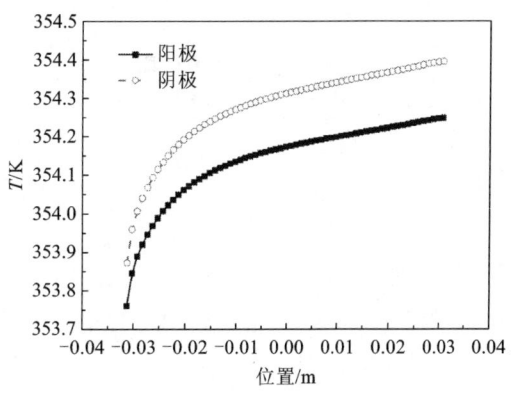

图2-3为气体扩散层表面温度分布云图,图2-3(a)、(b)分别表示阳极气体扩散层和阴极气体扩散层。从图中可以看出,在气体扩散层表面,流道区域温度要高于岸区

图2-2 质子交换膜燃料电池沿流道方向气体扩散层表面温度分布

域。这是由于岸区域反应气体浓度较低,电化学反应较弱,相应地产生热量较少。

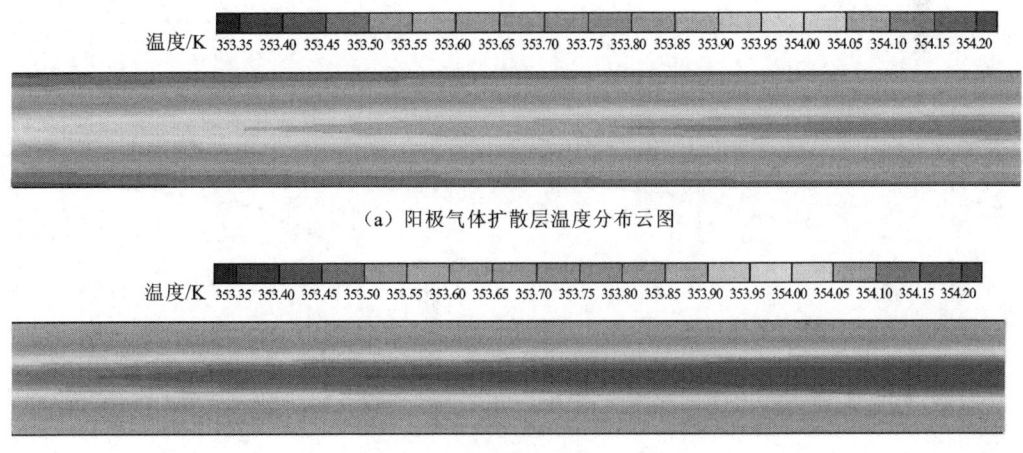

(a)阳极气体扩散层温度分布云图

(b)阴极气体扩散层温度分布云图

图2-3 气体扩散层表面温度分布云图

2.1.5 操作压力对温度分布的影响

为考察电池内操作压力对电池温度分布的影响,计算了1.5 atm、2.0 atm、2.5 atm操作压力下电池内GDL表面温度分布,如图2-4所示。从图中可以看出,在不同操作压力下,扩散层表面沿流道方向温度逐渐上升,电池进口段温度上升幅度要大于电池出口段温度上升幅度。阴极扩散层与阳极扩散层温度上升趋势一致。由于质子通过膜到达阴极与氧气反应生成水,放出热量,因此,电池内阴极温度要高于阳极温度。随着电池操作压力的上升,扩散层温度未呈现出规律性变化。当电池操作压力为2.5 atm时,扩散层表面温度最高,且GDL表面沿流道方向温度均一性最佳。当电池操作压力为1.5 atm与1.0 atm

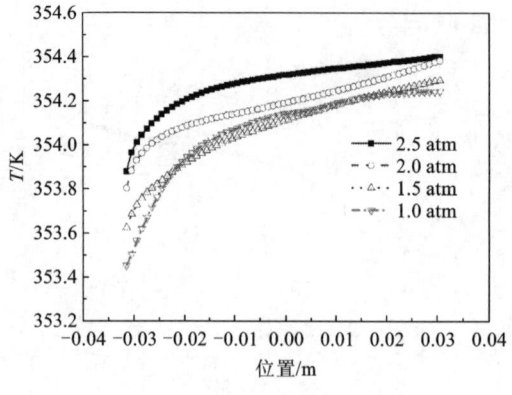

图 2-4 操作压力对气体扩散层表面温度分布影响

时,在气体进口段与出口段,操作压力为 1.5 atm 时扩散层表面温度较高,在电池中部,电池操作压力为 1.0 atm 时,GDL 表面温度较高;同时,当电池操作压力为 1 atm 时,扩散层表面沿流道方向温差最大。从图中可知,为使电池运行时均温性提高,可适当增加电池操作压力。

2.1.6 反应气体流量对温度分布的影响

图 2-5 为不同过量系数下,阴阳极扩散层表面温度分布示意图。从图中可以看出,电池阴极扩散层表面温度要高于阳极扩散层表面温度,沿流道方向温度逐渐上升。扩散层进口段温度上升幅度要大于出口段温度上升幅度。图 2-5(d)为不同过量系数下,GDL 表面温度分布图,从图中可以看出,在计算区域

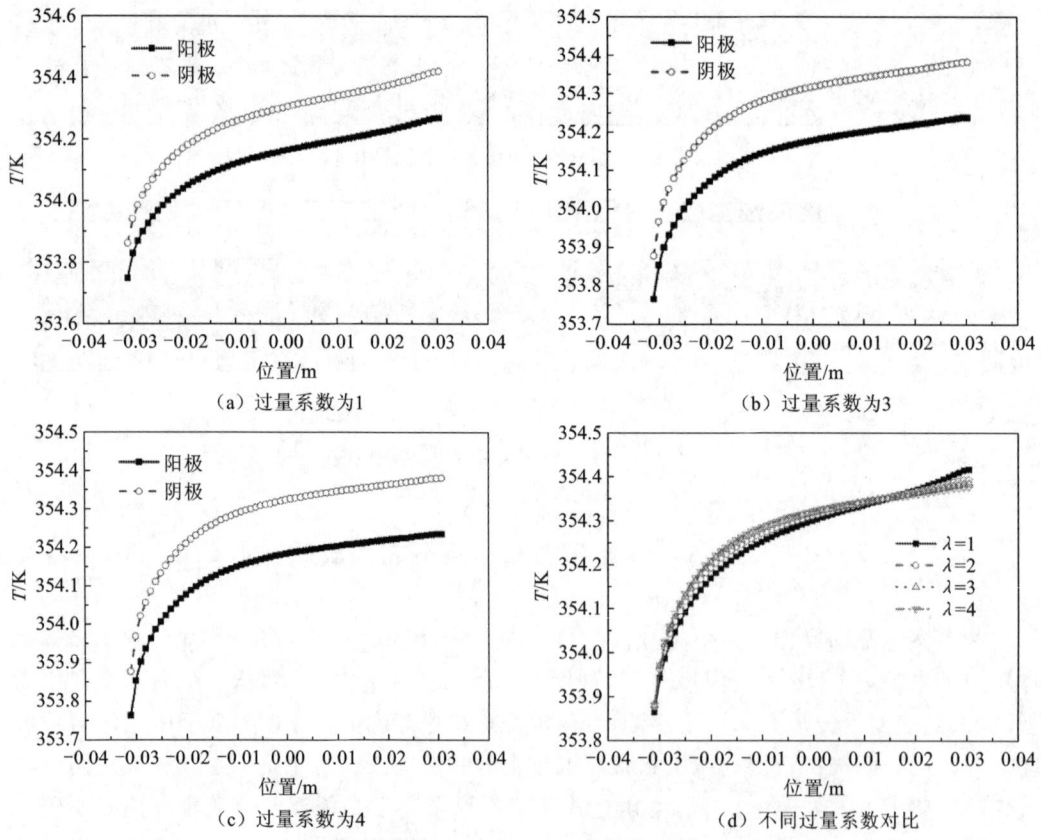

图 2-5 不同过量系数下沿流道方向气体扩散层表面温度分布

0.02 m之前,反应气体流量越高,扩散层表面温度越大,在电池出口段则出现相反趋势。这是因为,在 0.02 m 之前区域,气体流量越大,电池内浓差极化越小,电化学反应越剧烈,反应放出热量也越多,此时流量越大,扩散层表面温度也越高;在电池出口段,气体流量越高,带走热量也越大,因此扩散层表面温度也越低。图 2-6 为不同反应气体流量时扩散层温度分布云图。从图中可得,在电池进口段,流道区域温度要高于岸区域温度,但是两者温差不大。沿着流道,岸与流道扩散层表面温差增大,温差值趋于稳定,过量系数为1、3、4 时温差分别为 0.137℃、0.143℃、0.141℃。

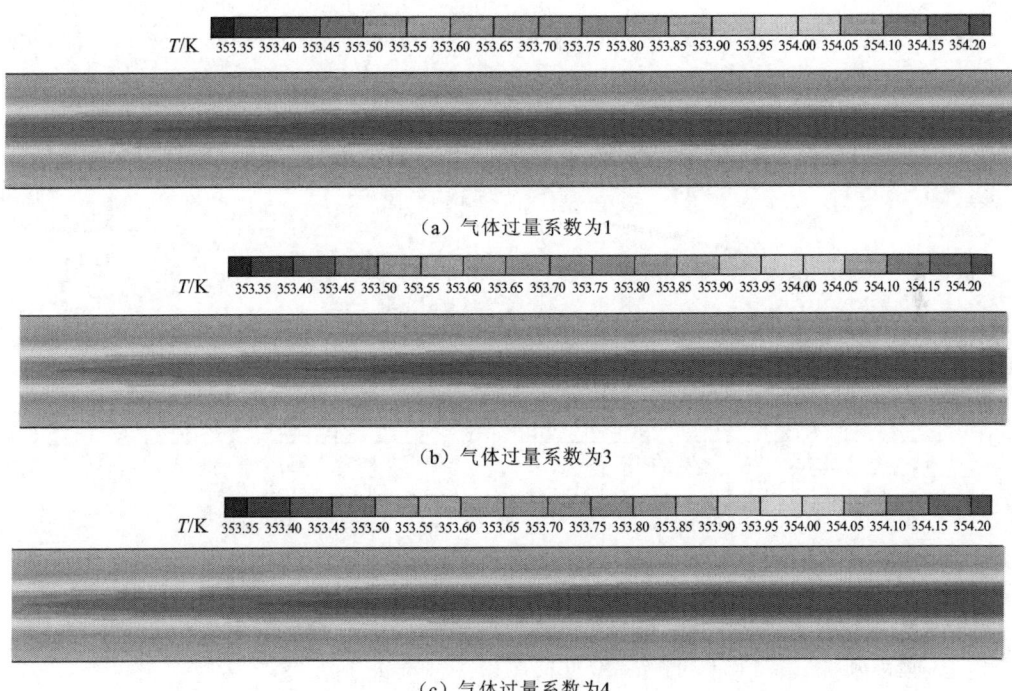

图 2-6　不同过量系数下沿流道方向气体扩散层表面温度分布云图

2.1.7　进气温度对温度分布的影响

图 2-7 为不同进气温度下气体扩散层沿流道方向温度分布示意图。从图中可以看出,气体扩散层表面温度沿流道方向均呈现升高趋势。同时,随着进气温度的升高,流道内气体扩散层温度随之升高。这说明燃料电池内气体扩散层表面温度受气体温度影响较大。

采用数值模拟的方法并结合质子交换膜燃料电池基本的理论模型,包括质量守恒方程、动量守恒方程、能量守恒方程和组分守恒方程等守恒方程和电化学方程,研究了质子交换膜燃料电池气体扩散层表面在不同操作条件下的温度分布特性,得到以下结论:

(1) 不同操作条件下,扩散层温度沿流道方向均上升,GDL 表面温度在进口段温度升

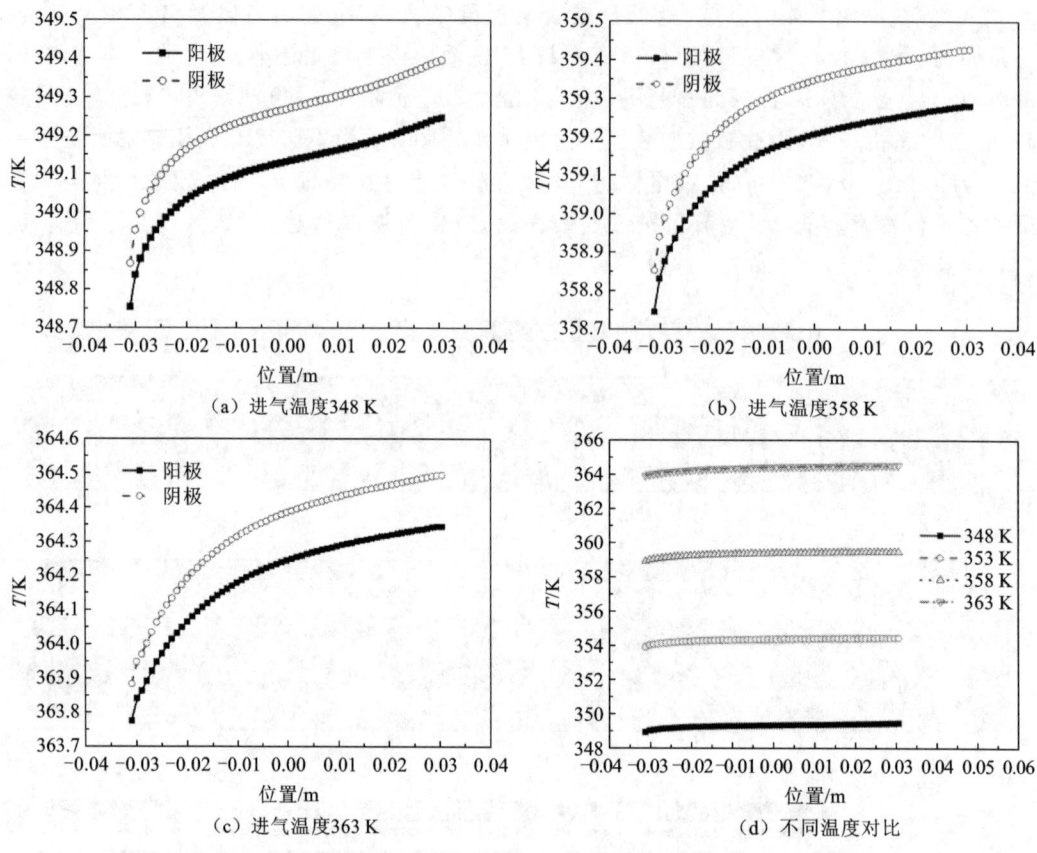

（a）进气温度348 K （b）进气温度358 K （c）进气温度363 K （d）不同温度对比

图 2-7 不同温度下沿流道方向气体扩散层表面温度分布

高幅度要大于电池出口段；

（2）单电池内，流道表面扩散层温度低于岸下温度；

（3）电池操作压力升高可提高扩散层表面温度均一性；

（4）反应气体流量增大时，进口段扩散层温度升高，出口段扩散层温度降低；

（5）扩散层表面温度随进气温度升高而升高。

2.2 氢空质子交换膜燃料电池温度场分布的实验研究

基于模型仿真和数值计算，质子交换膜燃料电池工作时质子交换膜表面的温度并不是均匀的，随着流道方向内部温度在进出口位置会有明显的偏差，而随着操作压力、反应气体流量和进气温度等操作条件的变化，质子交换膜表面的温度又会有较大的变化。氢空质子交换膜燃料电池堆在运行时，会产生大量的热，其最佳工作温度根据质子交换膜的物理特性而具有一定的范围[7]。燃料电池工作温度过高会使质子交换膜脱水，降低质子传导率，严重时甚至会使质子交换膜出现穿孔而导致燃料电池产生不可逆损害；燃料电池工作温度过低会使质子交换膜表面局部温度低于催化剂电化学反应所需的最低温度，若电池内的催化剂达不到最佳活性点,致使燃料电池发电功率和发电效率都无法满足正常使用需求[8-9]。燃料电池在运行过程中本身产热也会使内部温度分布不均。燃料电堆内各点若温差过大,膜电极受热不均,造成燃料电池单片均一性下降。更严重的是,燃料电池温度分布不均也会降低燃料电池的安全性与寿命[10-14]。

然而,燃料电池的工作温度通常是对电堆的进口或者出口温度进行调节控制,若燃料电池电堆片数足够多,很难对燃料电池运行时的内部和每一片单电池的温度进行精确控制和调节。因此,为使燃料电池在最佳温度运行且提高内部温度的均一性,需对燃料电池内温度分布进行研究。国内外学者对燃料电池内的温度分布做了很多研究[15],但研究对象均为单电池。单电池功率不大且没有采用冷却结构,不能反映燃料电池的实际运行状态。本部分介绍一种研究燃料电池内部温度分布的研究方法,即采用内置T型热电偶对活性面积为200 cm²的多片燃料电池堆进行温度分布的在线监测,并通过改变操作条件对温度分布的均匀性进行实时调节。

2.2.1 燃料电池电堆温度分布的在线监测方法

1. 实验系统设计

本实验采用单电池数量为46的燃料电池电堆。其中,单电池活性面积为200 cm²,气体扩散层厚度为2×10^{-4} m,质子交换膜厚度为2.5×10^{-5} m,阴阳极铂载量均为0.4 mg/cm²。实验测试前,将燃料电池电堆充分活化,发挥电池最佳性能,然后对不同操作条件下的电池性能进行测试。

实验单电池采用石墨流场板,石墨流场板可加工性好,可对其加工后布置热电偶。石墨流场板阴阳极均为直流道,电池组装后,膜电极两侧流场为岸对岸、槽对槽分布,使电池在运行时膜电极两侧压力平衡。双极板内冷却水流道为直流道,对应设置于阴阳极流场之间,流道参数见表2-4。实验系统如图2-8所示。燃料电池若要稳定可靠地运行,需要持续不断地供给反应气体、保持电池内部水平衡及控制电池工作温度。实验采用FCATS G500测试平台对燃料电池电堆进行性能测试,如图2-9(a)所示。该测试平台最大测试功率12.5 kW,可对运行参数,如负载值、负载类型、反应气体流量及其加湿度、温度、冷却水流量等进行精确控制,并可实时记录各反应参数。氢气气源由氢气站供给,纯度大于9.99%,如图2-9(b)所示;空气由空气压缩机提供。

表2-4 燃料电池电堆参数

参数	数值
单电池活性面积/m²	2.0×10^{-2}
流道深度/m	7.5×10^{-4}
流道宽度/m	1.5×10^{-3}
流道岸宽/m	1.5×10^{-3}

续表

参数	数值
气体扩散层厚度/m	2.5×10^{-4}
膜厚度/m	2.5×10^{-5}
催化层厚度/m	1.2×10^{-5}

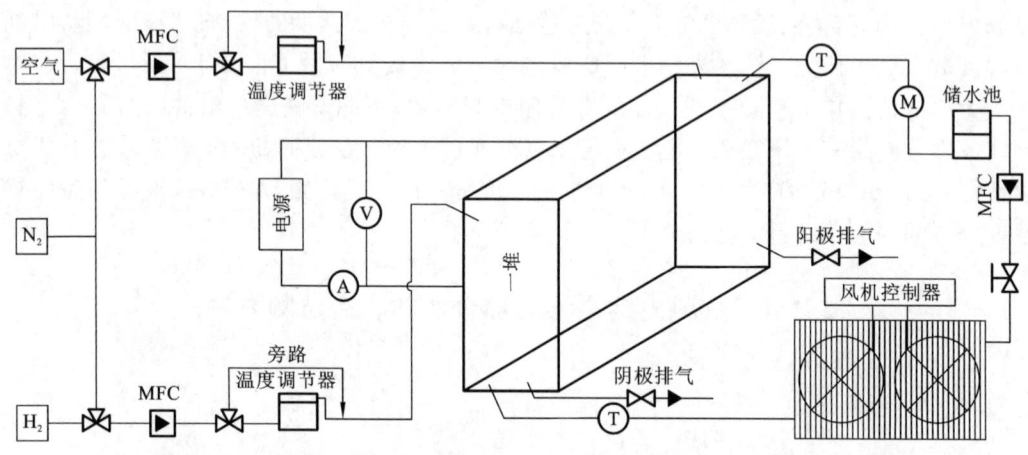

图 2-8 测试系统图

(a) G500电堆测试平台

(b) 燃料电池氢气源

图 2-9 燃料电池测试平台

实验中,利用热电偶对电池内温度分布进行测量,为减小热电偶的加入对实验燃料电池电堆的影响,采用如图 2-10(b)所示铜-康铜 T 型热电偶,该热电偶直径约为 1 mm,其测温范围为 $-200\sim350$℃,标定后的精度达到 ±0.2℃。电池内温度由热电偶测量后,经过数据采集仪 keithlet-2700 进行采集[图 2-10(a)],温度采集频率为 5 s/次。燃料电池反应气体均采用 Z 形进气方式,测试时,氢气、氧气以及冷却水均为上进下出方式。

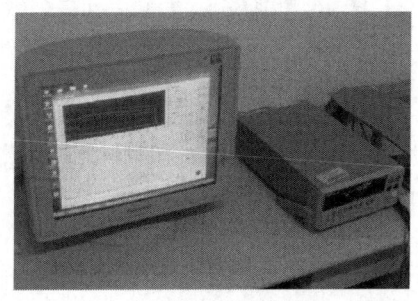
(a)温度采集系统

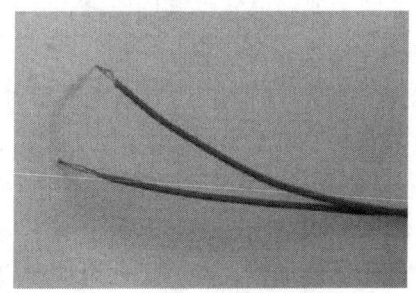
(b)实验热电偶

图 2-10 温度测试系统

2. 热电偶布置方案

膜电极表面的温度分布与质子交换膜燃料电池的寿命、可靠性及输出性能有密切的关系。燃料电池在运行时,质子在阴极与氧气在催化剂作用下反应生成水的同时放出热量。为准确测量膜电极表面温度,将热电偶测温点设置于阴极流场板与膜电极接触部位,如图 2-11(a)所示。该测试方法仅在膜电极与流场板之间设置有测试点,通过流场板加工即可实现,可在电池无干扰情况下实时测试电池内的温度分布。

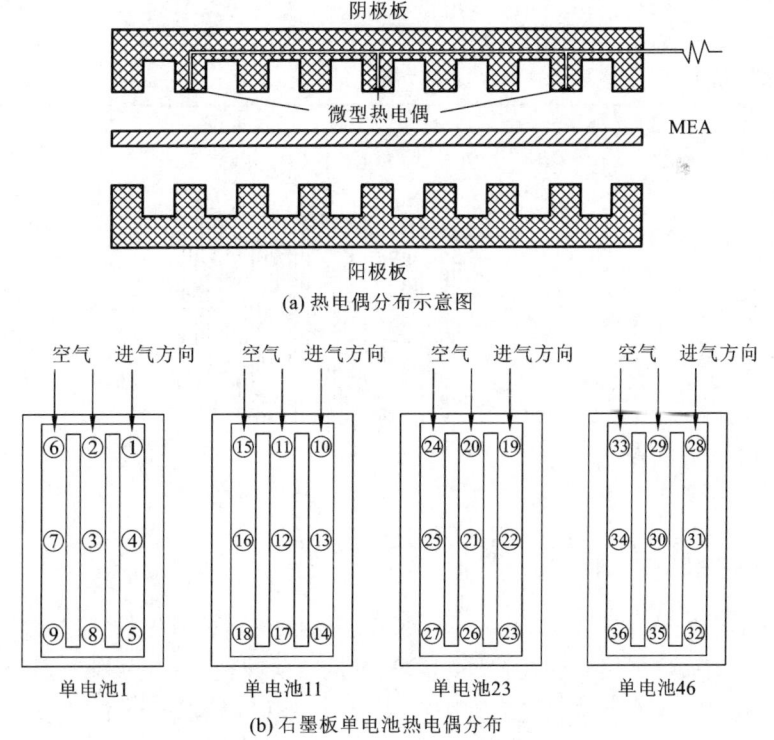

图 2-11 热电偶单电池分布示意图

T型热电偶标定完成后，根据热电偶外形尺寸，利用雕刻机加工电堆中石墨双极板，使热电偶与石墨板之间配合，如图2-11(a)所示，然后将热电偶放置于岸底部并用胶粘牢。电池制作完成后，检查粘接痕迹，保证其对流场形状无影响；同时，保证热电偶测温探头外露并与石墨板的岸处于同一平面，使电堆组装后热电偶探头与气体扩散层可紧密接触，从而精确测得运行过程中该点的温度值，减小对燃料电池电堆结构的损坏。图2-11(b)为热电偶在流场板中分布示意图。如图所示，阴极流场板上设有9个T形热电偶，其中3个热电偶分布在流场板的进口，3个热电偶分布在流场板的出口，其余三个热电偶分布在流场板中部，分别监测电池进口处、中部及出口处的温度值。对设置热电偶进行编号，如表2-5所示，以利于数据分析。测试时，为减小热电偶设置对电池性能的影响，仅对电堆中4片单电池进行监测，依次为电池堆中第1片、第11片、第23片、第46片，其中测温热电偶的编号依次为TC1～TC36，温度监测单电池分布如图2-12所示。实验时，可测试燃料电池电堆两端、中部以及中部与两端之间的温度分布。在电池冷却水进出口分别设置热电偶，编号为TC37、TC38，对冷却水温进行实时监测。

表2-5 燃料电池电堆单电池热电偶编号

电堆中单电池	所在单电池热电偶编号
单电池1	TC1～TC9
单电池11	TC10～TC18
单电池23	TC19～TC27
单电池46	TC28～TC36

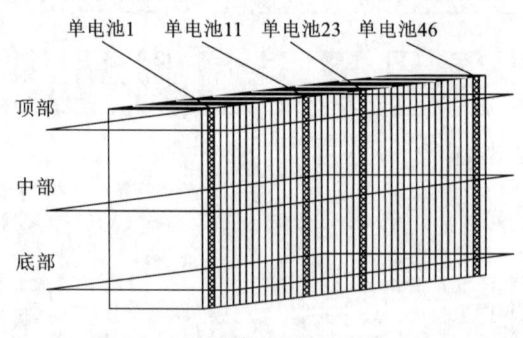

图2-12 测试单电池在电堆中分布

3. 电池组装及实验方案

石墨流场板加工完成后，检测热电偶，保证热电偶在与石墨板粘接过程中不被损坏。热电偶检验合格后，检测膜电极及石墨板的气密性。将热电偶按照编号顺序组装入电池堆，完成燃料电池电堆的组装。组装完毕后，再次确认热电偶是否合格。为保证电池运行中的安全性，应检查电池装配后的气密性，防止反应气体在电堆内互串及气体外漏。实验中，燃料电池运行压力在1 atm以内，考虑一定安全余量，将检测电堆漏气量气体压力调为 1.5 atm,检测组装电池气密性。在电堆全闭口时,测试氢气流道、水流道、氧气流道的最大漏气量,若最大漏气量小于 40 mL/min,则电池可安全运行。若电池漏气量过大,则应重新装,直到合格为止。

电堆组装完毕后,测试燃料电堆内阻,单片电池内阻应小于 200 mΩ·cm^2。若电池锁紧压力过低或局部电池接触不良,则会导致内阻偏大,此时应该予以纠正,使电池内阻在正常范围之内。

燃料电池电堆运行时,阴阳极流道均竖直放置,反应气体为 Z 形进气,氢气及空气采用上进下出模式。数据记录前,对燃料电池电堆进行充分活化,电池性能稳定后,进行电池数据采集。电池运行中,实时记录热电偶中各点温度及电池性能。第一,实验测试在电池输出性能稳定后,单电池内温度的分布特性;第二,采用横流加载模式,阶跃加载工作电流密度,测试电池在不同电流密度下的电池性能及温度分布特性;第三,改变燃料电池堆气体供应流量及温度,弄清气体流量对电池温度分布的影响;第四,改变冷却水流量,得出冷却水流量对电池性能及温度分布的影响。

2.2.2 氢空燃料电池温度分布特性

图 2-13 给出了空气流量为 500 L/min,冷却水流量为 45 L/min,工作电流密度为 500 mA/cm^2 时,电堆中单电池的温度分布曲线。从图中可以看出,随着电池的运行,电池内各点温度均呈上升趋势。所监测的 4 片单电池中最高温度分别为 TC8、TC17、TC26 及 TC35,其位置均处于单电池堆底部中间出口处。其中,单电池 23 中 TC26 为电堆的最高温度;最低温度出现在电堆两端的进出口,分别为第 1 片单电池的测试点 TC1 与第 46 片单电池的测试点 TC36。电堆中,单电池内最大温差位于电堆中部的第 23 片单电池,温差值在 4.5~5℃;最小温差位于电堆两端的第 1 片与第 46 片单电池,温差在 1℃以内;单电池 11 温差值在 2~2.5℃。由此可得,单电池内温差值与其所处电堆中的位置有关,单电池处于中间位置时温差最大,电堆两端单电池温差较小。工作电流密度为 700 mA/cm^2 时温度分布与工作电流密度为 500 mA/cm^2 时单电池的温度分布特性类似。

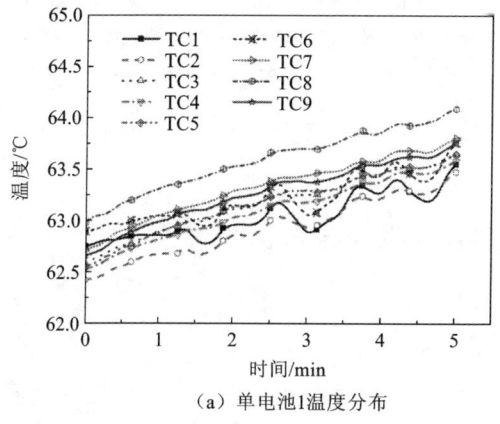

(a) 单电池1温度分布

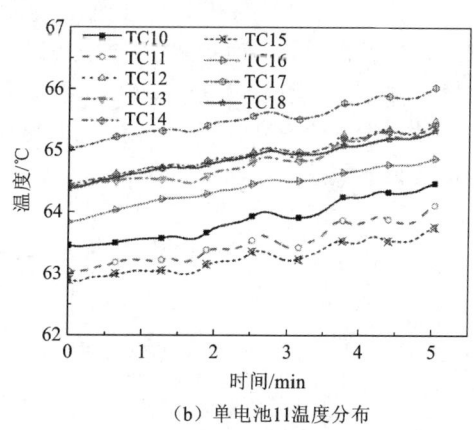

(b) 单电池11温度分布

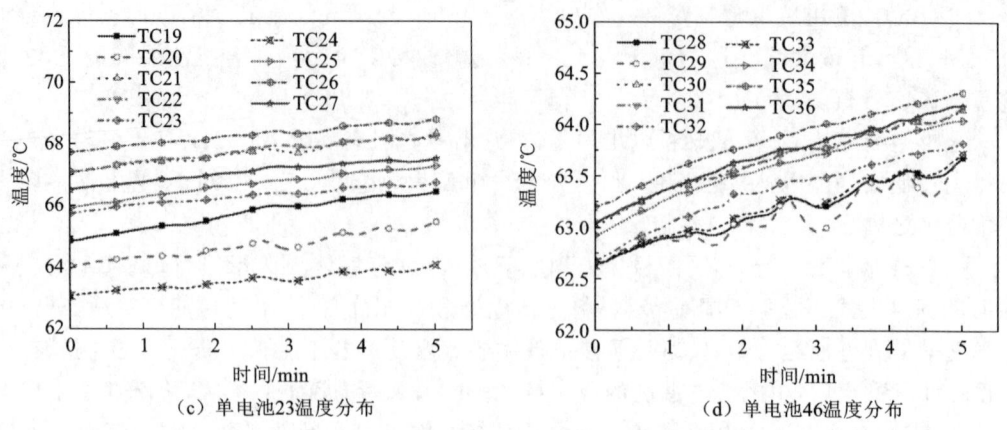

(c) 单电池23温度分布　　　　(d) 单电池46温度分布

图 2-13　燃料电池运行时不同单电池温度分布

燃料电池发电效率为

$$电池效率 = \frac{V_c}{1.25} \times 100\% \qquad (2-22)$$

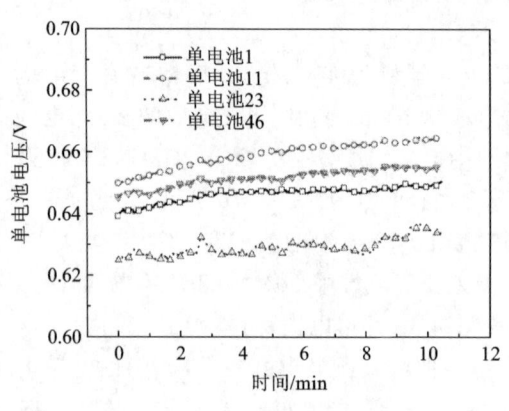

图 2-14　单电池性能比较

其中：V_c 为单电池电压。燃料电池在对外输出电能时，其余以热量形式散发。因此，电池性能对电池产热量有较大影响，需对电池性能进行研究。

图 2-14 为电池工作电流密度为 500 mA/cm²，空气流量为 500 L/min，且充分加湿时不同单电池的电压变化曲线。从图中可以得出，运行过程中，各单电池电压呈现上升趋势。在该操作条件下，单电池 11 电压最高，单电池 23 电压在运行中始终最低，且其电压值波动范围较其余电池要大。其可能原因为：随着电池的运行，电池内温度的升高使催化剂活性增强，单电池电压均呈现上升趋势；电池中部，单电池 23 温度最高，电池内水蒸气含量高于电堆内其余单电池，随之该单电池内氧气分压降低，造成浓差极化变大，另外随着温度的升高，质子交换膜的润湿性降低，膜的质子传导率也下降，因此单电池 23 的电池性能最差。

2.2.3　操作条件对氢空燃料电池温度分布的影响

1. 电流密度对温度分布的影响

图 2-15 给出了空气流量为 500 L/min，冷却水流量为 45 L/min，不同工作电流密度下电堆的温度分布曲线。从图中可以看出，电堆的运行温度、最大温差以及升温速率都随电

流密度的增加而增大。从图 2-15(a)中可以看出,当电池工作电流密度为 500 mA/cm² 时,经过 10 min 的运行后,电堆中最高温度 TC26 由 67.7℃上升至 69.3℃,最低温度 TC2 由 62.5℃上升至 64℃,其升温速率都约为 0.16℃/min;单电池 23 内最大温差为 4.6℃,而电堆内部的最大温差为 5℃。当工作电流密度为 700 mA/cm² 时,如图 2-15(b)所示,经过 10 min 的运行后,电堆中最高温度由 75.7℃上升至 79.2℃,升温速率为 0.35℃/min,而最低温度由 67.7℃上升至 69.8℃,升温速率为 0.21℃/min;单电池 23 内最大温差为 7.8℃,而电堆内部最大温差为 8.4℃。同时可以看出,随着电流密度的增加,电堆冷却水的进出口温差由 1.0℃上升至 1.4℃。这是由于电流密度越高,电池内电化学反应程度越剧烈,反应生成的换热越大,冷却水流量也越大,当运行中冷却水的流量不变,冷却水进出口温差增大。

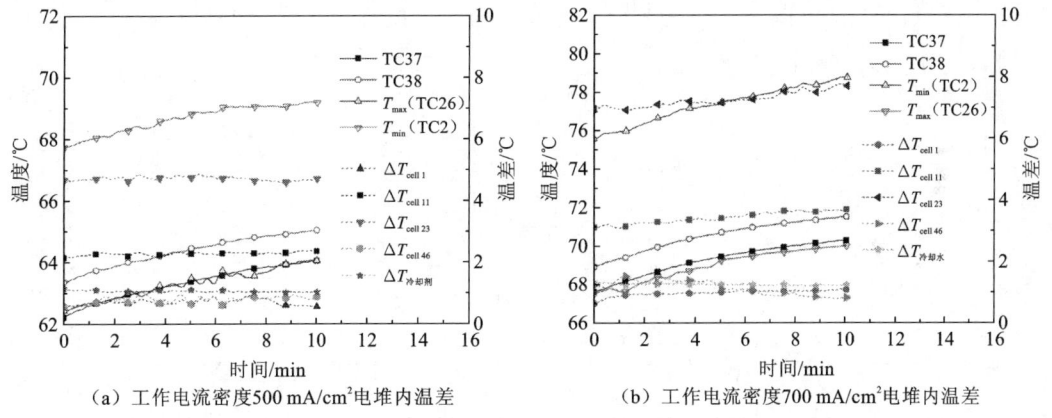

图 2-15 不同工作电流密度下的温度分布

图 2-16 为燃料电池堆中热电偶所在单电池的性能曲线。从图中可以得出,当电池工作电流密度小于 400 mA/cm² 时,单电池 23 电压最高;当电池工作电流密度超过 400 mA/cm² 后,单电池 23 电压最低。这是因为,当电池在小电流密度下工作时,电池内发热量较小,电池中部温度高,有利于催化剂发挥其活性,因此单电池 23 在 400 mA/cm²

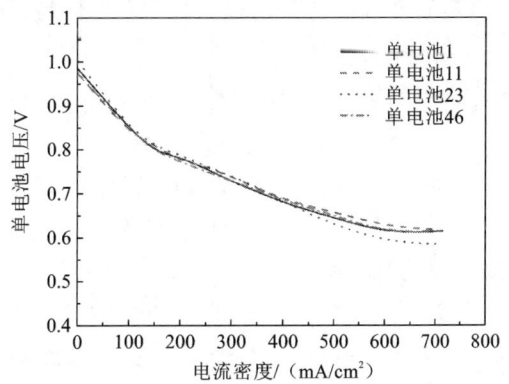

图 2-16 单片电池性能比较(空气流量 500 L/min,100%加湿)

之前电池性能较高。而随着工作电流的增加,电池内产生的热量增大,此时电池内部温度过高,水蒸气分压变大,氧气分压也随之降低,浓差极化增大,因此,单电池 23 电池性能在 400 mA/cm² 之后较差。从图中还可看出,当电池工作电流密度小于 400 mA/cm² 时,单电池间电压值差距不大,但随着工作电流密度的增加,电池间性能差值增大。

图 2-17 给出了在 $t=500$ s 时刻,电堆内各单电池最高、最低温度及温差分布特性。从图中可以看出,不同电流密度下,电堆中最高温度、最低温度、单片温差均呈上凸曲线分布。当电流密度为 500 mA/cm² 时,电堆中各单片的最低温度比较均一,温差值在 1℃ 以内;此时,电堆中各测试单电池最高温度相差最大为 4℃ 左右;电流密度增至 700 mA/cm² 时,单片电池最低温度的温差增至 1~2℃,最高温度的温差增至 8℃ 左右。由于电堆内最高温度主要集中在中部,同时结合图 2-14 可知,电堆内单电池 23 电压最低,电池设计时,应重点考虑中部的散热问题以提高电堆的均温性。

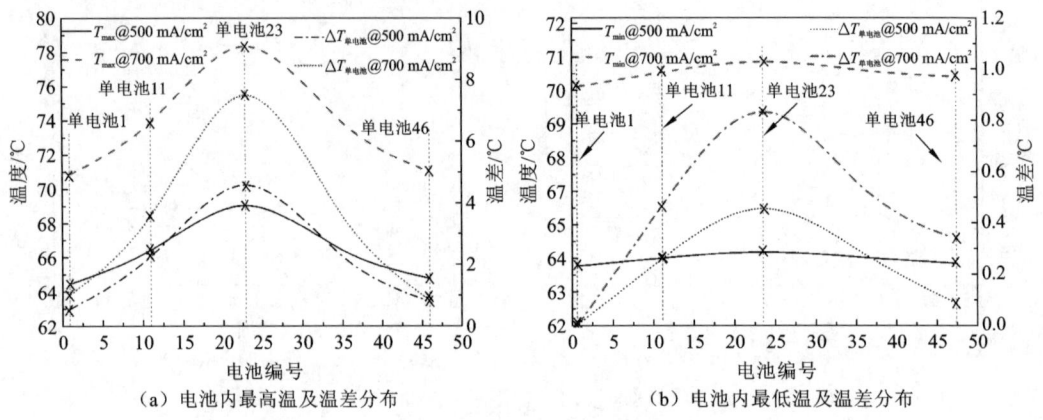

(a) 电池内最高温及温差分布　　(b) 电池内最低温及温差分布

图 2-17　不同电流密度下电堆温度分布

2. 空气流量对温度分布的影响

图 2-18 给出了空气温度为 70℃,工作电流密度为 500 mA/cm²,氢气流量为 40 L/min,冷却水流量为 45 L/min 时不同空气流量下电堆的温度分布特性。图 2-18(a) 为单电池 23 中各测试点温度随流量的变化曲线。从图中可以看出,当空气流量为 300 L/min、500 L/min 时,单电池内各点温度呈上升趋势。其中,空气流量为 300 L/min 时,该单片的升温速率为 0.098℃/min;空气的流量为 500 L/min 时,其升温速率为 0.062℃/min。当空气流量由 500 L/min 增加至 700 L/min 时,单电池内各点温度立即下降,约 2min 后各点温度呈稳定趋势,此时空气流量对电池温度分布十分明显。随着空气流量的增大,电池内温度逐渐降低。空气流量增加后,流道内气体速度也随之增大,膜与空气的传质效果增强,同时,更多的水分被过量空气所带走。电池内流场板被空气强制对流换热所带走;当空气流量增大时,电池内含有的大量热湿蒸汽被空气迅速吹离电堆,此时,水蒸气未冷凝放热即被过量空气吹离。当空气流量分别为 300 L/min 与 500 L/min 时,冷却水与空气带走的热量小于电池产生的热量,电池温度上升。当空气流量达到 700 L/min 时,电池散发热量与

产生热量达到动态平衡。当空气流量由 500 L/min 增大到 700 L/min 时,电池温度出现瞬时下降,这是因为当空气流量改变时,流量计由于自我调节作用而没有迅速变化,而当流量计内流量改变后,电池内遭受一个瞬时的水热传输强化,即电池由于空气流量上升性能提升,产热量减小,同时,空气流量上升带走热量增加,所以电池内温度出现瞬时下降。

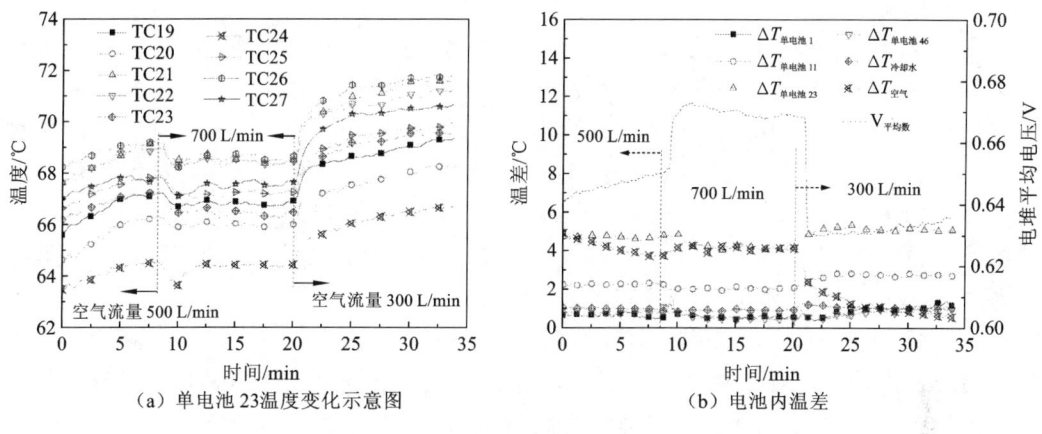

图 2-18 不同空气流量电堆温度分布

图 2-18(b)为电池内温差分布示意图。从图中可以看出,在较大空气流量时,电池内温差减小,单电池内温度均一性随着空气流量的增加而增强。当空气流量为 300 L/min 时,由于空气与流场板之间热交换比较充分,空气进出电池温差要小于其余流量时空气进出口温差。同时可以看出,当空气流量为 300 L/min 时,电池内平均电压值最低,此时,电池发电效率降低,发热量增加,所以冷却水需带走的热量增加,此时电池冷却水进出口水温差变大才能带走电池内的热量。当空气流量增大时,电池内反应气体浓度增加,强化了电池内气体的传输,提高电池效率,减小了热量的产生;同时,空气流量增大时,电池内生成的水会被空气迅速带走,避免因膜电极表面被水覆盖而导致的电池性能低下。

图 2-19 给出了随着空气流量的改变单电池电压变化曲线。从图中可以得出,空气流量越大,电池电压越高,电池性能越好。当反应气体流量从 500 L/min 提高至 700 L/min 时,单电池性能均出现明显提升。这是因为,气体流量提高,电池内工作压力会随之提高,根据能斯特公式可得,工作压力增大电池电压随之增大;气体流量的提高,同时将电池内的水吹离电池,防止因水的聚集而导致电池内的活性面积减小。当反应气体流量从 700 L/min 降至 300 L/min 时,电池性能相应地出现下降。在电池运行过程中,单电池 23 的电池电压始终最低,且其电压稳定性也低

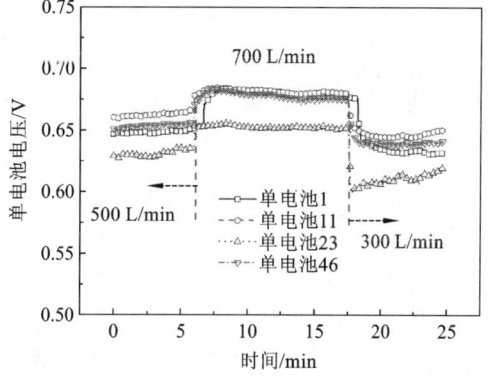

图 2-19 不同空气流量电池性能

于其余单电池。还可以看出,当气体流量下降时,单电池 23 电压下降幅度最大。这是因为,空气流量大幅降低会造成以下结果:①电池内传质效果降低;②由空气带走热量减少;③被空气带走水分减少。

3. 进气温度对温度分布的影响

在一定的电流密度下,电堆操作温度越高,电化学反应的速率和质子在电介质膜内传递速度越大。当电池温度较高时,电池内水的饱和蒸汽压较高,水蒸气在反应气中浓度增大,使反应气体传质阻力增大,进而会对由温度升高引起的电池点性能提升产生一定的削弱作用。当电池内压力较高时,水的饱和蒸汽压随温度升高而引起的氧气分压下降不明显,因此电池性能变化不大。同时,提高反应气体以及电池运行温度,虽然有利于电池性能的提升,但是由于电池材料中,有机质子交换膜承受温度能力有限,过高温度会使膜强度下降,造成电池内气体泄漏,因此电堆操作温度一般不宜太高。

在燃料电池堆中,由于温差的存在,电池内温度往往高于此温度,这容易使膜脱水,降低膜的质子传导率。当温度更高时,产生的局部热点会使膜强度下降,因此,在安全前提下,为使电池性能最佳,应该严格控制电池内的温度。

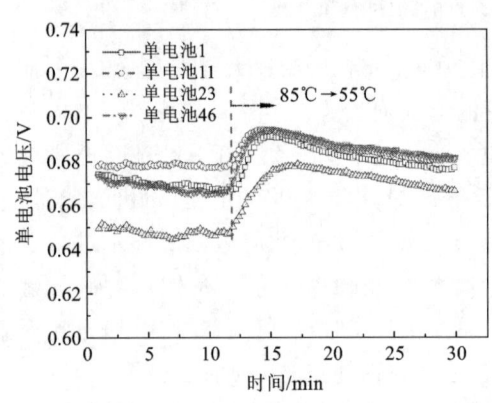

图 2-20 不同进气温度电池性能对比

图 2-20 给出了电池工作电流密度为 500 mA/cm², 空气流量为 500 L/min 时,不同反应气体温度对电池性能的影响。从该图中可以看出,当反应气体温度从 85℃ 降至 55℃ 后,电池性能出现上升。当气体温度为 85℃ 时,单电池 1、单电池 11、单电池 23 及单电池 46 之间电压差值大于气体温度降至 55℃ 后的电压差值,即反应气体温度越高对电堆内单电池性能一致性越不利,同时电池温度越高,电池性能也随之下降。从图中还可发现,电池内单电池 11 电池性能最佳。由电池内温度分布特性可得,电池内温度呈现中间高两边低分布,电池内最佳性能处于最高与最低温度之间。不同供气温度下,电堆中部单电池性能最差,因此应控制电堆中部温度,保证电池可靠性与其高性能输出。

图 2-21 给出了空气流量为 500 L/min,氢气流量为 40 L/min,冷却水流量为 45 L/min,工作电流密度为 500 mA/cm² 时不同进气温度下电堆温度分布曲线。电池运行时,反应气体均充分加湿。图 2-21(a)为单电池 23 内温度变化示意图。从图中可以看出,当空气进气温度为 85℃ 时,电堆内各点温度基本处于稳定状态,最高温度为 71℃。但是,当空气温度降至 55℃ 与 40℃ 后,电池内温度随着进气温度的下降而下降,此时各测试点温度下降平均速率为 0.28℃/min;在不同的进气温度下,电堆内各单电池内温差均稳定在 5~6℃,因而进气温度对电堆内温差影响不大。当空气温度高于电堆运行温度时,电池内电

化学反应产生的热量及空气对电堆的预热与电堆总散热量达到平衡。而当进气温度下降至55℃后,测试单片各点温度呈现下降趋势,此时由于气体温度低于电堆内各点温度,反应气体对电堆进行冷却,电堆内各点温度持续下降,相同现象出现在气体进气温度为40℃时。从图2-21(b)中可以看出,在不同进口空气温度下,冷却水进出口温差变化不大,即不同进气温度下,冷却水带走热量变化不大。电池在进口气体温度为85℃时,电池温度略有上升,这是进口气体对电池加热所致。相反,当进口气体温度较低时,空气对电池及冷却水均起了散热作用。同时,从图中可以看出,当电池进口气体温度为85℃时,电池进口气体温度要高于出口温度16.5℃,但是,当进气温度降为40℃时,电池出口气体温度要高于进口气体温度,其值最大达22℃。此时,电堆加热反应空气,而空气比热容较低,容易较快地被电池加热与冷却,因此导致了此种现象的发生。

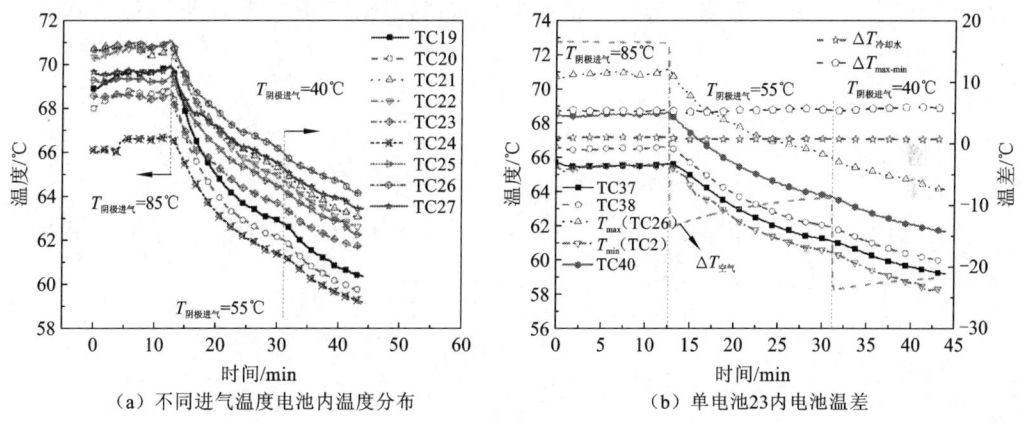

(a) 不同进气温度电池内温度分布　　(b) 单电池23内电池温差

图 2-21　不同进气温度下电池内温差

4. 冷却水流量对温度分布的影响

图 2-22 给出了电池工作电流密度为 500 mA/cm², 空气流量为 500 L/min 时,不同冷却水流量对电池性能的影响。从图中可以得出,当冷却水流量为 15 L/min 时,电池电压随运行时间而上升。当冷却水流量为 45 L/min 时,单电池 23 电压不断上升,其余电池电压均处于稳定状态。单电池 23 性能虽然均呈现上升趋势,但是电池性能波动十分明显。当冷却水流量改变后,电池性能波动不大。从图中还可得出,电池内单电池 11 电池电压始终最高,输出性能最佳,单电池 23 电压最低。

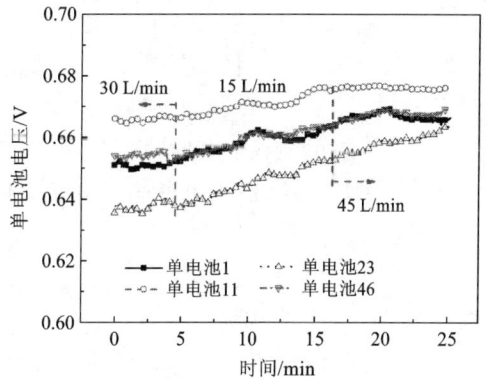

图 2-22　不同冷却水流量电池性能

图 2-23 为电池在工作电流密度为 500 mA/cm², 空气流量为 500 L/min, 环境温度为 9℃时, 不同冷却水流量下电堆温度分布曲线。从图 2-23(a) 中可以看出, 当冷却水流量为

30 L/min时,单电池 23 内最高温度及温差保持稳定,其中最高温度及最大温差均处于单电池 23,最高温度 TC26 保持在 69.5℃,此时电池内温度保持相对稳定状态。冷却水流量下降至 15 L/min 后,由于冷却水流量突然变化,电池进出口温度会由于自动调节作用而产生变化,各测试单电池最高温度均上升,温差值同时增大;其中测试单电池 23 最高温度值及温差呈上升趋势,其余测试单片各点温度及单电池内温差值均在 1℃以内波动。冷却水流量由 15 L/min 上升至 45 L/min 后,测试单电池内最高温度瞬时下降,同时温差值也出现下降,下降后的温差值小于冷却水流量为 30 L/min 时的值;运行 2 min 后,电堆内测试单片最高温度出现了上升,且高于冷却水改变前,冷却水流量的上升,使冷却水与电堆内流场板之间的换热能力增强,温度分布更加均匀。从图 2-23(b)中可以看出,冷却水流量越小,冷却水进出口温差越大。当冷却水流量为 30 L/min 时,电堆内各点温度及温差处于稳定。冷却水流量改变后,电堆内最高温度、最低温度及电堆内最大温差均上升。

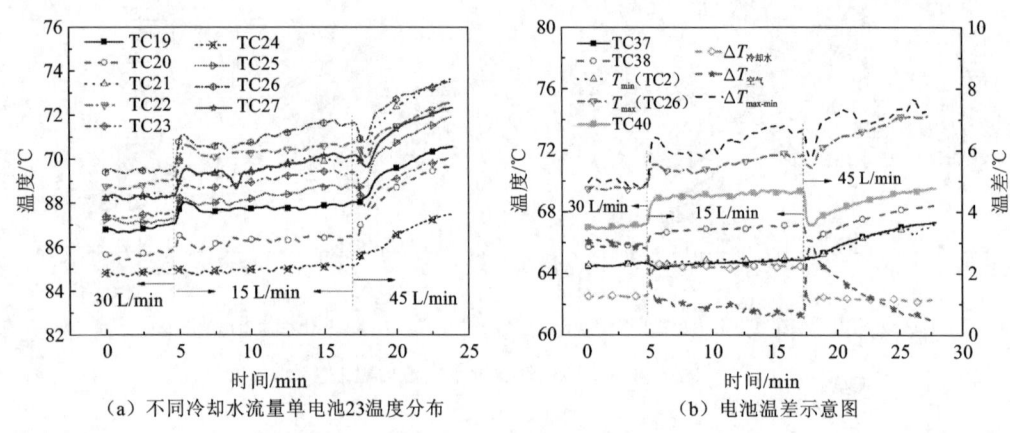

图 2-23 不同冷却水流量温度分布

通过将微型热电偶置于阴极流场板,组装燃料电池堆,搭建燃料电池测试系统,研究了氢空燃料电池在不同操作条件下的温度分布特性,提供了一种在线监测燃料电池内部温度分布的方法,并得出以下结论:

(1) 燃料电池在运行时,最高温度位于沿流道方向底部出口处;

(2) 燃料电池堆中,单电池最高温度及最大温差值均呈现中间高、两边低的"抛物线"分布;

(3) 随着电池堆工作电流密度的增大,单电池内的温差变大,同时,电堆中各单电池间的温度差也越来越大;

(4) 电池堆运行时,电池中部温度最高,中部单电池性能相应最低,电池中最佳性能单电池处于电池中部与两端之间;

(5) 反应空气流量增加,电池性能升高,电堆最高温度下降,电堆内温差减小;

(6) 电池内生成热量主要由冷却水带走,冷却水流量减小,电堆内温差变大,温度升高;冷却水流量增大,电堆内的温度均一性增强,电堆产生的热量主要通过冷却水的热交换移出电堆；

(7) 燃料电池堆运行时,对冷却水温的监测不能反映燃料电池内部的温度特性。

2.3 氢氧质子交换膜燃料电池温度场分布的实验研究

氢空燃料电池阴极反应气体为空气,空气可方便地从环境中获取。电池在运行时,消耗空气中的氧气,排出过量氧气与未参与反应的氮气及杂质气体。燃料电池具有能量转换效率高、氧气消耗量少、噪声低、工作温度低、无排放（反应产物为水）等优点,使其在军用领域也有很大的应用空间,如无人水下航行器、航天器等。这些应用场所运行环境封闭,空气的获取受到限制,一般将反应气体空气换为纯氧,可避免这些约束。

氢氧燃料电池的阴极反应气体为纯氧,增加了阴极反应气体浓度,可使气体更加有效地与催化剂接触,提高燃料电池内的交换电流密度。由 Butler-Vollmer 公式可得,交换电流密度增大,电池活化过电压降低。通过第 1 章研究可知,氢空燃料电池在运行时,电池内温度分布不均匀,电池堆内温度呈现中间高、两边低的上凸曲线分布。相比于氢空燃料电池,氢氧燃料电池内电化学反应更加剧烈,此时电池内温度分布不均更容易对电池产生破坏,因此,必须对氢氧燃料电池运行时温度分布特性进行研究,避免热点对电池组件的破坏。

上文提出了一种在线监测燃料电池电堆内部温度分布的方法,为了对影响氢氧燃料电池堆内温度分布的操作条件进行实验研究,本部分采用该方法再对氢氧燃料电池堆内温度分布进行研究。

2.3.1 氢氧燃料电池堆温度分布研究方法

本实验采用燃料电池堆,用氧气和氢气作为反应气体,实验中,给定操作条件,电堆稳定运行后记录性能及运行参数。由于氢氧燃料电池较氢空燃料电池反应更加剧烈,测试前,电堆经检测不漏气才能进行测试。检漏方法：用 3 atm 氮气分别对电堆阳极流道、阴极流道、冷却水流道进行检漏,平均漏气量（外漏、内漏）需均小于 1 mL/min。检漏合格后,测试电堆内阻值,平均内阻值应小于 200 m$\Omega \cdot cm^2$。对测试管路和接头用压力为 10 atm 氮气进行保压测试,确认不漏气后方可使用。测试前应该检查电堆冷却水系统是否正常运行,若测试中发生冷却水停止的情况应立即停止测试。其中,测试条件如表 2-6 所示。

表 2-6 实验测试条件

参数	数值
进气温度/℃	氢气/氧气＝65/65
气体流量/(L/min)	氢气/氧气＝40/50
湿度/%	氢气/氧气＝80/80
环境温度/℃	9

2.3.2 氢氧燃料电池温度分布

当电堆工作电流密度为 600 mA/cm²,冷却水流量为 45 L/min,环境温度为 9℃时,氢氧燃料电池堆内单电池温度分布如图 2-24 所示。膜电极表面的温度分布与质子交换膜燃料电池的寿命和可靠性以及输出性能有密切的关系。电池内较小的温度变化,就会对进气湿度、冷凝/蒸发的位置和膜寿命产生显著影响。图 2-24 为氢氧燃料电池堆内不同位置膜电极的温度分布。从图中可以得出,随着电池的运行,堆中各点温度均逐渐升高。电池内最高温度出现在电池堆中部单电池,如图 2-24(c)所示;最低温度处于冷却水进出口靠近燃料电池端板处,如图 2-24(a)和(d)所示。各片测试单电池最高温度分别为 TC1、TC13、TC21 和 TC31。从图 2-24(b)可以看出,TC1 位于电池顶部,TC13、TC21 和 TC31 分别位于各单电池中部。电池运行时,单电池 1 中最高温度 TC1 处于冷却水进口处,最低温度为 TC5,该单电池中各测试点温差在 1℃ 以内。单电池 1 内温度分布均一性最佳,这是因为该电池与冷却水之间换热较充分,单电池内生成的热大部分被冷却水带走,剩余热量对电池进行加热,此时电池温度升高速率为 1.11℃/min。类似温度分布特性可从单电池 46 中观察得到,此时单电池 46 处于电堆氧气出口侧。与其他测试单电池相比较,单电池 23 内的温度要高于其余单电池内相同位置处的温度,且该单电池中部温度 TC3 始终最高,在电堆中温度也最高。温度最低点 TC6 位于进口处。单电池 23 为电堆内温差最大单电池,其最大温差为 8℃。单电池 11 内最大温差在 2℃ 左右。电堆内温差最小的为电堆的第 46 片,最小温差值为 1℃。此现象可能是由于电堆内各单电池与冷却水之间换热的不均一性,在换热过程中,单电池 23 换热能力最低。

图 2-24(e)给出了单电池 23 在反应气体为空气时的温度分布示意图,此时空气流量为 500 L/min,气体加湿度为 80%。图 2-24(c)为氢氧燃料电池堆中相同单电池温度分布。从两图可以看出,阴极反应气体为氧气时,该单电池最大温差为 7.6,此时阴极反应气体为空气时,最大温差降至 6.5℃;同时,反应气体为氧气时,测试单电池内温度升高速率为 1.04 min^{-1},反应气体为空气时,该值降至 0.24℃/min。由此可见,反应气体为空气时,电池内各点温度比反应气体为氧气时更加平稳。燃料电池中,如果所有反应焓都转变为电能,当生成水以液态形式排出时,电池输出电压为 1.48 V,当水以气态形式排出时,电池输出电压为 1.25 V。电池中水以液态形式排出的可能性比较小,因此电池产热速率由式(2-23)表示:

$$Q = nI(1.25 - V_c) \tag{2-23}$$

其中:n 为单电池数量;I 为燃料电池工作电流;V_c 为单电池平均电压;1.25 V 为燃料电池产物水为低热值时理想电压。

在图 2-24(f)中,当电池工作电流密度均为 600 mA/cm² 时,氢氧和氢空燃料电池堆单电池平均电压分别为 0.72 V 与 0.58 V。因此,由式(2-23)可得,相同工作电流密度下,氢氧燃料电池堆产热量要小于氢空燃料电池产热量。从图 2-24(f)中可得,氢氧燃料电池中冷却水温差更大,即冷却水带走的热量更大,这表明,氢氧堆冷却水带走的热量要大于

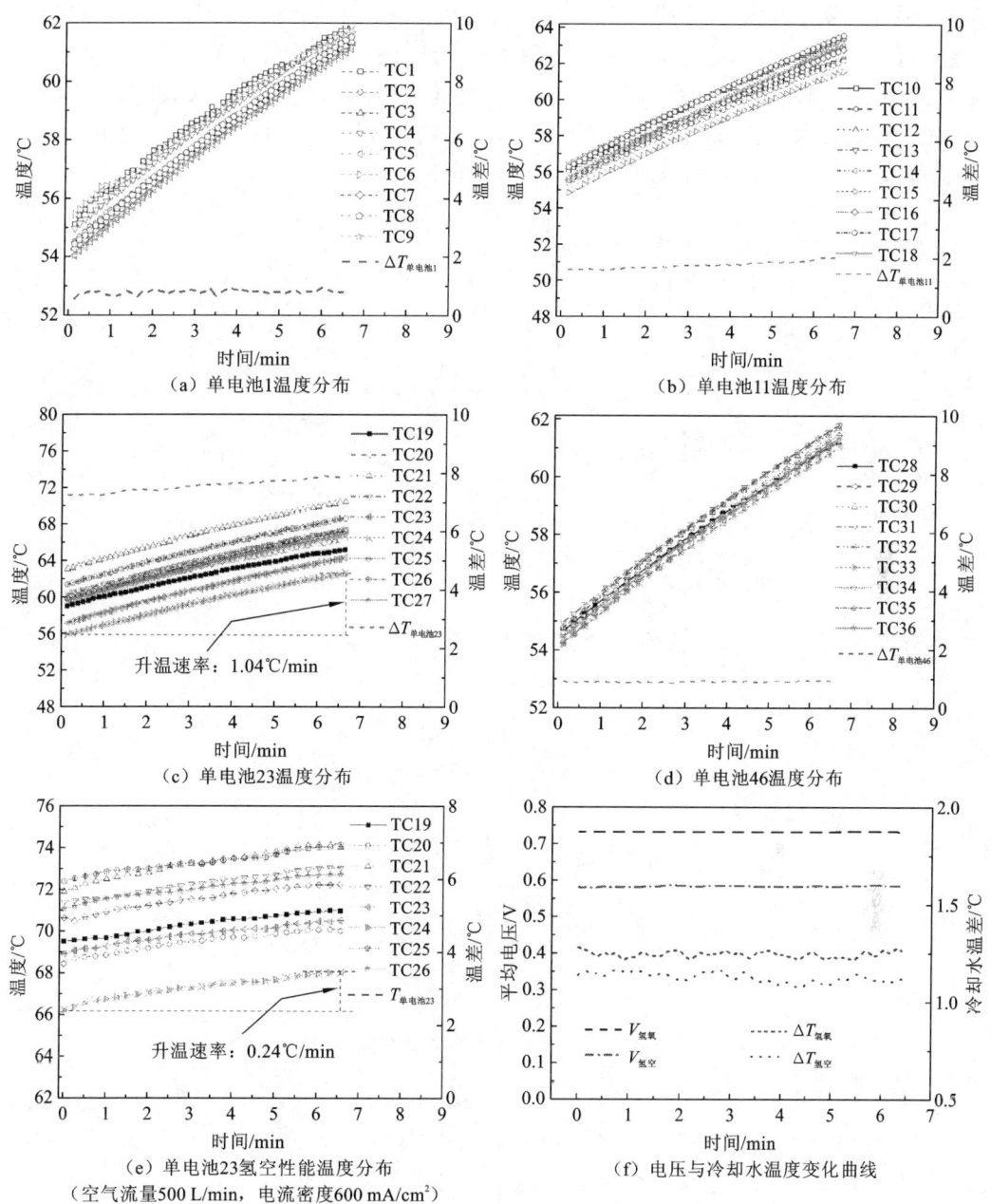

图 2-24 氢氧燃料电池单电池温度分布

氢空燃料电池堆所带走的热量。因此,氢空燃料电池内部分热量是由过量空气带走,即电池内部分产热量由空气强制对流换热所带走。

图 2-25 为工作电流密度为 1000 mA/cm², 冷却水流量为 45 L/min, 环境温度为 9℃ 时电池堆温度分布示意图。从图中可以看出,电堆进口层,中部及电池底部最高温度测试点分别为 TC20、TC21 和 TC26, 三测试点均位于单电池 23 中部,因此单电池 23 在各层

中温度最高。从电堆温度分布图可以看出,电池中部温度与出口温度相差不大,出口层最高测试温度在电池内始终最高,因此氢氧燃料电池最高温度也处于电池出口处。从图2-25(c)中也可看出电堆出口层温差也是最大,温度分布不均一性最大,温差最小的是进口层。由此可得,沿着流道方向,电堆中温度逐渐上升,最高温度在出口处,温差也沿着流道方向增大,同时电堆底部温度分布也最不均匀。

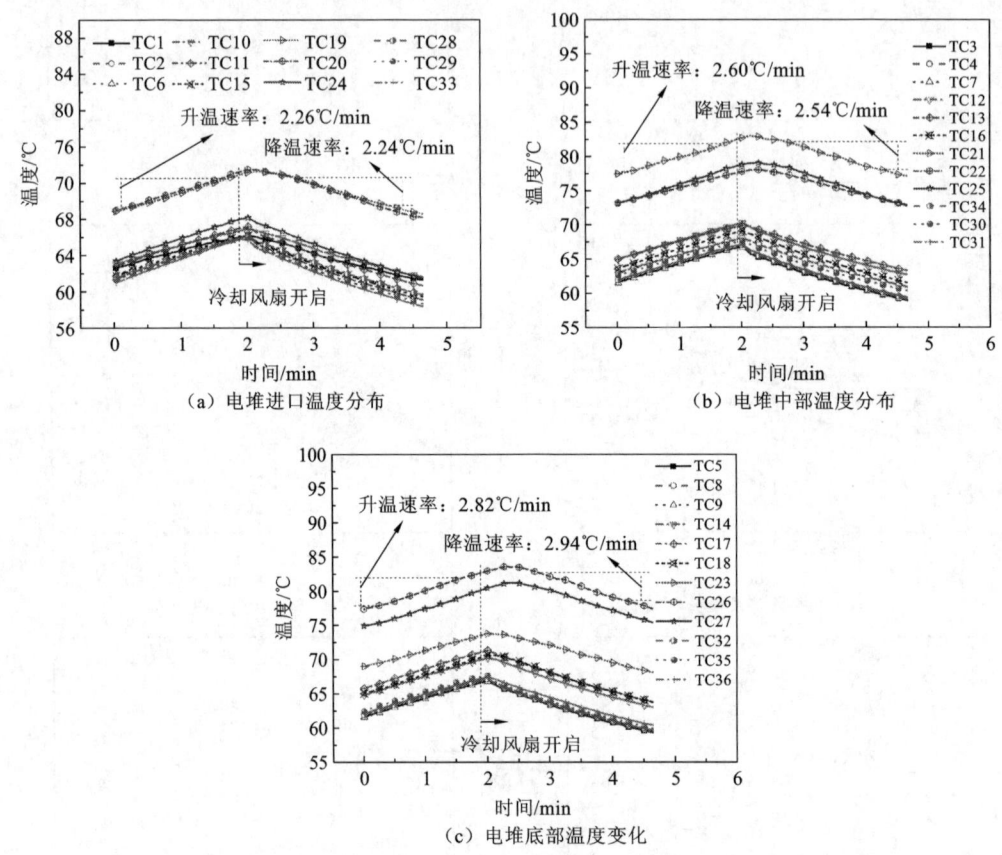

图2-25 氢氧燃料电池堆各层温度分布

在电池工作电流密度为1000 mA/cm² 时,电堆进口层中,TC20在温度上升过程中温度始终最高,其升温速率为2.26℃/min;冷却风扇开启对电堆散热后,TC20降温速率为2.24℃/min,其升降温速率大致相等。电堆中间层,最高温度点TC21升温速率为2.60℃/min,冷却风扇开启后降温速率为2.54℃/min。在电堆出口层,温度最高点TC26升温速率为2.82℃/min,风扇开启后降温速率为2.94℃/min,降温速率要高于升温速率。各层温度上升速率从电堆进口到出口逐渐增大,风扇开启后,降温速率从电堆进口到出口逐渐增大。

燃料电池在运行时,单电池将产生热量,电池在冷却过程中,会导致电池内产生一定的温度梯度以及单电池间温度不一致现象。图2-26(a)为电池堆内不同部位温差分布示意图。从图中可以得出,电堆底部温度高于其上部,沿流道方向,电堆顶部温度最低,电堆中部与底部温度几乎相同。其主要原因是,沿着流道方向膜的润湿程度和水的活性随着电化学反应的增强而增强。电池堆底部,电池质子传导率最高,局部电流密度增大,同时其产生的热量在电堆中也越大。从图中还可看出,冷却水平均温度要低于电池内温度,这是冷却水与石墨机板间热阻较大的缘故,它们之间的温差随着时间的推进而减小。电堆顶部平面温差为 8℃,此时,电堆中部与电池堆底部出口处温差达到了 17℃。由于冷却水在对电池冷却过程中,电池内部分水蒸气会冷凝为液态水,这将导致电池底部会积累较多液态水,从而在电池底部产生较大的温度差。

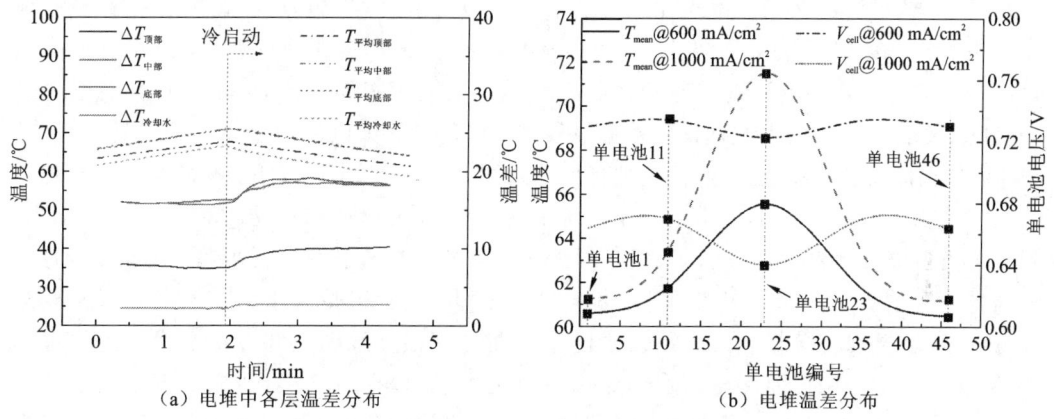

图 2-26 氢氧燃料电池堆温度分布

电池内温度分布将影响电池性能分布。电池内产热量与电池性能有关,为考察由于燃料电池内温度分布不均导致的电池性能不均,必须对电池内电压分布进行研究。图 2-26(b)为燃料电池堆中工作电流密度为 600 mA/cm² 与 1000 mA/cm² 时电池温度分布曲线和相应的电压分布曲线。与氢空燃料电池温度分布特性相比,氢氧燃料电池堆温度仍然表现出"抛物线"分布。电池运行过程中,电堆最高温度出现在中部的单电池 23。然而,从单电池电压分布曲线中可得,单电池 23 的电压值在整个电池堆中最低,最高电池电压出现在单电池 11 与单电池 34 中。电池堆中,两端单电池温度最低,同时其电压也较低,但其值仍高于单电池 23 电压值。如前所述,燃料电池内温度分布与其电性能分布密切相关,这是因为温度会极大影响膜电极内催化剂活性,从而影响电池输出性能。从图中温度分布及电压分布曲线可知,当电池温度较低时,膜电极内催化剂活性对电池电压影响起主导作用;随着电池内温度的升高,膜电极内液态水蒸发变成气态水,导致膜内水含量降低。当电池内温度较高时,膜电极会由于温度的升高而脱水,此时电池电压主要受膜质子传导率的影响。此外,当电池工作电流密度为 600 mA/cm² 时电池内最高与最低电压差值为 11 mV,当工作电流密度增大至 1000 mA/cm² 时,该电压差值增大到 32 mV。这是因为当工作电流密度较高时,电池内温度上升较快,此时水的活性使膜的水合程度提高,导致电池内高温区域局部电流密度高于电池内低温区域,即增加电池工作电流密度将使电池内温度分布不均一性恶化,同时也导致电流密度分布的恶化。

2.3.3 操作条件对氢氧燃料电池温度分布的影响

1. 不同工作电流密度对电堆温度分布的影响

从图 2-27(a)可以看出,电堆内各测试单电池最高温度值随着电流密度的增大而升高。同时,温度升高速率要大于电流密度增大的速率,这导致了各测试单电池内最大温差的升高,如图 2-27(b)所示。当电池工作电流密度为 600 mA/cm² 时,电池内最高温度在 70℃以内,电堆内最高与最低温度点差值在 7.6℃左右。当电池工作电流密度增大至 1000 mA/cm² 时,电池内最高温度在 1.5 min 内上升至 82℃,温度升高速率为 2.5℃/min,此时,冷却风扇开启,对电池进行冷却。本实验质子交换膜材料为 Nafion 211,若电池内最高温度不超过 90℃,当电池内最大温差在 13℃时,还能保证电池安全运行。但是,若没有电池内的温度检测与温度控制,温度很有可能超过 90℃,形成热点,对膜电极产生不可避免的损坏。在图中还可得出,当电池工作电流密度由 600 mA/cm² 升高至 1000 mA/cm² 时,冷却水进出口温差始终在 3℃以内,但是温差值增加至 13℃,这表明,燃料电池运行时生成的热量没有被冷却水完全带走。在燃料电池运行中,通常以冷却水出口温度来定义电池运行温度,通过以上分析,可以得知,膜电极表面最高温度及温差和冷却水温之间关系不大,因此电池运行中仅监测冷却水温难以对电池内膜电极温度进行控制。应该减小冷却水与石墨板之间的热阻来降低膜电极与冷却水之间的温度梯度,尤其是当电池工作电流密度较高时。因此需要更多热量传输实验及模拟来对电池内的热管理进行研究。

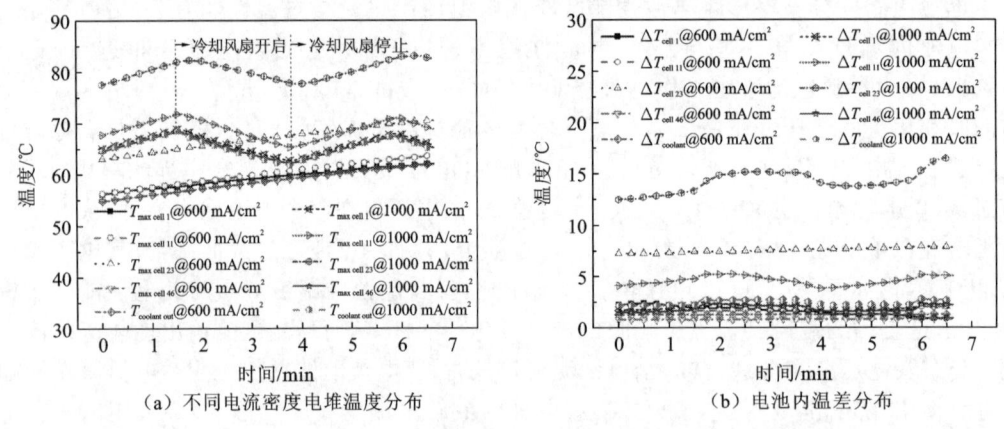

(a) 不同电流密度电堆温度分布　　(b) 电池内温差分布

图 2-27　工作电流密度对氢氧燃料电池堆温度分布的影响

2. 不同冷却水流量对电池温度分布的影响

由前文分析可得,电堆中部单电池在运行过程中温度最高,温差最大,因此,为保证电堆的稳定运行,重点考察中部单电池 23 片的温度分布。图 2-28 给出了氢气流量为 40 L/min,氧气流量为 50 L/min,工作电流密度为 1000 mA/cm² 时不同冷却水流量下电堆温度分布曲线。图 2-28(a)为冷却水流量由 45 L/min 下降至 15 L/min 后单电池 23 内的温度分布图。从图中可以看出,当冷却水流量降低后,电池内各点温度先上升后降低,温度降低后电池温度又保持上升趋势。类似温度变化趋势也出现在第 1、第 11、第 46 片单电池中。其原因是,当冷却水流量下降后,电池中产生的热量不能及时带出电堆外,电堆温度出现即时的上升。而随着温度的上升,电池内温度超过膜电极最佳运行温度(最高温度达 90.3℃)时,会导致膜失水后质子传导率下降,电池内电化学反应速率相应降低,同时电池内产生热量减小,因此电池在温度上升后,温度又出现了下降。

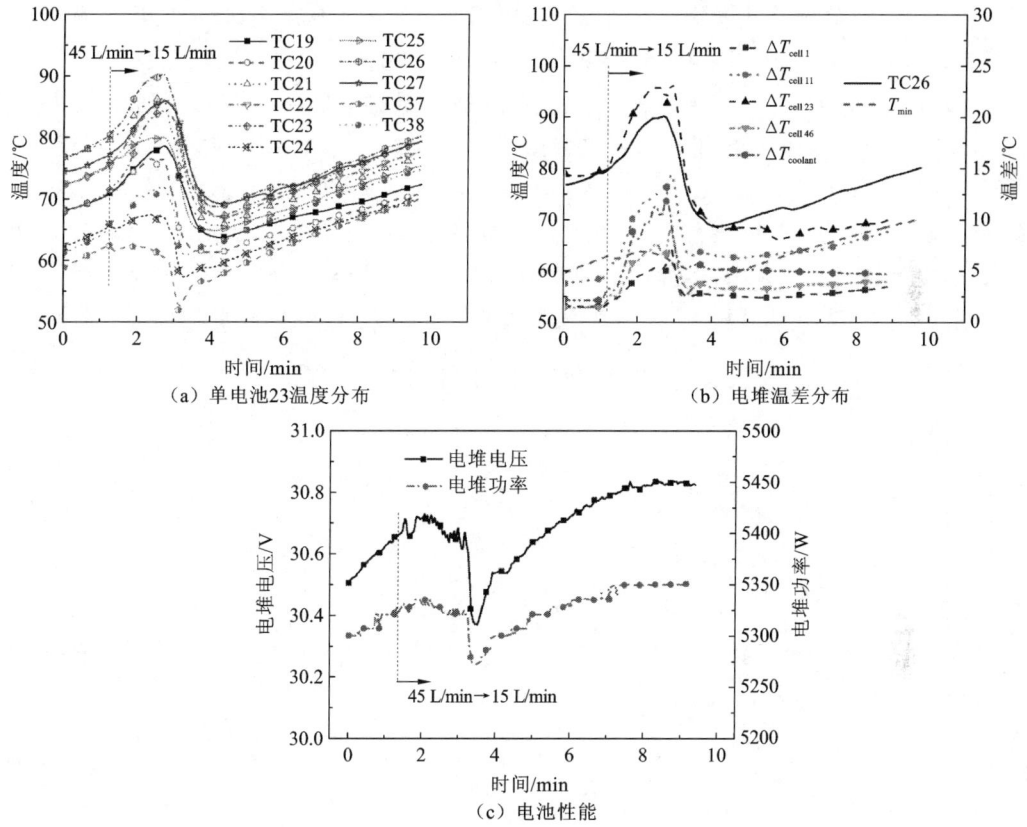

图 2-28　1000 mA/cm² 冷却水流量对氢氧燃料电池堆温度分布的影响

图 2-28(b)为冷却水流量改变时电池内温差分布图。从图中可以看出,单电池中最大温差先增大后减小,电池内温差在流量改变后,各单电池内温差波动较小。其中,单电池 23 温差在 2 min 内由 14.7℃增加到 23.8℃,在 1.4 min 后,温差值又下降至 9.3℃,此时单电池内最高温度由 74℃升高至 90.2℃,然后下降至 69℃。随着最高温度的下降,单电池内的最大温差开始下降,但是其余测试单片温差要大于流量减小前温差。从图中还可看出,冷却水流量降低后,冷却水温差先上升,后下降,冷却水温差由 2.2℃升高至 5.2℃,冷却水流量减小时带走热量也随之减小。

从图 2-28(c)可以看出,在冷却水流量改变前,电池电压处于上升趋势,当冷却水流量减小后,电池性能出现波动,然后出现下降,电堆的输出功率由 5335 W 下降至 5272 W。这是由于冷却水流量的降低,导致电池内温度上升,膜质子传导率下降,电池性能降低。电池性能先降低后上升,这是因为电池过热后,电化学反应速率降低,产热量随之降低,随着冷却水将电池内的热量带走,电池温度降至其最佳温度,使电池性能又出现上升。

3. 反应气体压力对温度分布的影响

图 2-29 为电堆电流密度为 600 mA/cm², 进口电堆压力为 50 kPa 和 100 kPa, 冷却水流量为 50 NLPM(标准升每分钟)时,电堆内的温差分布图。从图 2-29(a)中可以看出,当电堆进口气体压力为 50 kPa 时,电堆中最大温差为单电池 23,最大温差值在 7~8℃,单电池 11 和单电池 46 内温差值在 1℃左右,单电池 1 温差从最高温差 3℃降至 1℃左右。从图 2-29(b)中可以看出,电堆进口压力升高至 100 kPa 后,单电池 1 与单电池 46 最大温差降至 1℃以内,单电池 11 最大温差增至 2~2.5℃,此时单电池 23 最大温差减小至 5℃左右。提高电堆反应气体压力后,电堆内最大温差值减小。从图 2-29(c)电池性能曲线可以看出,电池进口压力升高,电池输出功率由 3032 W 上升至 3147.8 W。这是因为:①电池内反应气体压力升高,提高了气体在电池里的扩散能力,电池反应更加均匀,因此反应

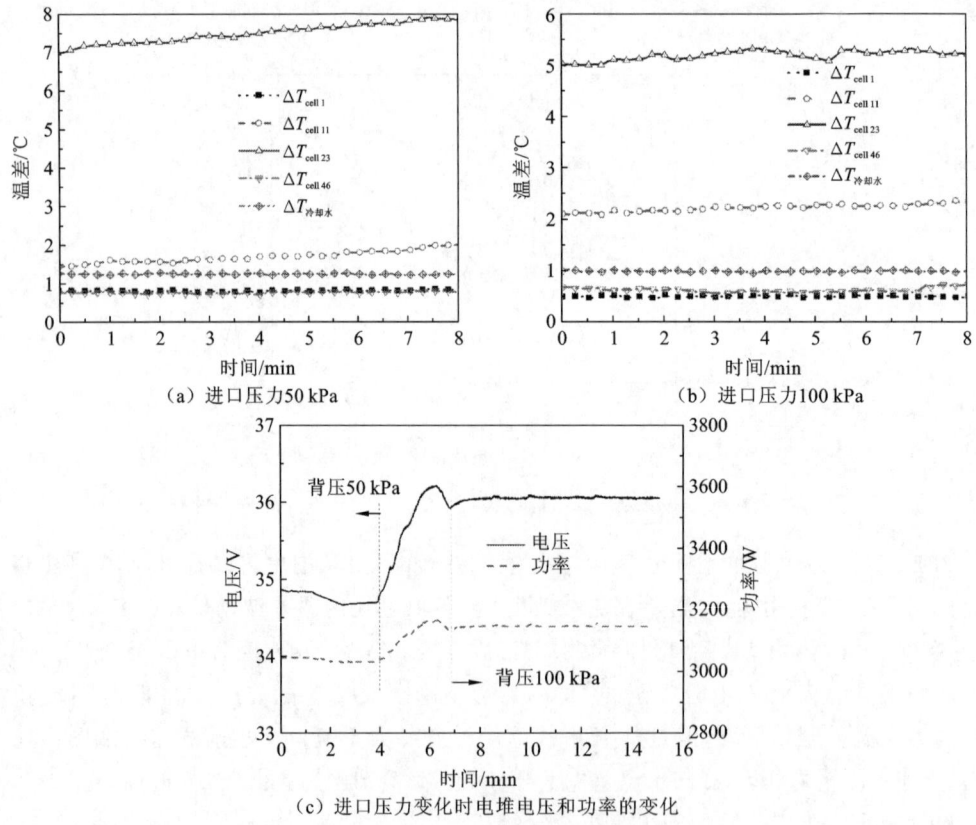

图 2-29 反应气体压力对氢氧燃料电池堆温度分布的影响

放出的热量分布也更加均匀;②电池中气体压力升高,减小了浓差极化,使电池的性能提升,发电效率升高,运行时产生的热量减少。因此,电堆运行时,增加反应气体压力可以提高电堆内温度分布的均一性。

2.4 质子交换膜燃料电池内热平衡的理论分析

由于燃料电池的性能受温度影响很大,如何将反应过程中产生的热量及时移出系统是燃料电池的一个重要研究方向。在常规燃料电池系统中,电堆往往采用水作为冷却剂对电池进行冷却,带走电池产生的热量。通过以上分析可以得出,燃料电池内存在较大的温度梯度,燃料电池热量在运行时又处于动态平衡,因此对燃料电池热平衡的分析,不仅有利于对电池运行中热量平衡的理解,而且可以从中找出对电池热管理的有效途径。

燃料电池在运行时放出大量的热,这些热量通过电堆与周围环境的自然对流换热、电堆对外的热辐射以及冷却水带走热量和反应气体的对流换热作用移出电池。电堆与环境自然对流换热以及通过辐射向外散热量比较小,一般可以忽略,因此,电池堆热量平衡主要由冷却水带走的热量以及电堆进出口流体带走热量的决定。

燃料电池的电化学反应可表示为

$$H_2 + \frac{1}{2}O_2 = H_2O(g) + \dot{Q} \tag{2-24}$$

燃料电池出口水以液态水排出的可能很小,这里只考虑它以气态形式排出的情况。这意味着已经计入了水蒸发产生的冷却作用。

燃料电池运行时,电堆进口气体温度为 T_{in},气体加湿度为 RH,气体过量系数为 λ,进口压力为 p_{in},则进口反应气体质量流量为[1]

$$\dot{m}_a = \frac{n\lambda I}{0.21 \times 4 \times F} M_{air} = 1.19\lambda \frac{nI}{F} M_{air} \tag{2-25}$$

其中:λ 为过量系数;M_{air} 为空气的摩尔质量。

入口加湿水的质量流量为

$$\dot{m}_{add,H_2O} = \frac{M_{H_2O}}{M_{air}} \frac{p_{in,H_2O}}{p_{in} - p_{in,H_2O}} \dot{m}_a = \frac{n\lambda I}{0.21 \times 4 \times F} \cdot \frac{RH \cdot p_{sat}(T_{in})}{p_{in} - RH \cdot p_{sat}(T_{in})} M_{H_2O}$$
$$= 1.19\lambda \phi \frac{nI}{F} M_{H_2O} \tag{2-26}$$

其中:$\phi = \frac{RH \cdot p_{sat}(T_{in})}{p_{in} - RH \cdot p_{sat}(T_{in})}$,为进口加湿参数;$M_{H_2O}$ 为水的摩尔质量;p_{in,H_2O} 为水蒸气的进气分压。

电堆出口氧气的质量流量可表示为

$$\dot{m}_{O_2} = \frac{n\lambda I}{4F} M_{O_2} - \frac{nI}{4F} M_{O_2} = 0.25(\lambda-1)\frac{nI}{F} M_{O_2} \tag{2-27}$$

电堆出口氮气的质量流量可表示为

$$\dot{m}_{N_2} = \frac{0.79}{0.21} \frac{n\lambda I}{4F} M_{N_2} = \frac{0.94n\lambda I}{F} M_{N_2} \tag{2-28}$$

其中：M_{O_2}为氧气的摩尔质量；M_{N_2}为氮气的摩尔质量。

不考虑环境温度下空气中的加湿量以及电池反应过程中通过膜的"渗透"水量，电堆出口处水主要由以下两部分组成，对进口气体进行加湿的水和电池电化学反应生成的水，其中包括液态水与气态水。若电堆出口气体压力和温度分别为p_{out}和T_{out}，则电池堆出口中饱和水蒸气的质量流量可表示为

$$\dot{m}_{g,H_2O} = (1.19\lambda - 0.25)\frac{p_{sat,out}}{p_{out} - p_{sat,out}}\frac{nI}{F}M_{H_2O} \tag{2-29}$$

其中：$p_{sat,out}$为出口水蒸气的饱和压力。

电化学反应生成水的速率为

$$\dot{m}_{re,H_2O} = \frac{nI}{2F}M_{H_2O} \tag{2-30}$$

电堆出口液态水的质量流量为

$$\dot{m}_{l,H_2O} = \left[1.19\lambda\phi + 0.5 - (1.19\lambda - 0.25)\frac{p_{sat,out}}{p_{out} - p_{sat,out}}\right]\frac{nI}{F}M_{H_2O} \tag{2-31}$$

燃料电池在反应过程中，通入一定过量系数的反应气体，过量气体在电池出口排出。此时过量气体与电池产生热量交换，带走电池内的热量。此过程中，反应气体与电池对流换热量可表示为

$$Q_{gas} = \dot{m}_{O_2}C_{p,O_2}(T_{in} - T_{out}) + \dot{m}_{N_2}C_{p,N_2}(T_{in} - T_{out}) + \min\{\dot{m}_{add,H_2O},\dot{m}_{g,H_2O}\}C_{p,H_2O}(T_{in} - T_{out}) \tag{2-32}$$

其中：$\min\{\dot{m}_{add,H_2O},\dot{m}_{g,H_2O}\}$为两者中的最小值。若加湿不充分，进气中水蒸气的含量小于出口尾气中水蒸气的含量时，则质量流量为$(\dot{m}_{g,H_2O} - \dot{m}_{add,H_2O})$的液态水相变吸热变成水蒸气，其相变吸热量为

$$Q_{hg,water} = (\dot{m}_{g,H_2O} - \dot{m}_{add,H_2O})L_{fg,H_2O} \tag{2-33}$$

其中，L_{fg,H_2O}为水的汽化潜热。

燃料电池堆运行时，氢气过量系数一般较小，可采用闭口或脉冲排放运行，气体利用率高达95%以上，因此本书忽略氢气对流换热的影响。

燃料电池堆冷却水带走热量可由式(2-34)表示：

$$Q_c = c_{l,water}\dot{m}_{water}(T_{water,out} - T_{water,in}) \tag{2-34}$$

其中：$c_{l,water}$为液态水的比热容；$\dot{m}_{water}$为冷却水的质量流量；$T_{water,out}$为电堆出口温度；$T_{water,in}$为冷却水的进口温度。参数如表2-7所示。

表2-7 实验参数设定

参数	设定值
反应气体	氢气/空气
进气温度/K	氢气/空气=343/343
露点温度/K	338

续表

参数	设定值
环境温度/K	282
工作电流/A	100

2.4.1 不同过量系数进出口水蒸气流量分布

不同过量系数时,待系统运行稳定时,取三组数据,通过计算可得入口水蒸气流量和出口水蒸气流量,它们的曲线图如图 2-30 所示。

图 2-30 为工作电流密度为 500 mA/cm²,出口压力为 1 atm,进口反应气体温度为 70℃时,电堆进出口水蒸气质量流量与反应气体流量之间的关系。随着反应气体过量系数的增加,进出口水蒸气流量近似呈线性增加。从图中还可以看出,入口水蒸气流量大于出口水蒸气流量,即电堆进口反应气体充分加湿,尾气处于饱和状态。这是因为电堆进口气体温度较高,气体饱和的压力较大,进口加湿参数 $\phi = \dfrac{\mathrm{RH} \cdot p_{\mathrm{sat}}(T_{\mathrm{in}})}{p_{\mathrm{in}} - \mathrm{RH} \cdot p_{\mathrm{sat}}(T_{\mathrm{in}})}$ 大,则水蒸气

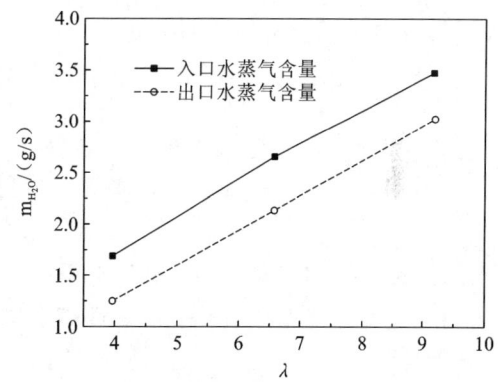

图 2-30 燃料电池进出口水蒸气流量曲线

含量随之增大。这种情况下,系统中不存在由液态水气化成水蒸气带走的热量。

2.4.2 对流换热量与总散热量的关系

电堆出口过余气体由氧气、氮气和水蒸气三部分组成,电堆气体对流换热量同样也由这三部分组成。根据前一节实验可得,当入口反应气体流量分别为 300 L/min、500 L/min、700 L/min,入口气体温度为 70℃时,电堆出口气体温度约为 65℃。图 2-31(a)为出口气体各组分对流换热量占总对流换热量的比例。从图中可以看出,随着反应气体过量系数的增加,气体各组分对流换热量占总对流换热量的比例变化不大。在不同反应气体流量下,氮气对流换热量远大于水蒸气和氧气的对流换热量。图 2-31(b)为出口气体各组分对流换热量占总产热量的比例。从图中可以看出,电堆出口气体各组分对流换热量占总换热量的比例随着过量系数的增大而增大,但相对于总的换热量来看,出口气体各组分通过对流换热带走的流量占总热量的比例很小,图中最大值约为 17‰,在实际反应过程中对电池堆散热的影响不大。燃料电池反应过程中,电堆出口过余气体与电堆换热带走的热量中,氮气对流换热所占比例最大,达到 60% 左右,但是,过余气体在对流换热量占电池

所需散热量的比例非常小,因此可以忽略。

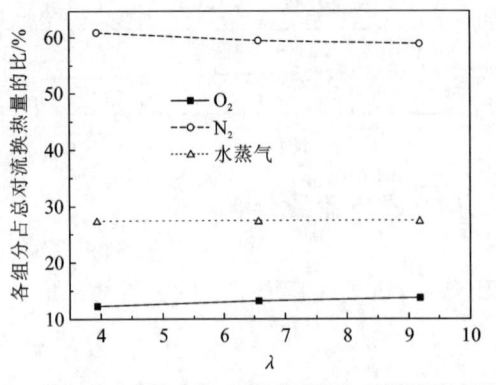
(a)出口气体各组分对流换热量占总对流换热量的比例

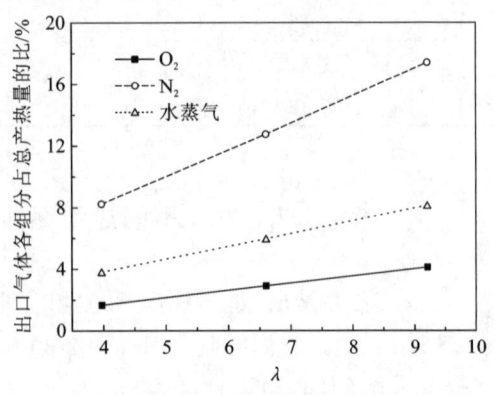
(b)出口气体各组分对流换热量占总产热量的比例

图 2-31　出口气体各组分对流换热量占总对流换热量及总产热量的比例

2.4.3　冷却水散热量分析

实验中,电堆冷却水的流量为 45 L/min,进口空气流量由 500 L/min 增至 700 L/min,再由 700 L/min 降至 300 L/min。冷却水带走的热量由冷却水流量、冷却水进出温差来决定。

图 2-32 为冷却水进出口温差和散热量随时间的变化曲线,从图中可以看出,冷却水散热量的变化趋势同冷却水进出口温差的变化趋势一致,散热量与温差成正比。图中,温差的两次突变和冷却水散热量的两次突变都是由于空气过量系数的变化。当空气流量为 300 L/min 时,冷却水进出口温差最大;而空气流量为 700 L/min 时,冷却水进出口温差最小。这是由于空气流量低时,由过量反应气体温度升高带走热量减少,在单位时间内冷却

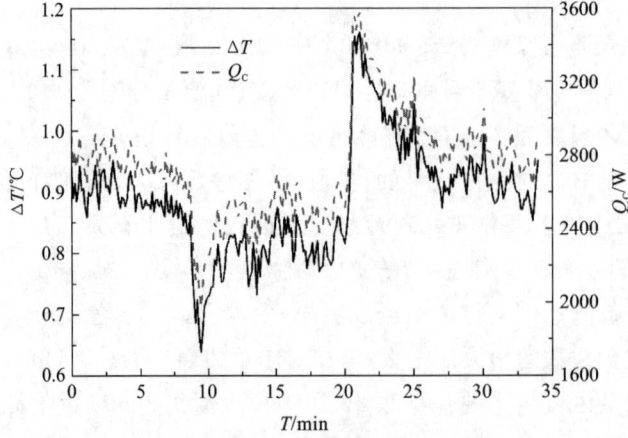

图 2-32　冷却水进出口温差和散热量随时间的变化曲线图(空气流量变化)

水流量不变的情况下,冷却水温差增大才能带走高温出口尾气的热量,因此冷却水温差较大。另外,如第 1 章所述,当空气流量增加后,电池内膜与空气的传质效果增强,电池效率提高,发热量相应减小,同时,电池内含有大量热的含水湿蒸气被空气迅速吹离电堆,因此冷却水温差减小。

当空气流量为 500 L/min,冷却水流量从 30 L/min 变化至 15 L/min,再由 15 L/min 变化至 45 L/min 时,冷却水进出口温差和散热量随时间的变化如图 2-33 所示。

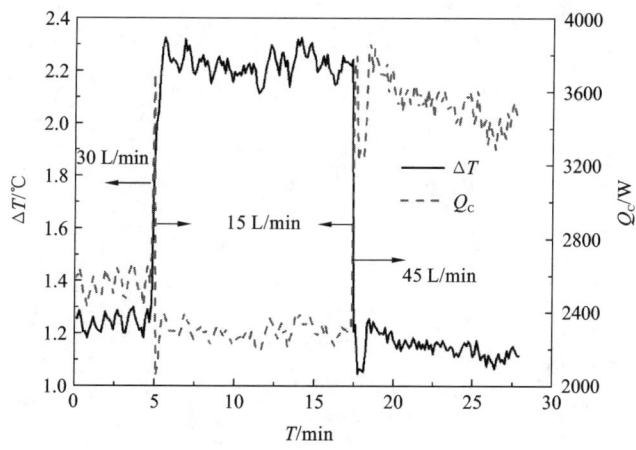

图 2-33 冷却水进出口温差和散热量关系

图 2-33 为冷却水进出口温差和散热量随时间的变化曲线图。从图中可以看出,当冷却水流量一定时,冷却水散热量的变化趋势与冷却水进出口温差的变化趋势一致,所以冷却水散热量与温差成正比。图中,温差和散热量的两次突变都是冷却水流量的变化造成的。从图中还可以看出,当冷却水流量一定时,冷却水温差与散热量均在一定范围波动但保持动态平衡,这是电池运行中其余因素导致的,如气体流量、电池性能的波动等。从图中也可以看到冷却水流量与冷却水进出口温差成反比,这是因为在散热量不变的情况下,冷却水流量低时,要通过增大冷却水温差才能带走一定的热量,使电池冷却。

2.4.4 电堆的产热速率分析

电堆的产热速率直接影响实验过程中冷却水流量的选择,从而影响电池内的热量平衡。

图 2-34 表示实验过程中电堆平均电压和产热量随时间的变化曲线图。图 2-34(a)中电压和产热量随时间的变化有两次突变。这是实验过程中改变空气流量造成的。但图 2-34(b)中,电压和产热量仅有一次突变,其发生在冷却水流量由 15 L/min 变化至 45 L/min 时。这是由于冷却水流量较大幅度的改变引起电压较大变化。冷却水流量由 30 L/min 变化至 15 L/min,电压也有变化,只是变化在图上表现不明显。图 2-34(a)中,在空气流量不变的情况,电堆的产热量变化较为平缓,处于相对稳定的状态。同理,图 2-34(b)在冷却水流量不变的情况也是如此。产热量与空气流量的变化成反比,空气流

量越大,产热速率越小。这是由于电池反应中阳极氢气的量一定,那么反应的空气质量也

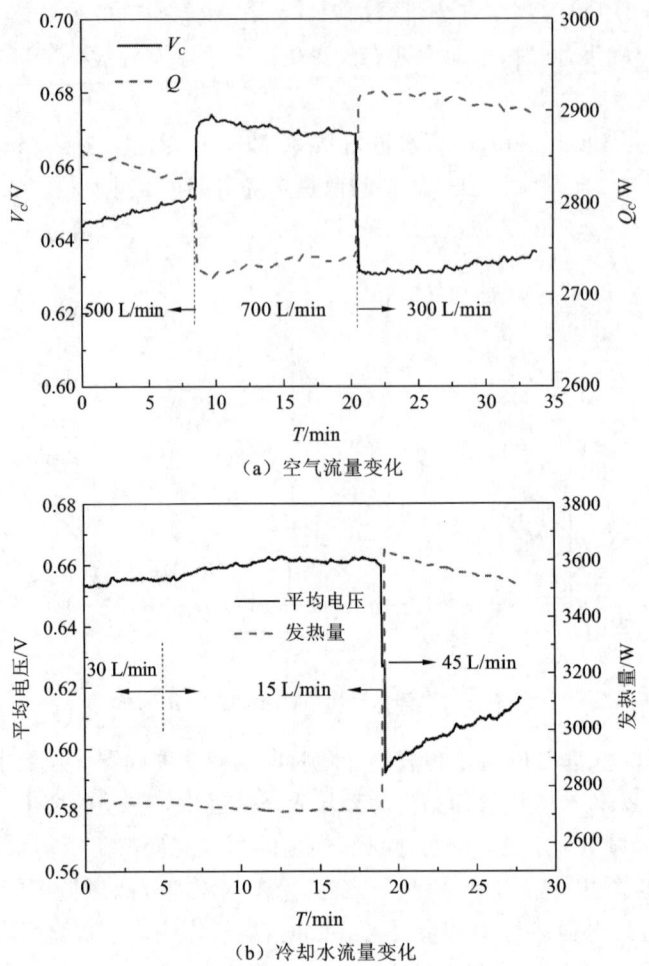

图 2-34 电堆平均电压和产热量随时间的变化曲线图

一定,而入口空气流量越大,带走的热量越多,电池性能越好,电池电化反应产生的能量转变为电能的比例大,即产热量小。产热量与冷却水流量的变化成正比,冷却水流量越大,产热量越多。这是由于冷却水流量增大,增加了冷却水移出系统的热量,即系统产热量也相应增大。

2.4.5 系统热平衡分析

通过以上分析,燃料电池系统反应产生的热量,一部分由出口气体的对流换热带出系统,另一部分由冷却水带走。忽略其他影响燃料电池散热的因素,上述两部分热量之和应该与电堆总的产热量趋于相等。

从图 2-35(b)可以看出,对流换热量占总散热量的最大比例约为 3%,对散热的影响

可以忽略不计。燃料电池堆的散热,主要是由冷却水的冷却过程完成的。要保证燃料电池堆良好的性能,要及时通过冷却水移出系统多余的热量,而通过加大入口气体流量强化对流换热,对此影响不明显。冷却水带走的热量同燃料电池产热量的关系如下:

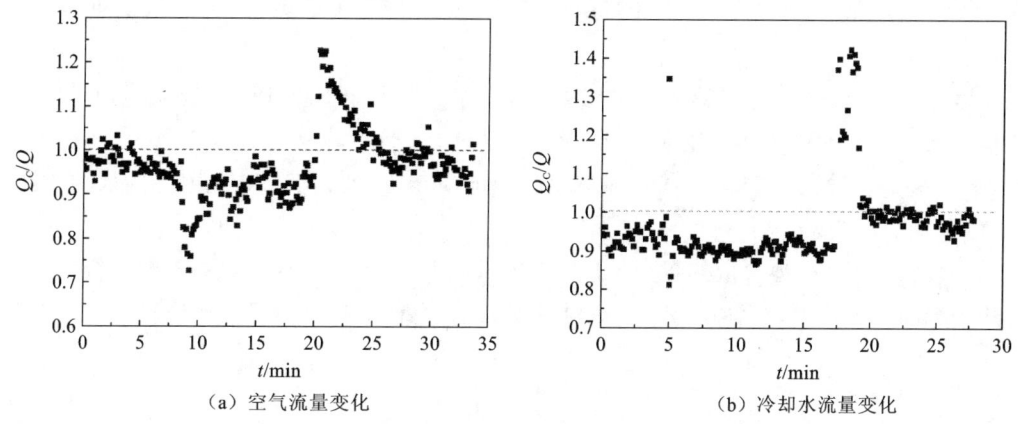

图 2-35　冷却水散热量与电堆产热量比值随时间的变化曲线图

从图 2-35(a)中可以看出,除去突变点,在空气流量保持一定的情况下,冷却水散热量与电堆产热量的比例维持在较稳定状态,且围绕 1.0 上下波动。同理,图 2-35(b)中冷却水流量不变时,冷却水散热量与电堆产热量的比例较为稳定。突变点是空气流量或冷却水流量突然变化而造成燃料电池性能的突变,从而导致散热量与产热量的比值过大或过小。突变为瞬时变化,在整个燃料电池稳定运行过程中,对实验结果的影响也可以忽略。因此,由系统热平衡分析,系统散热量和系统产热量在误差范围内相等,符合能量守恒定律。冷却水在电堆散热过程中起着主导作用。为保持燃料电池高效、稳定地运行,需及时从系统中移除多余的热量。燃料电池堆总散热量与反应产生热量的比值趋于 1,说明燃料电池系统散热和产热处于动态平衡中。这种动态平衡,是维持燃料电池持续、稳定运行的保证。

燃料电池堆的散热量随进气参数变化不大,受冷却水冷却影响较大,同时燃料电池堆与周围环境的辐射和对流换热可以忽略。氢空燃料电池堆的散热方式包括气体对流换热量和冷却水冷却。其中,气体对流换热量取决于过量系数和进出口温差;冷却水冷却由冷却水流量和进出口温差决定。冷却水冷却是主要的散热方式,占总散热量的 97% 左右。进气参数的影响对整个散热影响不大,应从影响散热的主要因素冷却水冷却出发,更迅速、更高效地移除热量。但冷却水流量需要控制在合理范围内,避免资源浪费。

在氢空燃料电池堆温度分布的基础上,研究了氢氧燃料电池运行温度分布特性。同时,结合实验,对燃料电池内热平衡进行了理论分析,得出以下结论:

(1) 氢空燃料电池较氢氧燃料电池温度分布更加平稳;

(2) 电堆运行过程中,温度最高点及单片温差最大值均呈现中间高、两边低的分布;进口层温度最高点出现在电堆中的第 1 片单电池的冷却水进口位置,中间层最高温度点

出现在电堆中第23片单电池外侧测试点,出口层最高温度点出现在电堆中测试单片第3片的中部;

(3) 随着电流密度的增大,电池堆内的温差越大;当冷却水流量减小时,电堆中温度先上升后降低,电堆中温差先升高后下降;增大反应气体压力,电堆中的温度分布更均匀;

(4) 燃料电池堆的散热量随进气参数变化不大,受冷却水冷却影响较大,同时燃料电池堆与周围环境的辐射和对流换热可以忽略;

(5) 冷却水冷却由冷却水流量和进出口温差决定。冷却水冷却是主要的散热方式,占总散热量的97%左右;

(6) 氢空燃料电池总散热量与反应产生热量的比值趋于1,说明燃料电池系统散热和产热处于动态平衡中,这种动态平衡是维持燃料电池持续、稳定运行的保证。

参考文献

[1] BERNARDI D M, VERBRUGGE M W. Mathematical model of a gas diffusion electrode bonded to a polymer electrolyte[J]. AIChE Journal,1991,37(8):1151-1163

[2] BERNARDI D M, VERBRUGGE M W. A mathematical model of the solid-polymer-electrolyte fuel cell[J]. Journal of the Electrochemical Society,1992,139(9):2477-2491

[3] RHO Y W, SRINIVASAN S, KHO Y T. Mass transport phenomena in proton exchange membrane fuel cells using $O_2/He, O_2/Ar$, and O_2/N_2 mixtures II. Theoretical analysis[J]. Journal of the Electrochemical Society,1994,141(8):2089-2096

[4] FULLER T F, NEWMAN J. Water and thermal management in solid-polymer-electrolyte fuel cells[J]. Journal of the Electrochemical Society,1993,140(5):1218-1225

[5] JUNG S Y, NGUYEN T V. An along-the-channel model for proton exchange membrane fuel cells[J]. Journal of the Electrochemical Society,1998,145(4):1149-1159

[6] WEN X F, XIAO J S, ZHANG Z G. Thermal modeling of proton exchange membrane fuel cell[J]. Chinese Journal of Power Sources,2006,130(6):461-465

[7] COSTAMAGNA P. Transport phenomena in polymeric membrane fuel cells[J]. Chemical Engineering Science,2001,56(2):323-332

[8] LI S, BECKER U. A three dimensional CFD model for PEMFC//ASME 2004 2nd International Conference on Fuel Cell Science,Engineering and Technology[C]. American Society of Mechanical Engineers,2004:157-164

[9] JU H, MENG H, WANG C Y. A single-phase, non-isothermal model for PEM fuel cells[J]. International Journal of Heat and Mass Transfer,2005,48(7):1303-1315

[10] SHAN Y, CHOE S Y. A high dynamic PEM fuel cell model with temperature effects[J]. Journal of Power Sources,2005,145(1):30-39

[11] 朱蓉文,肖金生,余江洪. 冷却水对电池中温度分布的影响[J]. 武汉理工大学学报,2006,28(E2):489-494

[12] BAPAT C J, THYNELL S T. Effect of anisotropic electrical resistivity of gas diffusion layers(GDLs) on current density and temperature distribution in a Polymer Electrolyte Membrane(PEM) fuel cell[J]. Journal of Power Sources,2008,185(1):428-432

[13] 崔东周,肖金生,潘牧,等. 质子交换膜燃料电池水、热、气管理[J]. 电池,2005,34(5):373-375

[14] FABIAN T, O'HAYRE R, PRINZ F B, et al. Measurement of temperature and reaction species in the cathode diffusion layer of a free-convection fuel cell[J]. Journal of the Electrochemical Society, 2007, 154(9): B910-B918

[15] ABDULLAH A M, OKAJIMA T, MOHAMMAD A M, et al. Temperature gradients measurements within a segmented H_2 air PEM fuel cell[J]. Journal of Power Sources, 2007, 172(1): 209-214

[16] MARANZANA G, LOTTIN O, COLINART T, et al. A multi-instrumented polymer exchange membrane fuel cell: Observation of the in-plane non-homogeneities[J]. Journal of Power Sources, 2008, 180(2): 748-754

[17] LEE S K, ITO K, OHSHIMA T, et al. In situ measurement of temperature distribution across a proton exchange membrane fuel cell[J]. Electrochemical and Solid-State Letters, 2009, 12(9): 126-130

[18] WEN C Y, HUANG G W. Application of a thermally conductive pyrolytic graphite sheet to thermal management of a PEM fuel cell[J]. Journal of Power Sources, 2008, 178(1): 132-140

[19] 燕希强, 侯名, 孙立言, 等. 燃料电池内部温度测量方法: CN101158607 [P], 2008

[20] VIE P J S, KJELSTRUP S. Thermal conductivities from temperature profiles in the polymer electrolyte fuel cell [J]. Electrochimica Acta, 2004, 49(7): 1069-1077

[21] MENCH M M, WANG C Y, ISHIKAWA M. In situ current distribution measurements in polymer electrolyte fuel cells[J]. Journal of the Electrochemical Society, 2003, 150(8): 1052-1059

[22] ZHANG G, SHEN S, GUO L, et al. Dynamic characteristics of local current densities and temperatures in proton exchange membrane fuel cells during reactant starvations[J]. International Journal of Hydrogen Energy, 2012, 37 (2): 1884-1892

[23] ZHANG G, GUO L, MA L, et al. Simultaneous measurement of current and temperature distributions in a proton exchange membrane fuel cell[J]. Journal of Power Sources, 2010, 195(11): 3597-3604

[24] PATTEKAR A V, KOTHARE M V. A microreactor for hydrogen production in micro fuel cell applications[J]. Journal of Microelectromechanical Systems, 2004, 13(1): 7-18

[25] BELLAYER S, GILMAN J W, EIDELMAN N, et al. Preparation of homogeneously dispersed multiwalled carbon nanotube/polystyrene nanocomposites via melt extrusion using trialkyl imidazolium compatibilizer[J]. Advanced Functional Materials, 2005, 15(6): 910-916

[26] FUKUSHIMA T, KOSAKA A, YAMAMOTO Y, et al. Dramatic effect of dispersed carbon nanotubes on the mechanical and electroconductive properties of polymers derived from ionic liquids[J]. Small, 2006, 2(4): 554-560

[27] PEI X, XIA Y, LIU W, et al. Polyelectrolyte-grafted carbon nanotubes: Synthesis, reversible phase-transition behavior, and tribological properties as lubricant additives[J]. Journal of Polymer Science Part A: Polymer Chemistry, 2008, 46(21): 7225-7237

[28] LEE C Y, HSIEH W J, WU G W. Embedded flexible micro-sensors in MEA formeasuring temperature and humidity in a micro-fuel cell[J]. Journal of Power Sources, 2008, 181(2): 237-243

[29] BYRNE M T, GUN'KO Y K. Recent advances in research on carbon nanotube-polymer composites[J]. Advanced Materials, 2010, 22(15): 1672-1688

[30] WILKINSON M, BLANCO M, GU E, et al. In situ experimental technique for measurement of temperature and current distribution in proton exchange membrane fuel cells[J]. Electrochemical and Solid-state Letters, 2006, 9 (11): 507-511

3 质子交换膜燃料电池高温高压运行特性

工作温度是影响质子交换膜燃料电池性能的一个重要因素。根据反应动力学,提高燃料电池的工作温度有助于增加电催化剂铂及其他贵金属催化剂的活性,加速氢气的氧化过程和氧气的还原过程,从而降低了反应过程的化学极化[1]。然而,就某种特定材料的质子交换膜而言,如 Nafion® 膜具有一定的可工作温度范围。第 1 章里介绍了质子交换膜燃料电池内的水传输机理,从中可以知道质子交换膜需要具备一定的湿度才能有良好的质子导电性。当 Nafion® 膜工作在接近 100℃时,由于反应气体中的水蒸气分压增高从而使质子交换膜发生严重的失水,降低了质子交换膜的导电率,最终影响质子交换膜燃料电池的性能[2]。燃料电池工作的温度和压力直接影响质子交换膜的湿度。为了确保质子交换膜具备一定的湿度,燃料电池必须工作在一个较优的温度和压力范围内。

常规质子交换膜燃料电池的工作温度一般在 70℃左右,温度相对较低,这时燃料电池催化剂对有害气体如 CO 和 CO_2 的耐受性会降低,容易引起催化剂中毒。另外,为了使燃料电池的工作温度保持在 70℃左右,需要对其进行散热,温度越低对水管理系统的要求越高[3]。提高质子交换膜燃料电池的操作温度,不仅可以有效提高电化学反应速率,增强系统对 CO 的耐受性,同时,也大大简化了质子交换膜燃料电池的水管理系统[4-5]。因为水蒸气的饱和压随温度的升高呈指数级上升[6],所以提高电池工作温度是抑制电池水淹行为、提高电池性能的最有效方法。解决这些难题可以优化电池的水管理系统。不同的电池运行温度对应的加湿水、生成水的状态与水管理系统有很大关系[7-10],在较高的电池运行温度下,电池的阴极生成大量的高温饱和水蒸气,而对这些水蒸气进行冷凝使其成为高纯度的液态水也可以增强电池的水管理系统[11]。为了提高燃料电池电堆的功率密度以满足车载使用的环境,需要进一步提高燃料电池额定工作电流。当燃料电池工作在一个较高的电流密度时(如 1.6 A/cm^2),电化学反应产生的液态水就更多。为了解决质子交换膜燃料电池在高电流密度下的水平衡和水管理问题,也需要提高其工作的温度和压力,使燃料电池工作时产生的水在一定的温度和压力下转化为气态水,从而有效减少燃料电池内局部水淹的发生,提高燃料电池的可靠性。"高温高压"的技术路线也逐步为全世界燃料电池领域的同行所采用,如表 3-1 所示,本田、通用的燃料电池工作温度都设定在 95℃左右,绝对工作压力分别为 3.5 atm 和 2.5 atm,丰田推出的燃料电池量产车 Mirai 甚至达到 105℃[12]。本章作者通过理论分析和数值计算分析质子交换膜燃料电池的最优工作压力,并在 95℃的高温下对燃料电池电堆的性能进行分析,从而阐述质子交换膜燃料电池在高温高压下的运行特性。

表 3-1　国际燃料电池车企燃料电池工作的温度和压力

指标	通用	本田	丰田	日产	现代	DOE2017
电流密度/(mA/cm²)/平均节电压/V	1500/0.65	1200/0.67	—	—	—	—
运行温度/℃	90	95	105	—	90	—
绝对运行压力/atm	2.5	3.5	2.5	2.0	2.5	—

3.1　理论公式推导

通过能斯特方程[13]，可以知道燃料电池的工作电压与氢气、氧气和水蒸气的分压密切相关。计算燃料电池的工作电压和分析燃料电池的性能，先要了解并计算出相应的各组分分压。

$$E_2 = E_1 + \frac{RT}{2F} \ln\left(\frac{p_{H_2} p_{O_2}^{\frac{1}{2}}}{p_{H_2O}}\right) \tag{3-1}$$

其中：E_2 为燃料电池工作电压；E_1 为标准电极电势；R 为摩尔气体常量，取 8.1334 J/(kg·mol)；T 为温度，K；F 为法拉第常量，取 96 487 J/(V·mol)；p_{H_2O} 为水蒸气分压；p_{H_2} 为氢气分压；p_{O_2} 为氧气分压。

水蒸气的分压与水的饱和蒸汽压有密切关系，水的饱和蒸汽压是指空气和液态水的混合物达到了平衡时水蒸气的分压。这个时候，液态水的蒸发速率与气态水的冷凝速率是相同的，此时的空气已经不能再承载更多的水蒸气了。也就是说此时的水与空气的状态达到了平衡状态，不再具有脱水功能的空气，已经完全湿化，此时的水已经达到了饱和状态。在不同的温度下水的饱和状态是不相同的，那么水蒸气在空气中的分压也是不同的，通过下面的式子可以计算出不同温度下水蒸气的饱和蒸汽压[14]。表 3-2 显示了不同温度下水的饱和蒸汽压。

表 3-2　不同温度下水的饱和蒸汽压

温度/℃	70	75	80	85	90	95	100	105
饱和蒸汽压/kPa	31.164	38.551	47.379	57.875	70.136	84.556	101.33	120.85

$$\lg p_{sat} = -2.1794 + 0.02953 \times (T-273.15) - 9.1837 \times 10^{-5} \times (T-273.15)^2 \\ + 1.4454 \times 10^{-7} \times (T-273.15) \times 10^3 \tag{3-2}$$

燃料电池工作的时候需要进行加湿，因此在阴极的入口处燃料电池已经具有了一定的氧气分压、空气分压以及水蒸气分压；由于阳极侧不产生水，所以阳极侧的氢气分压与总压的关系较为简单。阴极侧的水来自三个方面，分别是：电化学反应生成的水、质子从阳极通过质子交换膜携带过来的水、入口处加湿带来的水。因此在阴极的出口处水蒸气分压、氧气分压以及空气分压和入口处不相同。在本书中，燃料电池的工作电压只按照出口处的水蒸气分压、氧气分压以及空气分压来计算。具体的公式如下：

湿润反应气体中的水：

$$\dot{m}_{add} = 1.19\lambda\Phi\frac{nI}{F}M_{H_2O} \tag{3-3}$$

阴极反应生成的水：

$$\dot{m}_{rea} = \frac{nI}{2F}M_{H_2O} \tag{3-4}$$

因此阴极处产生的水总量为

$$\dot{m}_{out} = [1.19\lambda\Phi_{air} + 0.5 + \alpha]\frac{nI}{F}M_{H_2O} \tag{3-5}$$

其中：λ 为过量空气系数；n 为电池数，本文取 1；I 为工作电流；F 为法拉第常量；M_{H_2O} 为水的分子质量；α 为水净迁移系数。

$$\Phi_{air} = \frac{RH \times p_{sat}(T_{in})}{p_t - RH \times p_{sat}(T_{in})} \tag{3-6}$$

其中：RH 为入口处的相对湿度，即加湿度；$p_{sat}(T_{in})$ 为入口温度下水蒸气的饱和蒸汽压；p_t 为电池的工作压力。

出口处氧气的流量：

$$m_{O_2,out} = \frac{I}{4F}M_{O_2}(\lambda-1) \tag{3-7}$$

出口处未反应的剩余气体物质的量为

$$\dot{n}_{unrea} = \frac{I}{F}(1.19\lambda - 0.25) \tag{3-8}$$

则出口处的水蒸气分压可表示为

$$p_{H_2O,partial} = \frac{(1.19\lambda\Phi_{air} + 0.5 + \alpha)\frac{I}{F}}{[1.19\lambda\Phi_{air} + 0.5 + \alpha]\frac{nI}{F} + \dot{n}_{unrea}}p_t = \frac{1.19\lambda\Phi_{air} + 0.5 + \alpha}{1.19\lambda(\Phi_{air}+1) + 0.25 + \alpha}p_t \tag{3-9}$$

根据气体状态方程有

$$\frac{P_{O_2}}{P_t} = \frac{0.25\frac{I}{F}(\lambda-1)}{[1.19\lambda(\Phi_{air}+1) + 0.25 + \alpha]\frac{I}{F}} = \frac{0.25(\lambda-1)}{1.19\lambda(\Phi_{air}+1) + 0.25 + \alpha} \tag{3-10}$$

分析出口处的气体有水蒸气、剩余未反应的气体，因此根据上文假设水蒸气的分压为饱和蒸气压 p_{sat}，那么如果总压为 p_t，那么剩余未反应的气体分压为

$$p_{unrea} = p_t - p_{sat} \tag{3-11}$$

$$\frac{\frac{nI}{F}(1.19\lambda - 0.25)}{p_{unrea}} = \frac{\frac{nI}{4F}(\lambda-1)}{p_{O_2}} \tag{3-12}$$

由上式可以得知氧气的分压为

$$p_{O_2} = \frac{0.25 \times (p_t - p_{sat})(\lambda-1)}{(1.19\lambda - 0.25)}$$

如果阳极加湿则为

$$p_{H_2} = p_t \times RH_{ca} \tag{3-13}$$

如果阳极不加湿则为

$$p_{H_2} = p_t \tag{3-14}$$

水的分压为某温度下水蒸气的饱和蒸气压。因此，将已知条件代入能斯特方程可得在阳极不进行加湿的时候：

$$E_2 = 0.65 + \frac{RT}{2F} \ln\left(\frac{p_t \left[\frac{0.25 \times (p_t - p_{sat})(\lambda - 1)}{(1.19\lambda - 0.25)}\right]^{\frac{1}{2}}}{p_{sat}}\right) \tag{3-15}$$

在阳极进行 50% 加湿时：

$$E_2 = 0.65 + \frac{RT}{2F} \ln\left(\frac{[p_t - (0.5 \times p_{sat})] \left[\frac{0.25 \times (p_t - p_{sat})(\lambda - 1)}{1.19\lambda - 0.25}\right]^{\frac{1}{2}}}{p_{sat}}\right) \tag{3-16}$$

在阳极进行 100% 加湿时：

$$E_2 = 0.65 + \frac{RT}{2F} \ln\left(\frac{[p_t - p_{sat}] \left[\frac{0.25 \times (p_t - p_{sat})(\lambda - 1)}{1.19\lambda - 0.25}\right]^{\frac{1}{2}}}{p_{sat}}\right) \tag{3-17}$$

分析式(3-15)～式(3-17)可知：质子交换膜燃料电池的工作压力与水蒸气的饱和蒸气压有关，而水在某温度下的饱和蒸气压与温度有关，此外燃料电池的工作压力还与系统所加的总压有关。

3.2 温度和压力对理论电压的影响

根据式(3-15)，不考虑加湿度的影响，将燃料电池的总压固定为 2.5 bar（1 bar=10^5 Pa），研究工作温度从 70℃ 到 105℃ 即开尔文温度从 343 K 到 378 K 之间变化。从图 3-1 中的变化趋势我们可以知道，随着温度的增加，燃料电池的工作压力不断减小，电池的理论电压从 0.7048 V 变化到 0.6840 V，电压降为 0.0208 V。而这个变化是平缓的，也就是说在总压一定的时候，温度的增加会使燃料电池的理论电压不断降低。燃料电池反应的熵变 $\Delta S < 0$，因此反应后电池内的温度系数为负值，根据电化学热力学研究，电池的工作温度升高会使燃料电池的电动势下降。

图 3-2 显示的是燃料电池在 95℃ 时理论电压随工作压力的变化。从图 3-2 上可以明显地看出，在温度一定的时候，随着总压的增加，燃料电池的工作电压呈上升趋势，电压从 0.6753 V 增加到 0.6957 V，增幅为 0.0204 V。总压的增加对燃料电池性能的提高是很明显的。阴极和阳极在反应过程中需要外界提供一定的压力，从反应机理上来看，氢气和氧气最初通过双极板扩散到催化层，之后在催化剂表面吸附、解离，因此压力的提高有利于加快反应气体的传质速度，减小传质过电位对电池性能的影响，从而使电池性能提高。

当阳极加湿度为 50% 和 100% 时，根据式(3-16)和式(3-17)同样可以计算出燃料电池理论电压与温度和压力的变化关系，此处不再赘述。

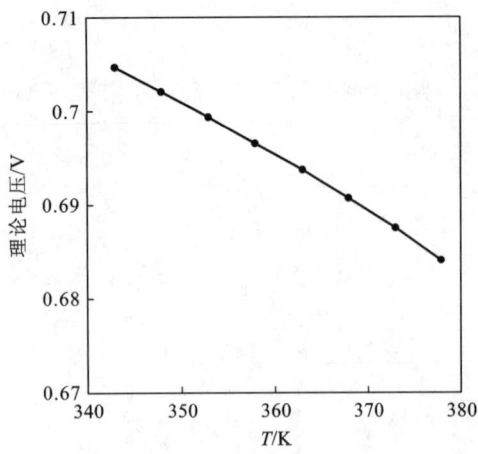

图 3-1 不同温度下燃料电池理论电压的变化

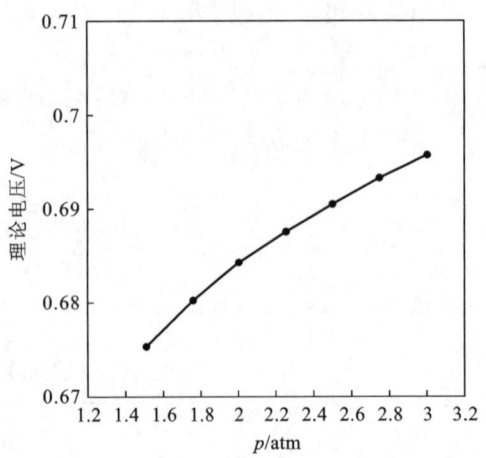

图 3-2 不同压力下燃料电池理论电压的变化

3.3 最优工作压力分析

图 3-3 给出了水蒸气饱和压力与工作温度的关系,可以看出,水蒸气的饱和压力随温度的升高呈指数级上升,95℃时水蒸气的饱和压力是 60℃ 的 4 倍多,因此提高电池工作温度是抑制电池水淹行为、提高电池性能的最有效方法。由式(3-9)可以看出,水蒸气的分压主要与阴极的过量系数、阴极进气加湿度、净水传输系数以及工作压力有关。为简化电池系统,现有电堆阴极无增湿,而通过电池内水的循环实现自加湿。此时,若空气的过量系数为 2,则电池中水蒸气的分压与净水传输系数的关系可表示为图 3-4。由图 3-4 可以看出,水蒸气的分压都随净水传输系数的增加而增大。当空气不加湿时,温度越高,电池内水蒸气越难达到饱和,为保证空气能充分润湿,此时需大幅提高电池的工作电压。当电池的工作温度提高到 105℃ 时,此时需大幅提高电池的净水传输系数,使更多的水分子从阳极扩散到阴极,因此,为实现水分的有效传输,需采用更加薄的电解质膜。另外,可以看出,压力越高,相同水传输系数下,水蒸气的分压越高,越容易达到饱和,实现电池有效加湿,但是,过高的压力会对电池的风机以及质子交换膜的强度等提出更高要求,因此大部分车企的燃料电池最优工作压力在 2.5×10^5 Pa 左右。

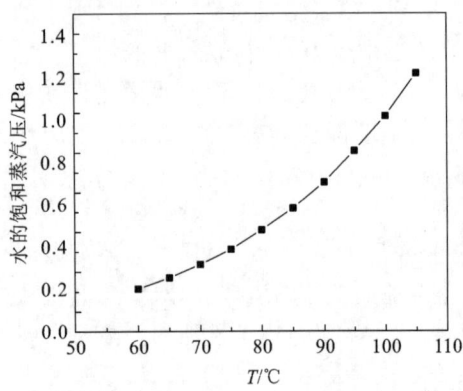

图 3-3 水的饱和蒸汽压与温度的关系

图 3-5 给出了氧气的体积分数与净水传输系数的关系。可以看出,净水传输系数越大,氧气的体积分数越小,氧分压越低。根据能斯特方程,此时电池的性能将降低。主要原因是水传输系数的增加导致更多的水分从阳极迁移到阴极,稀释了氧气的浓度。

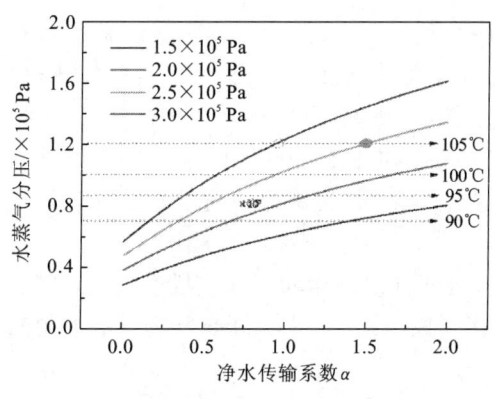
图 3-4 水蒸气分压与净水传输系数的关系

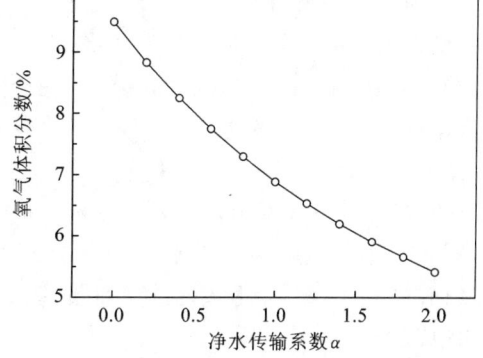
图 3-5 氧气的体积分数与净水传输系数的关系

从上述分析可以看出,燃料电池运行过程中水蒸气的分压主要与进气的加湿系数、过量系数、膜中的净水传输系数以及工作压力有关,与燃料电池的电流密度无关;燃料电池阴极进气无增湿时,运行温度越高,燃料电池内水蒸气越难达到饱和;为使质子交换膜能充分润湿,需采用较薄的电解质薄膜,以便水分更好地从阳极扩散到阴极;净水传输系数的选择要兼顾水蒸气分压与氧分压的影响,较高的净水传输系数虽然能实现水分的有效迁移,但也会降低阴极氧气分压,从而降低燃料电池性能。

3.4 燃料电池电堆高温运行特性分析

本节为了研究燃料电池电堆在高温下的运行特性,采用特质的高温复合膜[15]作为质子交换膜组装额定功率为 5 kW 的电堆进行实验分析。高温膜的物理特性如表 3-3 所示。燃料电池电堆的工作温度设定在 95℃,工作压力为常压。阴极和阳极的过量系数分别为 2.5 和 1.5。燃料电池电堆的活性面积为 200 cm^2,阴阳极催化剂的载量均为 0.4 mg/cm^2,Toray TGP-060 用于燃料电池的扩散层。该电堆共有 75 片单电池,在每片单电池背面均有冷却水流道,去离子水用于循环,冷却水用于燃料电池的冷却介质。

表 3-3 高温质子交换膜的物理特性参数

物理特性	数值
质子交换膜厚度/μm	10
EW 值	1209
密度/(g/cm^3)	1.93
面电导率/(S/cm^2)	48.4
机械强度/MPa	50.8
膨胀速率/%	23
开路电压/V	0.95
膨胀应力/MPa	<0.5

为了考核高温质子交换膜的性能，先用 25 cm² 活性面积的单电池对其极化曲线进行测试。图 3-6 显示的是该单电池在 95℃ 和不同加湿度下的极化曲线，为了方便对比，以 65℃ 和 100% 加湿度的极化曲线作为基准。从图 3-6 中可以看出，在 100% 加湿度和常压工作压力下，当电池工作温度从 65℃ 升到 95℃ 时，单电池在 800 mA/cm² 下的电压从 0.65 V 降到了 0.64 V。如式(3-9)所示，当工作温度提高时，燃料电池内的水蒸气分压上升，反应气体的相对分压下降，使燃料电池的工作压力下降。同时，当加湿度从 100% 下降到 40% 时，燃料电池的电压下降了 0.03 V。燃料电池的加湿度会影响膜电极的内阻，当加湿度下降时，膜电极内的含水量降低，导致膜电极内阻的升高，最终影响单电池的输出电压。

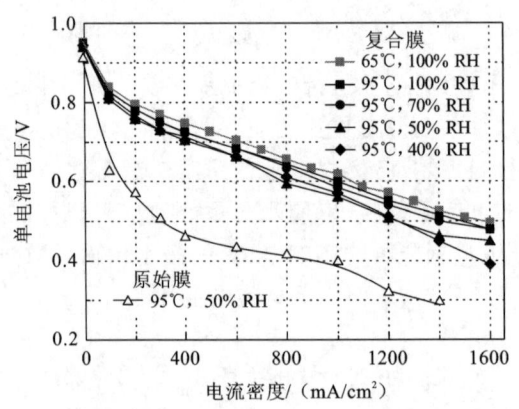

图 3-6 高温复合膜在不同温度和压力下的极化曲线对比

从图 3-6 也可以明显看出高温复合膜的性能要远远优于普通质子交换膜的性能。在 95℃ 和 40% 加湿度时，高温复合膜在 800 mA/cm² 下的电压要比普通质子交换膜的电压高 0.2 V。高温复合膜在低湿度下的性能要远优于普通质子交换膜，其原因在于高温复合膜的厚度只有 10 μm，而普通质子交换膜的厚度有 30 μm，质子交换膜的厚度越薄，液态水越容易通过质子交换膜扩散，从而改善燃料电池的性能[16]。正如第 1 章介绍燃料电池水传输机理所描述的，液态水的反向扩散能够减少燃料电池的内阻，从而提高燃料电池的电压输出性能。由此可以看出，高温低湿条件下，使用高温复合膜能够极大地提高燃料电池的性能。

图 3-7 所示的是 5 kW 燃料电池电堆分别在阳极加湿和不加湿及不同阴极湿度下的性能。从图 3-7 中明显可以看出，电堆在阳极加湿下的性能要优于阳极不加湿时的性能。当电堆的阴极气体温度从 75℃ 升高到 85℃，对应的阴极湿度由 45.6% 升高到 68.4% 时，阳极不加湿时电堆在 600 mA/cm² 下的输出电压从 47.9 V 升高到 44.0 V。当阳极加湿时，燃料电池电堆的性能随阴极气体温度的升高即阴极湿度的升高也有所提高。相应地，如图 3-8 所示，燃料电池的输出功率也随工作温度的提高而上升，并且燃料电池在加湿的条件下，其输出功率要高于不加湿时的电堆输出功率。

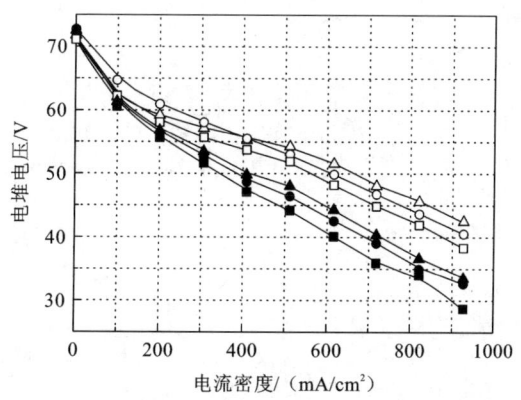

图 3-7　5 kW 燃料电堆在不同温度和压力下的极化曲线对比
实心图标和空心图标分别表示阳极不加湿和阳极加湿，△、○和□图标
分别表示 75℃、80℃和 85℃电堆阴极气体温度

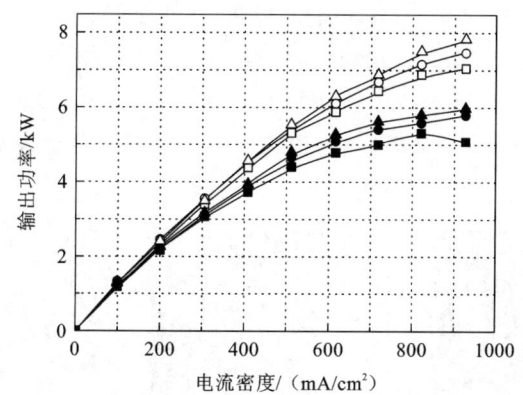

图 3-8　5 kW 燃料电堆在不同温度和压力下的输出功率对比
实心图标和空心图标分别表示阳极不加湿和阳极加湿，△、○和□图标
分别表示 75℃、80℃和 85℃电堆阴极气体温度

燃料电池电堆的电压一致性是另外一个考核电堆性能的重要指标。图 3-9 显示的是 5 kW 燃料电堆在 95℃和 600 mA/cm² 下的电压一致性，从图中可以看出电堆一致性在阳极加湿的条件下要明显优于阳极不加湿条件下的电压一致性。当阳极加湿时，阳极气体里所含有的水分子能够改善质子交换膜的水平衡，使质子交换膜充分润湿，从而使电堆的输出电压更加稳定。从图 3-9 还能看出当燃料电池电堆在 95℃和 45.6％阴极湿度（即 75℃阴极气体温度）时电压最高，并且电压的一致性也最优。因此，可以看出使用高温复合质子交换膜的 5 kW 燃料电堆可以在高温和低湿的环境下工作。

为了更好地理解不同温度和湿度对燃料电池电堆性能的影响，本实验用高速摄像机来监测阴极出口累积的液态水状态。图 3-10 是当阳极不加湿，阴极气体温度为 85℃，燃料电池电堆不同温度下工作时阴极出口累积的液态水图片。从图中可以看出随着燃料电池电堆温度升高，电堆阴极出口累积的液态水不断减少。当电堆的工作温度在 85℃和

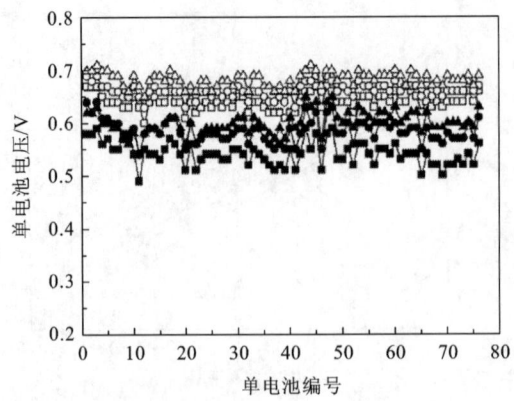

图 3-9 5 kW 燃料电堆在不同温度和压力下的电堆均匀性对比

实心图标和空心图标分别表示阳极不加湿和阳极加湿,△、○和□图标
分别表示 75℃、80℃和 85℃电堆阴极气体温度

90℃时,可以看出电堆阴极出口有液态水的累积;而当电堆的工作温度升高到95℃时,几乎看不到电堆阴极出口有液态水。这就说明在 95℃的工作温度和 68.4% 的阴极湿度下工作时,燃料电池电堆内部处于一个较好的水平衡状态。这时如果降低电堆的工作温度,会使电堆内部产生较多的富余液态水,导致电堆内部局部区域出现水淹的情况,影响燃料电池电堆的性能。

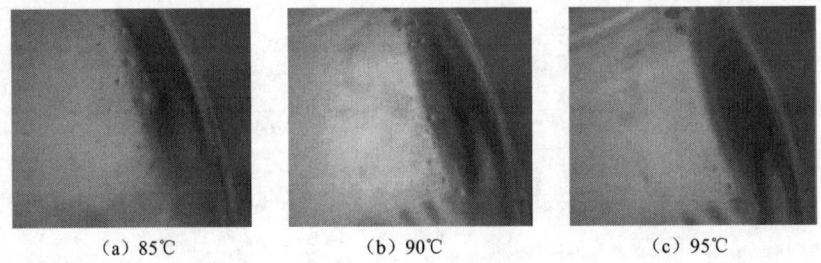

图 3-10 5 kW 燃料电堆在 85℃和不同电堆温度下工作时阴极出口液态水状态

参 考 文 献

[1] LARMINIE J, DICKS A. Fuel Cell Systems Explained[M]. New York:John Willey & Sons Inc,2006
[2] 杨宇,肖荣阁. 燃料电池汽车产业的新能源发展战略研究[J]. 资源与产业,2010,12(2):16-20
[3] 张连洪,揭伟平,谢春刚,等. 温度、压力和湿度对 PEMFC 堆电效率的影响[J]. 天津大学学报,2007,5:594-598
[4] 王文东,陈实,吴锋. 温度、压力和湿度对 PEMFC 性能的影响[J]. 能源研究与信息,2003,19(1):39-46
[5] 吴玉厚,孙佳. PEM 燃料电池操作性能实验分析[J]. 沈阳建筑大学学报(自然科学版),2006,22:1031-1033
[6] TU Z K,ZHANG H N,LUO Z P,et al. Evaluation of 5 kW proton exchange membrane fuel cell stack operated at 95℃ under ambient pressure[J]. Journal of Power Sources,2013,222:277-281
[7] 蒋祖威. 脉冲排气质子交换膜燃料电池分布特性及性能影响因素研究[D]. 大连:大连理工大学硕士学位论文,2012

[8] 王俊,陈奔,席清海,等.脉冲排放对PEMFC性能影响的研究进展[J].电池,2015,45(6):332-335

[9] GOMEZ A,RAJ A,SASMITO A P,et al. Effect of operating parameters on the transient performance of a polymer electrolyte membrane fuel cell stack with a dead-end anode [J]. Applied Energy,2014,130(5):692-701

[10] 孙佳,郭桦,陈士忠,等.温度对PEM燃料电池性能的影响[J].沈阳建筑大学学报(自然科学版),2006,22(3):518-523

[11] 裴后昌.质子交换膜燃料电池水热管理研究[D].武汉:华中科技大学,2014

[12] 吴文瀚.上海氢燃料电池汽车产业发展环境分析[J].上海汽车,2014,9:29-33

[13] 胡一雯,孙嬿,李春生.能斯特方程在电化学分析法中的分析研究[J].化工管理,2014,8:21

[14] 沈维道,童钧耕.工程热力学[M].4版.北京:高等教育出版社,2007

[15] TANG H,PAN M,JIANG S P,et al. Fabrication and characterization of PFSI/ePTFE composite proton exchange membranes of polymer electrolyte fuel cells[J]. Electrochimica Acta,2007,52(16):5304-5311

[16] JI M B,WEI Z D. A review of water management in polymer electrolyte membrane fuel cells[J]. Energies,2009,2(4):1057-1106

4 质子交换膜燃料电池尾气冷凝机制

水管理是燃料电池技术的一个突出难题,近年来许多专家学者们对此做了很多相关研究[1]。电池内部的水应严格维持平衡,以解决膜的水润化需求以及防止电池阴极水淹两者之间的矛盾。为保持电极高的含水量来确保合理的离子电导率,对反应气体加湿是目前燃料电池广泛应用的方法。然而,在运行过程中阴极持续不断地生成水,当水蒸气分压达到其饱和蒸汽压时会有液态水产生,特别是在高电流密度下反应生成的液态水速率更快。若液态水不能及时排出将会引起"水淹",生成的液态水会覆盖在催化层反应区域,限制了氧气与催化层接触进行反应,堵塞气体扩散层,阻碍了气体传输。此外,液态水会堵塞流道,影响气体流动。这些会导致反应气体在电堆中的每一个单片以及单片中不同的区域分配不均匀,性能参差不齐,引起电堆的性能衰减及其运行稳定性变差,严重积水将引起电池反极,加速电池性能衰减,缩短电池寿命,甚至引发燃料电池的使用安全[2]。

通过优化燃料电池的操作条件、流场设计、阳极排水策略和膜电极工艺等,可以改善燃料电池堆的水管理[3]。燃料电池运行过程中,为了保持质子交换膜的电导率,需要对反应气体进行加湿,而燃料电池自身电化学反应又会生成液态水。如果将燃料电池反应尾气中的气态水和液态水加以循环利用,可以作为反应气体加湿水的来源。本章将首先介绍燃料电池尾气冷凝除湿对防止电堆内部"水淹"现象发生的作用,并通过理论分析结合实验验证来分析其作用。在功率为 3 kW 的燃料电池阴极尾气出口设置换热器,系统地研究在不同的工作温度、气体相对湿度以及操作压力下燃料电池阴极尾气除湿对其性能的影响。基于这一影响,本书将提出循环利用尾气中的气态水和液态水,用于燃料电池反应气体的加湿。

4.1 尾气冷凝除湿对燃料电池性能的影响

4.1.1 尾气冷凝除湿的理论机制

通过尾气除湿达到缓解燃料电池内部堵水的方法是在电堆内部与其阴极出口之间强制形成高水蒸气浓度梯度差,从而加速电池内部的水蒸气排出并冷凝成液体。由菲克定律:

$$J = -D \frac{dC}{dx} \tag{4-1}$$

其中:J 为扩散通量,$kg/(m^2 \cdot s)$;"—"表示扩散物质的扩散方向与浓度梯度方向相反,即扩散物质从高浓度区域向低浓度区域扩散;D 为扩散系数,m^2/s;c 为扩散物质的体积浓度,kg/m^3;$\frac{dc}{dx}$ 为浓度梯度。水蒸气体积浓度随电堆出口与换热器之间距离($0<x<L$)的

变化关系如图 4-1 所示。图中 c_0 和 c_1 分别为电堆出口和换热器出口水蒸气体积浓度;p_0 和 p_1 分别为电堆出口和换热器出口压力;T_0 和 T_1 分别为电堆出口和换热器出口温度;L 为电堆出口和换热器出口之间的距离。由于水的饱和蒸汽压 p_{sat} 只与温度 T 有关,因此扩散通量 J 的大小由 T_0、T_1 和 x 决定,温差越大扩散通量越大,距离越短扩散通量也越大。

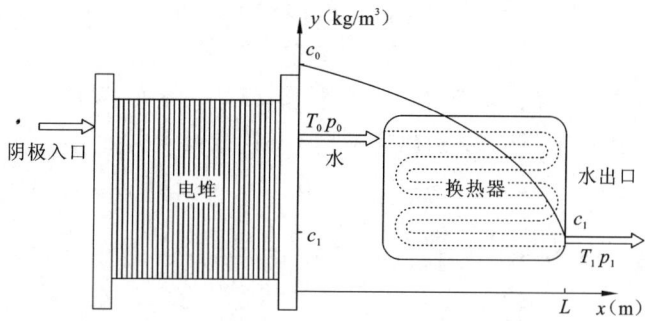

图 4-1 燃料电池尾气除湿原理图

通过散热器将阴极尾气冷凝,电堆与换热器分别形成了高低温两个区域,由于高低温区域饱和蒸汽压 p_{sat} 不同且水蒸气浓度不一样,高温区电堆内部与低温区换热器之间强制形成大的水蒸气浓度梯度,水蒸气从高温区流向低温区,在低温区换热器内水蒸气被冷凝成液态水,同时电池内部的液态水不断蒸发成水蒸气以维持电堆内部水蒸气平衡。水蒸气在换热器内部被冷凝成液态水释出,从而将电堆内部的液态水转移到换热器中,达到解决电堆"水淹"的目的。图 4-2 为水传输原理图,整个系统水蒸气的传输过程为

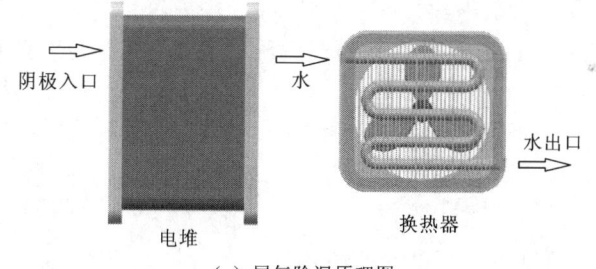

(a) 尾气除湿原理图

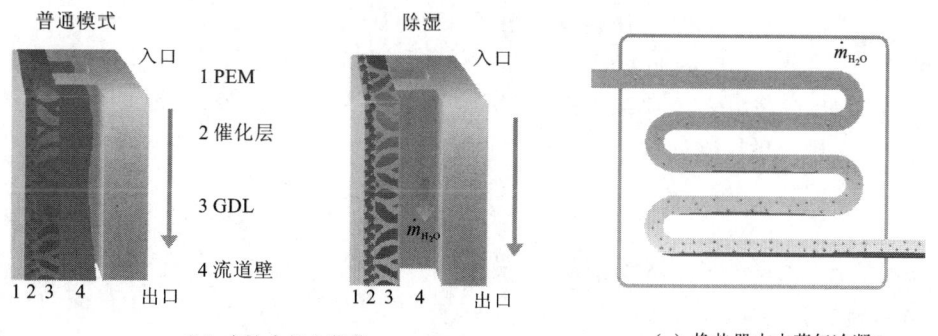

(b) 电池内部水蒸发　　　　(c) 换热器内水蒸气冷凝

图 4-2 燃料电池尾气除湿水传输简图

电堆: $$H_2O(l) \longrightarrow H_2O(g) \tag{4-2}$$
换热器: $$H_2O(g) \longrightarrow H_2O(l) \tag{4-3}$$
整个过程: $$H_2O(l,电堆) \longrightarrow H_2O(l,换热器) \tag{4-4}$$

燃料电池在运行过程中,理论的水产生速率可表示为

$$\dot{m}_{w,rea} = \frac{nI}{2F} M_{H_2O} \tag{4-5}$$

其中: n 为单电池片数; I 为电流; F 为法拉第常量; M_{H_2O} 为水的摩尔质量。

在电化学反应过程中,质子从阳极穿过膜到达阴极过程中会携带水,水量为

$$\dot{m}_{w,dif} = \alpha \frac{nI}{2F} M_{H_2O} \tag{4-6}$$

其中, α 为水的净传输系数。电堆进口空气的质量流量为

$$\dot{m}_a = \frac{n\lambda I}{0.21 \times 4 \times F} M_{air} \tag{4-7}$$

加湿水的质量可表示为

$$\dot{m}_{w,add,air} = \frac{M_{H_2O}}{M_{air}} \frac{p_{in,H_2O}}{p_{in} - p_{in,H_2O}} \dot{m}_a = \frac{n\lambda I}{0.21 \times 4 \times F} \cdot \frac{RH \cdot p_{sat}(T_{in})}{p_{in} - RH \cdot p_{sat}(T_{in})} M_{H_2O}$$
$$= 1.19\lambda\phi \frac{nI}{F} M_{H_2O} \tag{4-8}$$

$$\phi = \frac{RH \cdot p_{sat}(T_{in})}{p_{in} - RH \cdot p_{sat}(T_{in})} \tag{4-9}$$

其中: M_{air} 为空气的摩尔质量; n_a 为空气物质的量; p_{in} 为进口压力; p_{in,H_2O} 为进口水蒸气分压; $p_{sat}(T_{in})$ 为在进口温度为 T_{in} 时的饱和蒸汽压; RH 为相对湿度; ϕ 为含湿量,即一定质量干空气中含有的水蒸气质量。

电堆内总水量(气态和液态)为

$$\dot{m}_{w,out} = \dot{m}_{w,rea} + \dot{m}_{w,add,air} + \dot{m}_{w,dif} = \left[(0.5+\alpha)\frac{nI}{F} + n_a\phi\right] M_{H_2O} \tag{4-10}$$

假设所有的过饱和水蒸气可以冷凝成液体,则

$$\frac{n_{o,H_2O}}{p_{sat}(T_0)} = \frac{\dfrac{n\lambda I}{0.21 \times 4 \times F} - \dfrac{nI}{4F}}{p_0 - p_{sat}(T_0)} \tag{4-11}$$

其中: n_{o,H_2O} 为冷凝器出口水的摩尔量; $p_{sat}(T_0)$ 为冷凝器出口水蒸气饱和压力; p_0 为冷凝器出口压力。则冷凝器出口气态水流量为

$$\dot{m}_{0,H_2O} = (1.19\lambda - 0.25)\frac{p_{sat}(T_0)}{p_0 - p_{sat}(T_0)} \frac{nI}{F} M_{H_2O} \tag{4-12}$$

冷凝器出口中需要释出液态水流量为

$$\dot{m}_{w,0,H_2O} = \dot{m}_{w,out} - \dot{m}_{0,H_2O}$$
$$= \left[1.19\lambda\varphi + 0.5 + \alpha - (1.19\lambda - 0.25)\frac{p_{sat}(T_0)}{p_0 - p_{sat}(T_0)}\right] \frac{nI}{F} M_{H_2O} \tag{4-13}$$

冷凝器实际释出的液态水可表示为

$$m_{w,con,H_2O} = \frac{Q}{L_{fg}} \tag{4-14}$$

其中：Q 为冷凝器的换热量；L_{fg} 为水蒸气的汽化潜热。

$$Q = hA\Delta T = hA(T_{out} - T_{in}) \tag{4-15}$$

其中：h 为换热系数；A 为冷凝器的换热面积。

冷凝过程需具备良好的均温性，应使冷凝析出液态水的速率等于冷凝器出口中需要释出液态水的流量，即 $m_{w,con,H_2O} = \dot{m}_{w,0,H_2O}$。若 $m_{w,con,H_2O} > \dot{m}_{w,0,H_2O}$，则为过度冷却，将可能引起质子交换膜脱水，导致电堆性能下降。若 $m_{w,con,H_2O} < \dot{m}_{w,0,H_2O}$，则电堆内部会有水累积，长时间工作会导致电堆堵水。在电堆实际运行过程中，m_{w,con,H_2O} 应适当小于 $\dot{m}_{w,0,H_2O}$，可适当地加湿膜，避免膜脱水，而又不至于发生水淹现象，保证电堆正常工作。

4.1.2 尾气冷凝除湿机制的实验方法

为了验证尾气冷凝除湿机制的作用，采用由 30 片直流道流场板组装的质子交换膜燃料电池电堆。阴极流场板和阳极流场板均由低电阻率（约为 100 μS/cm）的商用石墨材料加工而成。阴极、阳极以及冷却水流道加工精度为±0.01 mm，且经过疏水处理。电堆的几何参数如表 4-1 所示。采用的膜电极由质子交换膜、催化层以及气体扩散层组成，其中采用的膜为 Nafion® 211 膜，阴阳极两侧催化层的 Pt 载量均为 0.4 mg/cm²，扩散层采用的碳纸（TGP-060，Toray）经聚四氟乙烯（PTFE）疏水处理且与催化层接触一侧刷有微孔层（MPL）。电堆性能采用加拿大 Greenlight Innovation 公司生产的 FCATS G500 进行测试，它可以精确控制各个操作参数，包括电子负载、气体流量或过量系数、露点温度、气体温度、气体相对湿度、电堆温度、电堆出口压力以及冷却剂流量和温度等。空气和氢气的流量范围分别为 0~750 NLPM 和 0~250 NLPM，电流加载范围为 0~500 A，单片电压监测范围为 -1.5~+1.5 V，测量精度为±0.1%。

表 4-1　燃料电池几何参数

参数	数值
电堆活性面积/m²	2.0×10^{-2}
流道深度/m	1.0×10^{-3}
流道宽度/m	1.0×10^{-3}
脊背深度/m	1.0×10^{-3}
气体扩散层厚度/m	2.50×10^{-4}
质子交换膜厚度/m	2.75×10^{-5}
催化层厚度/m	1.20×10^{-5}

本实验中氢气和空气的流量分别设定为 50 L/min 和 200 L/min，反应剩余的氢气不经过冷凝直接排放到大气中，空气尾气则在排到大气之前先强行通入换热器进行冷却。

在电堆和换热器的出口分别安装压力传感器和热电偶来测量冷凝器进出口的压力和温度。压力通过FCX-AII系列压力变送器来测量,测量精度为±0.1%,温度用T型热电偶(XMTD-3002)来监测,通过Keithlet-2700数据采集系统采集和输出温度信号,测量精度为±0.2%。为比较阴极尾气冷凝与否对其性能的影响,换热器上安装有冷却风扇以强行冷却流经的阴极尾气,工作电压为12 V,电流为6 A,空气流量为500 L/min。冷凝器的翅片材料为铝,有效散热面积为4.5 m²。

燃料电池阴极尾气冷凝实验主要由两个步骤组成:1.选取操作条件,关闭换热器冷却风扇,对电堆逐步加载电流至200 A,记录电堆的极化曲线以及每一单片的电压;2.对电堆进行10 min氮气吹扫后打开换热器冷却风扇对阴极尾气进行冷却,保持与第一步一样的操作条件对电堆逐步加载电流至200 A,记录电堆的极化曲线以及每一单片的电压。考察阴极尾气经过冷却后对其性能的影响。随后分别对电堆采用不同的操作条件,包括电池温度、入口空气相对湿度以及操作压力,重复步骤1和步骤2操作,考察在不同操作条件下阴极尾气冷凝对电堆性能的影响。在进行阴极尾气冷凝实验之前,电堆先经过20 h不同负载的活化,气体相对湿度均为100%,确保电堆已经达到最佳性能。电堆在活化之前先通过严格的气密性测试,确保实验的安全性。实验所用氢气纯度为99.99%。室温17℃。

4.1.3 温度对电堆性能的影响

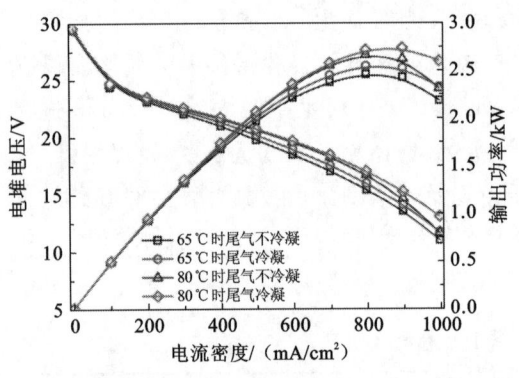

图4-3 不同温度下电堆性能曲线

图4-3表示在操作条件为空气入口相对湿度80%,电堆的工作温度分别为65℃和80℃时阴极尾气冷凝对极化曲线以及功率曲线的影响。与尾气不冷凝相比,不同温度下尾气经过换热器冷凝后电堆的性能均得到改善,特别是在高电流密度下电堆性能增加得更明显。65℃电堆性能的增加幅度随着电流密度的增加而增加,电流密度越大,电堆性能提升越多,在500 mA/cm²时性能提高2.1%,在1000 mA/cm²时性能提高6.6%;80℃在低电流密度下电堆性能变化不大,而电堆性能在电流密度大于700 mA/cm²时才开始有明显的提升,在500 mA/cm²和1000 mA/cm²时电堆性能分别提高0.8%和13%。

在低电流密度下产生水的速率小,电堆内部的水主要以水蒸气的形式存在,液态水存在得较少,因此电堆内部没有水淹或水淹区域很小,尾气冷凝后从电堆转移到换热器的液体水少,电堆性能提升不多。随着电流密度增加,生成的水分逐渐增多,水蒸气分压达到其饱和后析出的液态水逐渐增多,引起电池局部水淹,经过尾气冷凝将更多的液态水从电堆内部转移到换热器,从而电堆内部水淹区域大大减小。因此,在高电流密度下,经尾气冷凝后,电堆性能大大提高。此外,从图 4-3 还可以看出,提高电堆工作温度可以提高电堆的性能,提高温度,水蒸气饱和蒸汽压 p_{sat} 随之增加,相同条件下水蒸气的容纳能力比低温时更强,从而液态水相对较少,特别是在低电流密度下尾气冷凝后从电堆内部转移到换热器的液体水较少,电堆性能提升得不明显。而在高电流密度下电堆性能提升幅度远远大于在同一条件下低温的性能,主要是由于 80℃时电堆出口水蒸气体积浓度远远大于 65℃时电堆出口水蒸气体积浓度,从而水蒸气浓度梯度增加,根据菲克定律水蒸气扩散通量随之增加,液态水从电堆内部转移到换热器的速率增加,从而电堆性能提升的幅度增大。

为进一步考察尾气冷凝对电堆单片电池均匀性的影响,在实验中对每一片电压进行检测。电堆内气体呈"Z"形分配,第 1 个单片电池和第 30 个单片电池分别最靠近电堆阴极入口和出口。阴极尾气冷凝对单片电压影响如图 4-4 所示,从图中可以看出,经过尾气冷凝后在同一条件下电堆单片的平均电压得到提高,靠近阴极出口的单片电压提升得非常明显,而靠近阴极进口的单片电压基本不变或只有轻微增长。在电流密度为 500 mA/cm²,电堆工作温度 80℃时,经阴极尾气冷凝后平均电压提升幅度比 65℃小且只有少量增长,而随着电流密度增加至 800 mA/cm²,经过尾气冷凝后电压得到明显提升且提升的幅度大于 65℃。

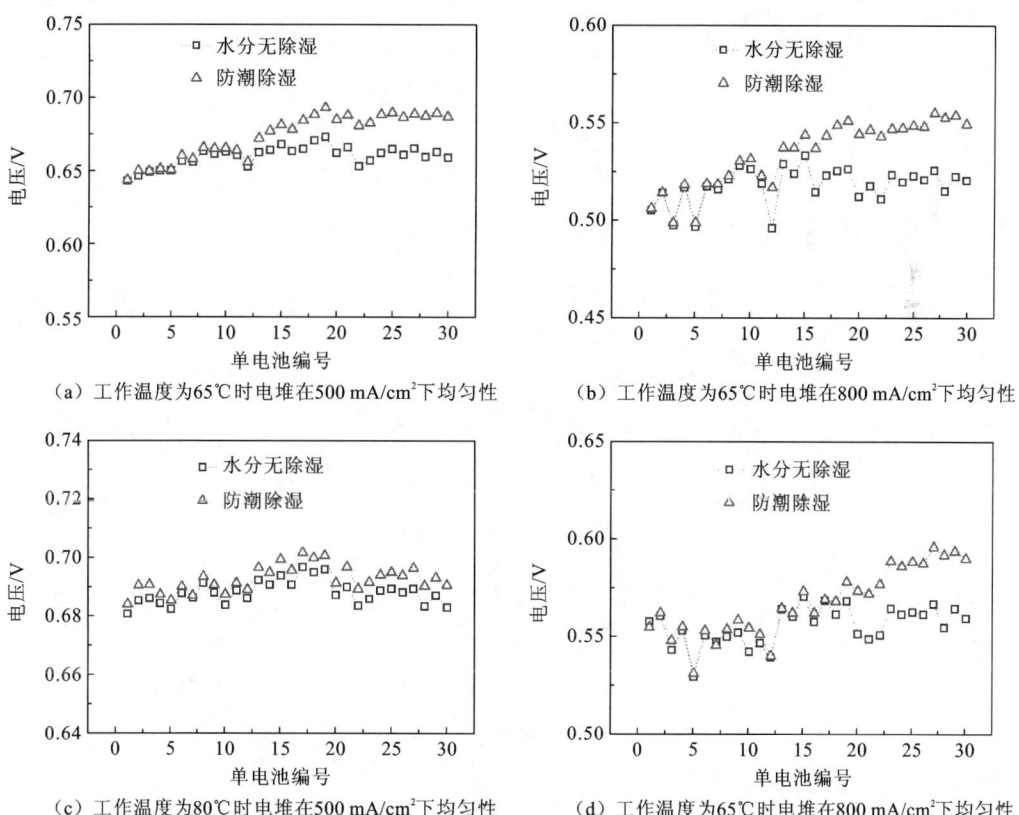

图 4-4 燃料电池电堆尾气冷凝除湿后不同温度下均匀性

由于传质距离不同,根据式(4-1),缩短传质距离,可以增加水蒸气扩散通量,即可以加快水蒸气转移到换热器的速率。靠近阴极出口的单片电池传质距离较近,因此液态水转移的比阴极进口的单片电池多,水淹区域大幅减少,其电压提高较为明显。80℃时水蒸气饱和压力比65℃高,气体水蒸气的容纳能力增加,更多的水分以气相的形式存在而较少部分以液相的形式存在,电堆内部"水淹"的程度减轻,经过尾气冷凝后从电堆转移到换热器的水较65℃少,因此电压增长的幅度小于65℃时。随着电流密度增加反应生成的水逐渐增多,水蒸气达到饱和后析出液态水的量增多,电堆内部水淹程度加重,经过尾气冷凝后水淹程度得到大大缓解,因此电压提升较为明显。80℃时电堆内部水蒸气体积浓度大于65℃时电堆内部水蒸气体积浓度,在传质距离不变的情况下浓度梯度得到提高,从而加速水蒸气的传递和液态水的蒸发以及水淹得到缓解。

本实验将阴极尾气通入换热器,通过启动冷却风扇强行将尾气冷却至低温,强制电堆与换热器间形成高的水蒸气浓度差,从而加速电堆内部液态水的转移。图4-5(a)和(b)分别为电堆工作温度65℃,阴极入口空气相对湿度80%,常压时尾气冷凝和不冷凝时电堆和换热器出口的温度曲线,经过尾气冷凝后电堆与换热器出口的尾气温差将近40℃,且换热器出口温度与室温接近。

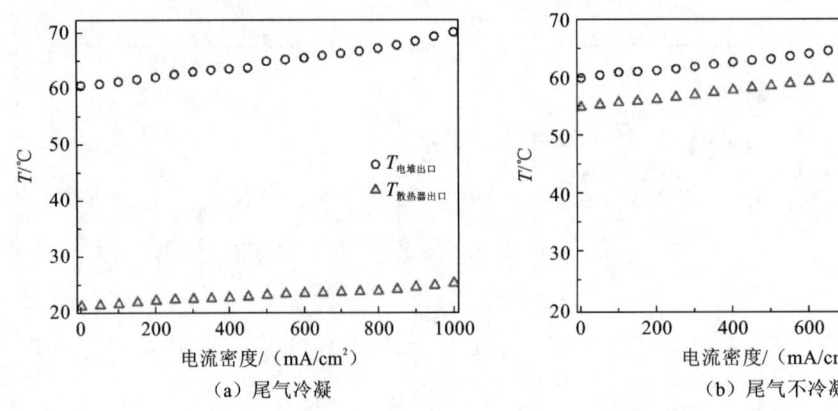

图4-5 电堆和换热器出口的温度曲线

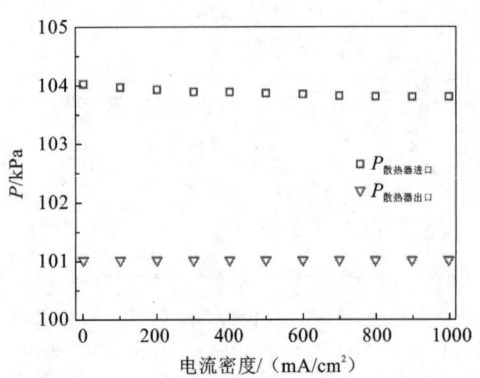

图4-6 换热器进出口压力曲线

而冷却风扇未启动时电堆与换热器出口的尾气温差仅有5℃。提高电堆与换热器出口的尾气温差可以提高电堆与换热器间的水蒸气浓度梯度,根据菲克定律,其可以加速电堆内的水蒸气转移到换热器并冷凝成液体,这进一步证实了尾气冷凝能有效缓解电堆内部水淹的可行性。在同一操作条件下换热器的压力损失为3kPa左右(图4-6),相对电堆的阴极压力损失小得多。冷却风扇的工作电压和电流分别为12 V和6 A,其消耗的功率仅有72 W,占电堆额定功率的 2.4%，远小于尾气冷凝对电堆性能提升的百分比。这进一步证实了通过换热器冷凝阴极尾气来缓解电堆内部"水淹"有效可行。

4.1.4 阴极相对湿度对燃料电池性能的影响

图 4-7 表示在操作条件为电堆工作温度 65℃，空气入口相对湿度分别为 50% 和 80% 时阴极尾气冷凝对极化曲线以及功率曲线的影响。从图中可以看出在阴极相对湿度 80% 时，经过尾气冷凝后整个加载电流范围内电池性能均得到提升，然而阴极相对湿度 50%，电流密度小于 400 mA/cm² 时，经过尾气冷凝后电堆的性能反而变差。电流密度从 0 到 400 mA/cm² 时电堆性能衰减的幅度先增加后减小，逐步接近尾气未冷却的性能；随着电流密度进一步增加，尾气冷凝后电池性能逐渐超越尾气未冷凝时的性能，且差距逐渐拉大。高电流密度时尾气冷凝后电堆性能得到提升。

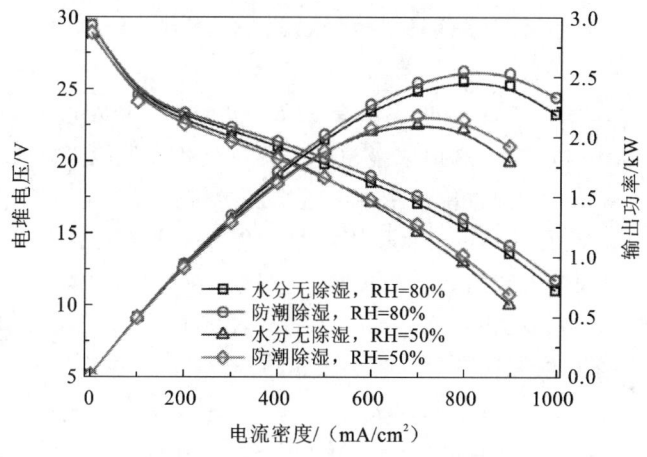

图 4-7　不同阴极气体相对湿度下电堆性能曲线

在阴极相对湿度为 50% 低电流密度时，反应产生的水较少，电堆内气体水蒸气未达到饱和，水分以气相的形式存在，尾气冷凝将电堆内部水蒸气传输到换热器进行热交换，而电堆内部没有足够的液态水蒸发以弥补水蒸气的流失，造成电池内部水分不足，加速膜脱水，增加质子传导阻力，电堆性能反而变差。随着电流密度增加，产生的水分增多，膜电极得到充分润湿甚至引起水淹，这时通过尾气冷凝可以排除电池内部多余的水分，缓解水淹进而提高电池性能。

阴极气体相对湿度 50%，电堆工作温度 65℃ 时阴极尾气冷凝对单片电压影响如图 4-8 所示，在低电流密度 300 mA/cm² 时，尾气冷凝后电堆每一个单片的电压均下降 10 mV 左右，这主要是尾气冷凝加速膜脱水引起的，因此在低湿度低电流密度时不需要进行尾气冷凝。尽管阴极反应气体湿度较低，但在电流密度增加至 800 mA/cm² 时，通过尾气冷凝仍可以提高电堆单片电压，特别是靠近阴极出口的单片，这主要得益于尾气冷凝将导致水淹的液态水排除。

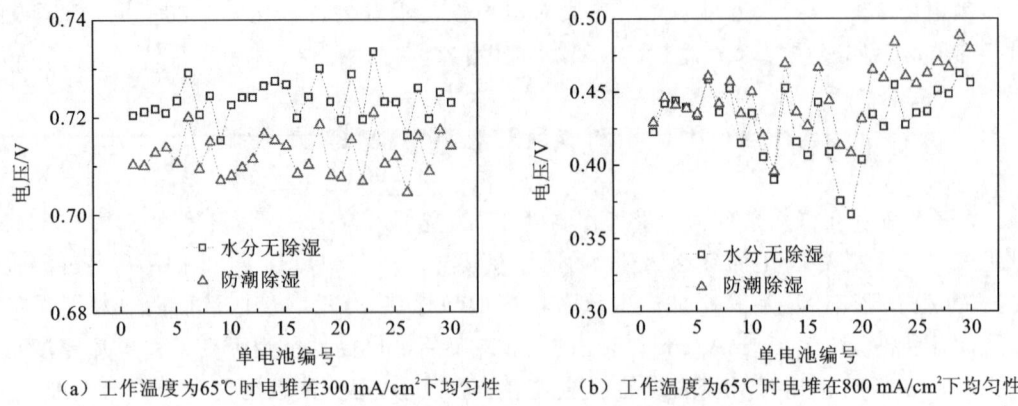

图 4-8 燃料电池堆阴极湿度 50% 电堆单片性能

4.1.5 操作压力对燃料电池性能的影响

图 4-9 表示在操作条件为电堆工作温度 65℃,空气入口相对湿度为 80%,电堆的工作压力分别为 100 kPa 和 160 kPa 时阴极尾气冷凝对极化曲线以及功率曲线的影响。提高电池工作电压至 160 kPa,经过尾气冷凝后电堆性能得到提高,且随着电流密度增加性能提高的幅度逐渐增大,在同一电流密度下电堆性能提升的幅度比常压时大。电堆工作压力为 160 kPa,经过尾气冷凝后,500 mA/cm² 和 1000 mA/cm² 电堆性能分别提高 2.5% 和 12.9%,而常压时 500 mA/cm² 和 1000 mA/cm² 电堆性能分别提高 2.1% 和 6.6%。从而可知,提高电堆工作压力尾气冷凝对电堆性能的提升更大,尤其是在高电流密度下。

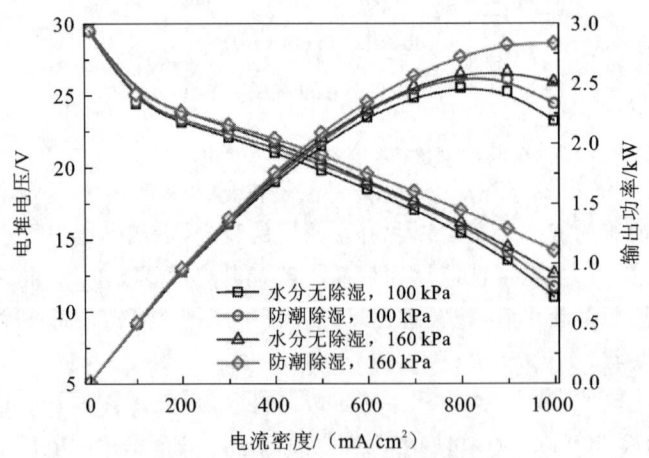

图 4-9 不同操作压力电堆性能曲线

水蒸气的饱和压力是温度的函数,增加电堆工作压力不仅增加了反应气体压力,改善传质,提高电堆性能,水蒸气分压也随之增加,水蒸气更容易达到饱和压力从而凝结成液态水。在同一电流密度下,提高电堆工作压力会产生更多液态水,电池内部"水淹"程度加剧,通过尾气冷凝后可以将电堆内多余液态水排除,因此电堆性能提升的幅度更大。

图 4-10 表示在操作条件为电堆工作温度 65℃,空气入口相对湿度为 80%,电堆的工作压力 160 kPa 时阴极尾气冷凝对电堆单片电压的影响。提高电堆工作压力单片电压均有提升,与常压不同,经过尾气冷凝后靠近阴极出口的单片电压提升得较少,特别是在高电流密度下单片电压基本没有变化,而远离阴极出口的单片电压提升得较为明显。这是由于提高工作压力水蒸气更容易达到饱和而析出液态水,电堆内部液态水增多随尾气流动方向积累在阴极出口附近,从而造成阴极出口附近水淹得不到有效改善。

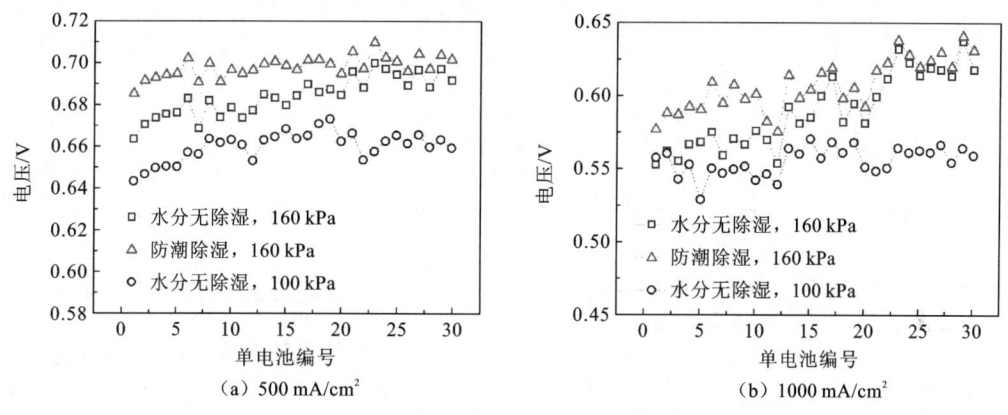

图 4-10　不同电堆工作压力下电池单片电压

4.1.6　尾气冷凝除湿对电池运行稳定性的影响

前文证实了尾气冷凝除湿可以有效缓解电堆内部水淹,尤其是在高电流密度电堆内部水淹严重的情况下对电堆性能提升作用更大。然而在实际应用中,对电堆性能提升持续稳定是另一个关键因素。为此需要考察尾气冷凝除湿对电堆运行稳定性的影响。图 4-11 为电堆工作温度 65℃,空气入口相对湿度为 80%,常压时尾气冷凝随电堆运行稳定性的影响。图 4-12 为电堆工作温度 80℃,空气入口相对湿度为 80%,常压时尾气冷凝随电堆运行稳定性的影响。在运行过程中阴极尾气未经过冷凝时平均电压随时间慢慢下降,特别是在高电流密度下电压下降得更快,还伴随着电压波动。在 65℃ 电流密度分别为 500 mA/cm² 和 1000 mA/cm² 时,尾气未经过冷凝电堆运行 10 min 平均衰减约 10 mV 和 15 mV,阴极尾气经过冷凝后在 500 mA/cm² 和 1000 mA/cm² 电堆运行 10 min 平均衰减约 5 mV 和 3 mV。在 80℃ 电流密度分别为 500 mA/cm² 和 1000 mA/cm² 时,尾气未经过冷凝电堆运行 10 min 平均衰减约 7 mV 和 10 mV,阴极尾气经过冷凝后在 500 mA/cm² 电堆运行 10 min 平均衰减约 3 mV,而 1000 mA/cm² 时平均电压并没有衰减反而有所增长。

提高电堆工作温度,电堆运行稳定性增加,这是由于电堆内饱和蒸汽压随之增加,反应气体容纳水蒸气的能力更强,更多的水以水蒸气的形式出现而液态水变少,电堆内水淹

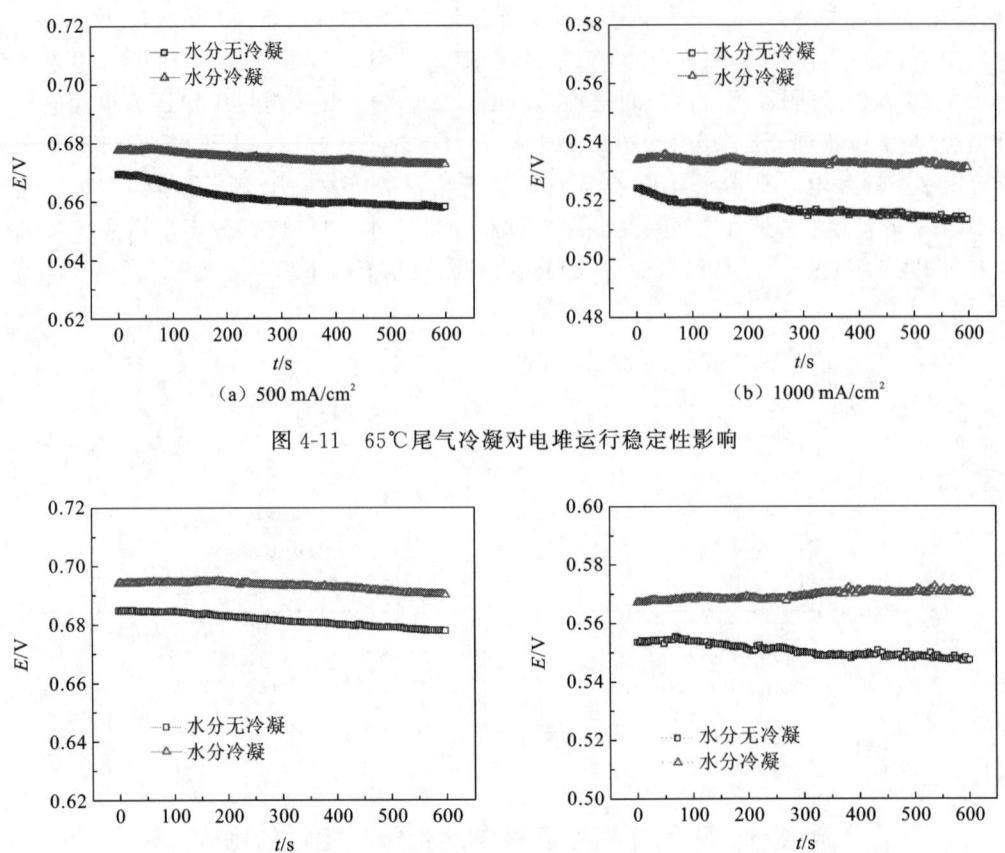

图 4-11 65℃尾气冷凝对电堆运行稳定性影响

图 4-12 80℃尾气冷凝对电堆运行稳定性影响

程度减轻所以其运行稳定性好。在不同电流工作温度以及电流密度下尾气冷凝均能提高电堆运行的稳定性,这是由于通过尾气冷凝将电堆内部多余的液态水转移到外部,有效缓解了电堆内部水淹,因而电堆运行稳定性得到改善。

与入口气体加湿不同,通过在 3 kW 燃料电池电堆阴极尾气出口设置普通的换热器对阴极尾气冷凝除湿,改变不同的操作条件,系统地研究尾气冷凝除湿对电堆性能的影响。通过除湿将电堆内部液态水排除的能力主要由传质距离以及电堆出口水蒸气体积浓度决定。在合理的气体加湿条件下,提高电堆工作温度经尾气冷凝除湿后电堆的性能提升得更快;若气体加湿度过低,经尾气冷凝除湿后会使膜脱水加剧电堆性能的衰减,尤其是在低加湿低电流密度下。

常压下,靠近阴极出口的单片因其传质距离小,通过阴极尾气除湿后其内部的液态水得到排出从而电压提升,而远离阴极出口的单片电压提升较小。而提高电堆工作压力后情况有所不同,远离阴极出口的单片电压提升得较为明显,靠近阴极出口的单片电压提升得较小。这是因为提高电堆工作压力电堆内部析出的液态水速率加快,导致阴极出口水淹。在各操作条件下,尾气冷凝有利于提高电堆运行的稳定性,通过尾气冷凝除湿缓解电堆内部"水淹"来提高电堆性能的方法不仅有效可行而且简便可靠。

4.2 尾气冷凝自增湿对燃料电池性能的影响

质子交换膜燃料电池的运行温度低于100℃,在电池运行中,水蒸气会冷凝为液态水。过量液态水在保持质子交换膜处于良好水和状态的同时也会导致气体流道的堵塞。为使电池处于最佳工作状态,必须防止电池内液态水的聚集[4]。对燃料电池尾气的冷凝,可使电池内的液态水在反应热的作用下不断蒸发成气态水蒸气,达到电池内水向冷凝器冷凝的目的,使水排出电池堆,减轻液态水覆盖电极的概率,提高电池输出性能。同时,对尾气冷凝回收的液态水,可对进口反应气体进行加湿,实现电池无外加湿水的自增湿。

为满足电池排水与反应气体加湿所需液态水的要求,本部分研究对质子交换膜燃料电池尾气冷凝,分析燃料电池堆尾气冷凝对电池运行性能的影响,收集冷凝液态水对进口气体加湿,使冷凝回收液态水满足电池无外加湿的自增湿条件,同时对尾气冷凝回收水自加湿运行中的冷凝器进出口气液两相流体的热物性进行分析,得出质子交换膜燃料电池不同的工作参数对尾气冷凝自加湿时冷凝器散热能力的影响。

4.2.1 燃料电池尾气冷凝系统设计

实验采用84片燃料电池堆,电池堆中单电池活性面积为200 cm^2,膜电极组件由武汉理工新能源公司提供,其中采用Tory公司提供碳纸,厚度为2×10^{-4} m,Nafion 211质子交换膜,厚度为2.5×10^{-5} m,阴阳极催化层铂载量均为0.4 mg/cm^2。流场板为石墨板,由上海虹枫公司提供,阴阳极流场均为平行直流道,具体参数如表4-2所示。

表4-2 电堆参数

参数	数值
活性面积/m^2	2.0×10^{-2}
流道深度/m	1.0×10^{-3}
流道宽度/m	1.0×10^{-3}
岸宽/m	1.0×10^{-3}
扩散层厚度/m	2.5×10^{-4}
膜厚度/m	1.2×10^{-5}
催化层厚度/m	1.2×10^{-5}

实验测试平台为加拿大Greenlight公司的FCATS G500燃料电池测试系统。尾气与冷凝连接,冷凝器散热面积为7.1 m^2,测试条件如表4-3所示。

表 4-3 测试条件

反应气体	氢气/空气
气体流量/(L/min)	氢气/空气=150/500
进气温度/K	氢气/空气=343/343
环境温度/K	280

4.2.2 尾气冷凝对电池性能的影响

图 4-13 为电池堆电压分布示意图，从图中可以看出，当电池反应气体完全加湿，工作电流密度为 500 mA/cm² 时，电堆内最低电压为 0.650 V，该单电池位于电池气体进口端。由于冷却水水温低于进口气体温度，反应气体中水蒸气冷凝形成液态水进入电池，导致邻近进口单电池流道堵塞，因此电池性能低下。当进口空气加湿度为 60% 时，电池内电压一致性明显提高。当氢气不加湿时，电池内电压波动幅度最大，这是因为氢气不加湿时，阴极内液态水由于浓度梯度的作用向阳极扩散，导致单电池膜的湿度不均，因此单电池性能波动最大。尽管当反应气体加湿度不同时单电池电压变得不均匀，但是，电池内平均电压及功率变化不大，分别为 0.700 V 与 5.92 kW。

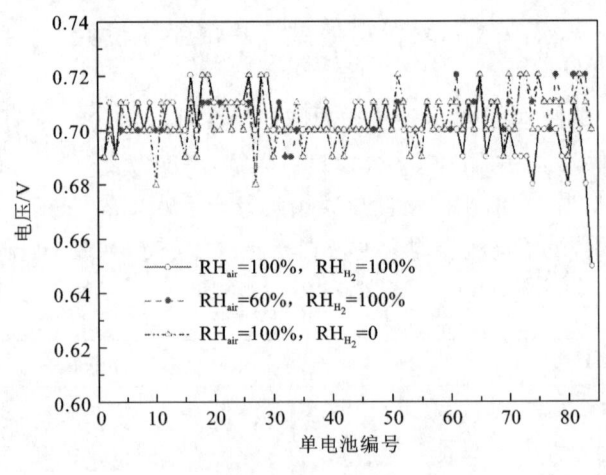

图 4-13 电池电压分布

图 4-14 为不同电池温度下，燃料电池尾气直接排空与尾气冷凝电池性能对比曲线。实验中，对进口气体加湿有利于膜的水和作用，促进电池内部电化学反应，提高电池的性能。但是，当进口气体充分润湿或者电池在大电流密度下运行生成大量水时，电池运行的稳定性及输出功率会受到电池排水性能的影响。若电池向外排水不畅，则会造成电池内局部发生膜电极的水淹，严重时会引起反极，对电池造成不可逆损害。反应气体加湿是将液态水转为气态水，使反应气体润湿。电池尾部的冷凝是将电池的尾部出口与冷凝器连接，利用冷凝器，除去尾气中的湿蒸汽，即在冷凝器内将气态水转变为液态水，在电池堆尾

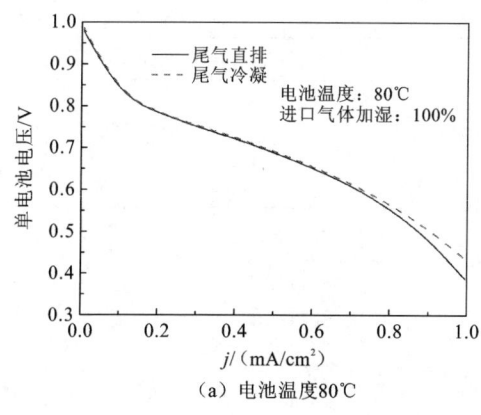 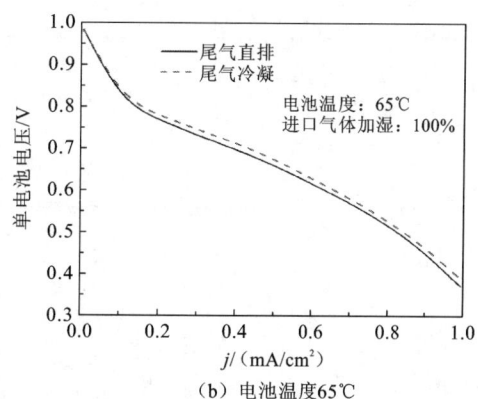

(a) 电池温度80℃　　　　　　　　(b) 电池温度65℃

图 4-14　燃料电池尾气冷凝后电池性能曲线

部,液态水转变为气态水。促进了电池内液态水向外的排出,使电池性能提高。从图中可以得出,在不同运行温度下,燃料电池尾气冷凝运行输出性能均高于尾气直接排出电池时的性能。当电池温度为 80℃,工作电流密度为 600 mA/cm² 时,电池平均电压在尾气冷凝后提升了 0.61%;电池温度为 65℃ 时,电池平均电压提升了 1.94%。其原因为,电池堆内部液态水与气态水存在如下平衡:

$$H_2O(l) \rightleftharpoons H_2O(g) \tag{4-16}$$

电池尾部出口与冷凝器连接后,使冷凝器内部的水蒸气冷凝成液体析出,在冷凝器内形成液态水的"汇",电池内部的液态水不断蒸发成气态水蒸气向冷凝器内以此速率移动,从而避免了电池内的液态水聚集,减小了水覆盖膜电极的面积和概率。

4.2.3　燃料电池尾气冷凝回收水量

表 4-4 为电池堆尾气冷凝时,冷凝器风扇不同工作状态组合表,在此组合下,图 4-15 为冷凝器回收水量随时间变化示意图。从图中可以得出,回收水量随着时间的变化几乎呈线性增长。当氢气与空气完全加湿时,收集液态水量为 0.435×10^{-3} kg/s,在此种加湿条件下,若冷凝器风扇开启数量为 1 时,冷凝水量增加为 2.838×10^{-3} kg/s。同时,当冷凝器风扇都开启时,冷凝器冷凝水量为 2.850×10^{-3} kg/s。从表 4-5 中可以看出,由于开启风扇数量不同,案例 3 中冷凝器出口温度高于案例 4 冷凝器出口温度,这表明,冷凝回收水量主要依靠气体温度的下降得到,冷凝回收水量随着气体温度的下降而减少。

表 4-4　冷凝风扇组合方式

案例	风扇/s	$RH_{air}/\%$	$RH_{H_2}/\%$
案例 1	—	100	100
案例 2	—	100	0
案例 3	1	100	100

续表

案例	风扇/s	RH_{air}/%	RH_{H_2}/%
案例4	2	100	100
案例5	2	60	100
案例6	2	100	0

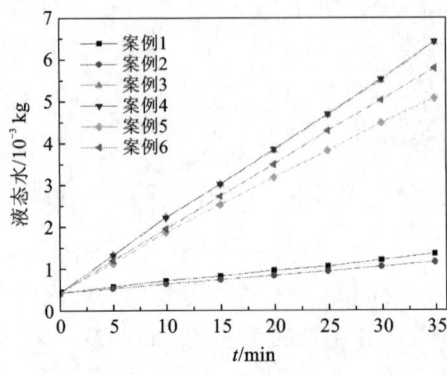

图 4-15 回收水量

表 4-5 不同冷却条件下回收的水量

案例	空气加湿水量/(mL/min)	反应生成水量/(mL/min)	氢气加湿水量/(mL/min)	冷凝回收水量/(mL/min)
案例1	143.8	47.1	42.4	26.1
案例2	145.8	47.4	0	20.9
案例3	146.3	47.3	42.4	169.7
案例4	145.8	47.2	42.4	171.0
案例5	79.6	47.6	43.0	134
案例6	146.7	47.5	0	154.6

燃料电池运行时,电池堆入口空气质量流量为

$$\dot{m}_a = \frac{n\lambda I}{0.21\times 4\times F}M_{air} = 1.19\lambda \frac{nI}{F}M_{air} \quad (4\text{-}17)$$

入口加湿水的质量流量为

$$\dot{m}_{w,add} = \frac{M_{H_2O}}{M_{air}}\frac{p_{in,H_2O}}{p_{in}-p_{in,H_2O}}\dot{m}_a = \frac{n\lambda I}{0.21\times 4\times F}\cdot \frac{RH\cdot p_{sat}(T_{in})}{p_{in}-RH\cdot p_{sat}(T_{in})}M_{H_2O} \quad (4\text{-}18)$$

$$= 1.19\lambda\varphi\frac{nI}{F}M_{H_2O}$$

其中: $\varphi = \frac{RH\cdot p_{sat}(T_{in})}{p_{in}-RH\cdot p_{sat}(T_{in})}$; I 为燃料电池堆的工作电流; n 为燃料电池堆中单电池个数; T_{in} 为电堆进气温度; RH 为入口气体加湿度; λ 为过量系数; p_{in} 为入口压力。

饱和蒸汽压 p_{sat} 与温度关系可表示为

$$\lg p_{sat} = -2.1794 + 2.953 \times 10^{-2}(T-273) - 9.1837 \times 10^{-5}(T-273)^2 \\ + 1.4454 \times 10^{-7}(T-273)^3 \quad (4-19)$$

图 4-16 为电池堆理论加湿水量与实验收集水量对比示意图。其中,理论数据为满足电池进口气体完全加湿时,冷凝器出口饱和温度值。从图中可以看出,案例 1 与案例 2 冷凝器出口温度大于理论饱和温度,即此时电堆出口尾气冷凝不充分,不能满足电池进口气体完全加湿的要求。当出口气体温度小于此温度时,如案例 3~案例 6 所示,冷凝回收水量可以满足电池进口气体加湿要求,这点与表 4-5 中回收水量一致,同时案例 3~案例 6 实验尾气温度小于理论温度,说明此时尾气可以分离足够液态水,用来供给电池进口气体加湿。

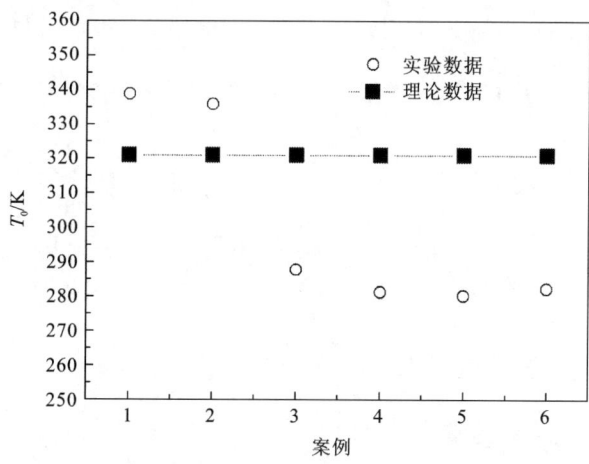

图 4-16　尾气冷凝回收水量($I=100$ A,$T_{in}=343$ K)

4.2.4　尾气冷凝自增湿散热特性分析

不考虑环境温度下进气中的加湿量以及电池反应过程中通过膜的"渗透"水量,电堆出口处水蒸气的分压可表示为

$$p_{o,H_2O} = \frac{(0.42+\varphi\lambda)}{(1+\varphi)\lambda+0.21}p_o \quad (4-20)$$

电化学反应生成水的速率为

$$\dot{m}_{w,re} = \frac{nI}{2F}M_{H_2O} \quad (4-21)$$

电堆出口水的质量流量为

$$\dot{m}_w = \dot{m}_{w,re} + \dot{m}_{w,add} = [1.19\lambda\varphi + 0.5]\frac{nI}{F}M_{H_2O} \quad (4-22)$$

(1) 当电堆出口尾气中水蒸气的分压未达到其饱和压力时,其尾气的组成为:未参与反应的过余气体以及非饱和水蒸气。其中,未参与反应的过余气体质量流量可表示为

$$\dot{m}_{\mathrm{re},0} = 1.19\lambda \frac{nI}{F} M_{\mathrm{air}} - \frac{nI}{4F} M_{\mathrm{O_2}} \tag{4-23}$$

非饱和水蒸气的质量流量可表示为

$$\dot{m}_{\mathrm{w},0} = \dot{m}_{\mathrm{w}} = [1.19\lambda\varphi + 0.5]\frac{nI}{F} M_{\mathrm{H_2O}} \tag{4-24}$$

(2) 当电堆出口尾气中水蒸气的分压已达到其饱和压力时,其尾气的组成为:电堆内析出的液态水、未参与反应的过余气体以及水蒸气。

电堆出口气态水流量为

$$\dot{m}_{0,\mathrm{H_2O}} = (1.19\lambda - 0.25)\frac{p_{\mathrm{sat},0}}{p_0 - p_{\mathrm{sat},0}}\frac{nI}{F} M_{\mathrm{H_2O}} \tag{4-25}$$

电堆出口中直接析出的液态水为

$$\dot{m}_{\mathrm{w}\to 0,\mathrm{H_2O}} = \left[1.19\lambda\varphi + 0.5 - (1.19\lambda - 0.25)\frac{p_{\mathrm{sat},0}}{p_0 - p_{\mathrm{sat},0}}\right]\frac{nI}{F} M_{\mathrm{H_2O}} \tag{4-26}$$

冷凝器出口非水组分由未反应的氧气和氮气组成,其中氧气和氮气的质量流量可分别表示为

$$\dot{m}_{\mathrm{O_2}} = \frac{nI}{4F}(\lambda - 1)M_{\mathrm{O_2}}, \quad \dot{m}_{\mathrm{N_2}} = \frac{nI}{4F}\frac{0.79}{0.21}\lambda M_{\mathrm{N_2}} = \frac{3.762nI}{4F}\lambda M_{\mathrm{N_2}} \tag{4-27}$$

当电堆出口水蒸气分压达到饱和压力时,气体经过冷凝器后温度变为 T_2,冷凝器出口水蒸气的摩尔流量可表示为

$$\frac{n_{2,\mathrm{H_2O}}}{p_{\mathrm{sat},2}} = \frac{\dfrac{n\lambda I}{0.21\times 4\times F} - \dfrac{nI}{4F}}{p_2 - p_{\mathrm{sat},2}} \tag{4-28}$$

则冷凝器出口水蒸气的质量流量可表示为

$$\dot{m}_{2,\mathrm{H_2O}} = (1.19\lambda - 0.25)\frac{p_{\mathrm{sat},2}}{p_0 - p_{\mathrm{sat},2}}\frac{nI}{F} M_{\mathrm{H_2O}} \tag{4-29}$$

冷凝过程进一步析出的液态水可表示为

$$\dot{m}_{0\to 2,\mathrm{H_2O}} = \dot{m}_{0,\mathrm{H_2O}} - \dot{m}_{2,\mathrm{H_2O}} = (1.19\lambda - 0.25)\left(\frac{p_{\mathrm{sat},0}}{p_0 - p_{\mathrm{sat},0}} - \frac{p_{\mathrm{sat},2}}{p_2 - p_{\mathrm{sat},2}}\right)\frac{nI}{F} M_{\mathrm{H_2O}} \tag{4-30}$$

因此,若电堆出口气体为饱和气体时,反应气体经过冷凝器后总的分离水量如式(4-31)所示:

$$\begin{aligned}\dot{m}_{\mathrm{total},\mathrm{H_2O}} &= \dot{m}_{\mathrm{w}\to 0,\mathrm{H_2O}} + \dot{m}_{0\to 2,\mathrm{H_2O}} \\ &= \left[1.19\lambda\varphi + 0.5 - (1.19\lambda - 0.25)\frac{p_{\mathrm{sat},2}}{p_2 - p_{\mathrm{sat},2}}\right]\frac{nI}{F} M_{\mathrm{H_2O}}\end{aligned} \tag{4-31}$$

若电堆出口气体水蒸气分压未达到饱和压力,则电堆尾气首先在冷凝器的冷凝下,分压降到饱和点,然后沿饱和线进一步下降并在出口处达到 T_2。其分离的液态流量可类似表示为

$$\begin{aligned}\dot{m}_{\mathrm{total},\mathrm{H_2O}} &= \dot{m}_{\mathrm{w}} - (1.19\lambda - 0.25)\frac{p_{\mathrm{sat},2}}{p_2 - p_{\mathrm{sat},2}}\frac{nI}{F} M_{\mathrm{H_2O}} \\ &= \left[1.19\lambda\varphi + 0.5 - (1.19\lambda - 0.25)\frac{p_{\mathrm{sat},2}}{p_2 - p_{\mathrm{sat},2}}\right]\frac{nI}{F} M_{\mathrm{H_2O}}\end{aligned} \tag{4-32}$$

质子交换膜燃料电池的尾气冷凝可提高电池堆的性能,同时利用冷凝回收液态水可实现电池的自加湿运行,因此需要对冷凝器散热特性进行分析。

由文献[5]可得,当电池堆尾气中水蒸分压达到饱和压力,水蒸气冷凝过程中水的相变潜热可视为定值,则冷凝器的散热量可表示为

$$q = \dot{m}_{w \to 0, H_2O} c_{p, H_2O}(T_0 - T_2) + \dot{m}_{0 \to 2, H_2O} L_{fg} + \dot{m}_{O_2} c_{p, O_2}(T_0 - T_2) \\ + \dot{m}_{N_2} c_{p, N_2}(T_0 - T_2) + \dot{m}_{2, H_2O} c_{p, H_2O}(T_0 - T_2) \quad (4\text{-}33)$$

其中:右边第一项为电池堆尾气中析出的液态水在冷凝中的散热量;第二项为液态水的相变潜热;第三项、第四项分别为非水组分中氧气和氮气的散热量,第五项为冷凝器出口中残留的水蒸气在冷凝过程中的散热量。c_{p, H_2O}、c_{p, O_2}、c_{p, N_2}、c_{p, H_2O} 分别为液态水、氧气、氮气以及水蒸气的比热容,L_{fg} 为水的相变潜热。将各项代入得

$$q = \left[1.19\lambda\varphi + 0.5 - (1.19\lambda - 0.25) \frac{p_{sat}(T_0)}{p_0 - p_{sat}(T_0)} \right] \frac{nI}{F} M_{H_2O} c_{p, H_2O}(T_0 - T_2) \\ + (1.19\lambda - 0.25) \left(\frac{p_{sat}(T_0)}{p_0 - p_{sat}(T_0)} - \frac{p_{sat}(T_2)}{p_2 - p_{sat}(T_2)} \right) \frac{nI}{F} M_{H_2O} L_{fg} \\ + \frac{0.25 nI}{F}(\lambda - 1) M_{O_2} c_{p, O_2}(T_0 - T_2) + \frac{0.94 nI}{F} \lambda M_{N_2} c_{p, N_2}(T_0 - T_2) \\ + (1.19\lambda - 0.25) \frac{p_{sat}(T_2)}{p_2 - p_{sat}(T_2)} \frac{nI}{F} M_{H_2O} c_{p, H_2O}(T_0 - T_2) \quad (4\text{-}34)$$

其中:$\dot{m}$ 为质量流量;M_x 为分子量;x 为组分;F 为法拉第常量;T_{in} 为电池堆进气温度;RH 为入口气体加湿度;λ 为过量系数;p_{sat} 为饱和蒸汽压。

当电池堆出口水蒸气分压小于其饱和压力时,水蒸气在冷凝器内先降温到饱和温度 T_1,然后再沿饱和线下降并在出口处达到 T_2,则此过程的主要散热量为

$$q = \dot{m}_w c_{p, H_2O}(T_0 - T_1) + \dot{m}_{O_2} c_{p, O_2}(T_0 - T_1) + \dot{m}_{N_2} c_{p, N_2}(T_0 - T_1) + \dot{m}_{1 \to 2, H_2O} L_{fg} \\ + \dot{m}_{O_2} c_{p, O_2}(T_1 - T_2) + \dot{m}_{N_2} c_{p, N_2}(T_1 - T_2) + \dot{m}_{2, H_2O} c_{p, H_2O}(T_1 - T_2)$$

即

$$q = \dot{m}_{1 \to 2, H_2O} c_{p, H_2O}(T_0 - T_1) + \dot{m}_{1 \to 2, H_2O} L_{fg} + \dot{m}_{O_2} c_{p, O_2}(T_0 - T_2) \\ + \dot{m}_{N_2} c_{p, N_2}(T_0 - T_2) + \dot{m}_{2, H_2O} c_{p, H_2O}(T_0 - T_2) \quad (4\text{-}35)$$

电池堆的运行参数和组分的物性参数如表 4-6 和表 4-7 所示。由表 4-6 和表 4-7 可得,式(4-35)中,水蒸气的比定压热容 c_{p, H_2O} 数量级为 10^3,水的相变潜热 L_{fg} 数量级为 10^6,根据量级分析,水蒸气的比热容数值上远远小于其相变潜热,又由于燃料电池堆尾气降温幅度 $\Delta T = T_0 - T_1$ 较小,因此式(4-35)右边第一项相对于第二项可以忽略不计。在相同的工作温度(电池堆出口温度),过量系数以及出口压力(一般为常压)下,自冷凝回收的散热器出口温度相同[6]。因此,相比于式(4-35),由于式(4-34)中冷凝水的质量流量较小,因此其总的散热量也小,所以在对尾气进行自冷凝回收液态水时冷凝器的散热能力可用式(4-35)来表示。

图 4-17 给出了电池堆工作温度为 65℃时,冷凝器中各组分流量与相变液态水流量之比。从图中可以看出,各组分流量与相变液态水流量的比值均随过量系数的增加而减小。

表 4-6　电池堆运行参数表

变量	数值
冷凝器出口压力(p_2)/Pa	1×10^5
电池堆出口温度(T_0)/℃	65
电池堆进口温度(T_{in})/℃	65
电池堆进口压力(p_{in})/Pa	1.5×10^5
电池堆进口加湿度(RH)/%	100

表 4-7　65℃时各组分的物性参数[12]

变量	数值
水蒸气比定压热容(c_{p,H_2O})/[J/(kg·K)]	1.9×10^3
氧气比定压热容(c_{p,O_2})/[J/(kg·K)]	0.92×10^3
氮气比定压热容(c_{p,N_2})/[J/(kg·K)]	1.04×10^3
水的相变潜热(L_{fg})/[J/(kg·K)]	2.34×10^6
法拉第常量(F)/(C/mol)	96485

特别是在低过量系数时,电池堆尾气残留的非水组分气体的流量远大于需冷凝回收的液态水量。电池堆尾气出口直接析出的液态水量随过量系数的增大而减小,并且减少到零,说明此时电池堆尾气无液态水生成。

图 4-18 给出了冷凝器中各组分散热量与液态水相变潜热之比。可以看出,电池堆出口析出的液态水以及冷凝器出口残留水蒸气在冷凝过程中的散热量与液态水相变潜热的比值都随过量系数的增大而减小,且在过量系数为 2 时,其比值都不超过 2%,因此与水的相变潜热相比,它们可忽略不计[8-10]。非水组分散热量与液态水相变潜热的比值虽然随过量系数的增大而增大,但当过量系数为 4 时,其比值在 6% 左右,考虑到电池堆的实际运行状况,该部分的散热量也可忽略不计,此时,冷凝器主要散热量可用液态水的相变潜热表示[11]。

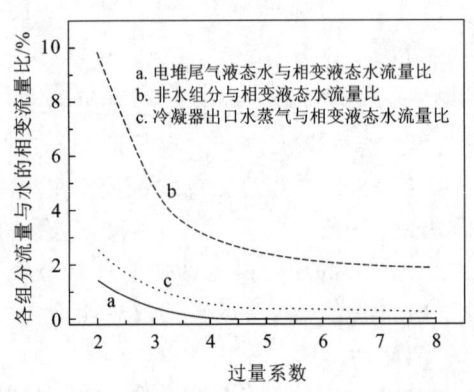

图 4-17　燃料电池尾气冷凝后各组分流量比

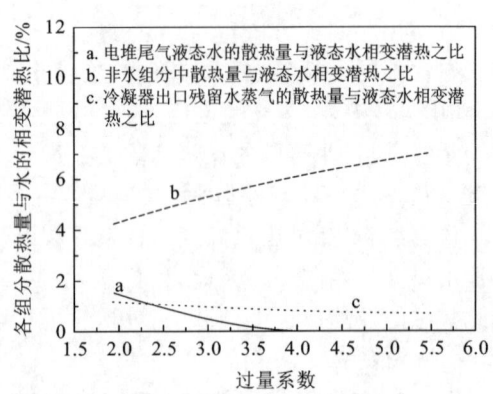

图 4-18　冷凝器各组分的散热量之比

电堆满足自加湿的条件为回收的水量要大于加湿水量，即：

$$\left[1.19\lambda\varphi+0.5-(1.19\lambda-0.25)\frac{p_{sat,2}}{p_2-p_{sat,2}}\right]\frac{nI}{F}M_{H_2O} \geqslant 1.19\lambda\varphi\frac{nI}{F} \cdot M_{H_2O} \quad (4-36)$$

化简得

$$1 \leqslant \left[\frac{0.5}{1.19\lambda+0.25}\right] \cdot \left[\frac{p_2}{p_{sat,2}}\right]$$

上式在临界条件下取等号，即当冷凝器出口为大气压时，出口饱和蒸汽压的临界值为[13]

$$p_{sat,2} = \frac{0.5 \times 10^5}{1.19\lambda+0.25} \quad (Pa) \quad (4-37)$$

则在满足电池自加湿临界条件时，式(4-34)冷凝器的散热量可表示为[14]

$$q = (1.19\lambda-0.25)\left[\frac{p_{sat}(T_0)}{p_0-p_{sat}(T_0)} - \frac{1}{2.38\lambda-0.5}\right]\frac{nI}{F}M_{H_2O}L_{fg} \quad (4-38)$$

图 4-19 为 65℃时 100 片电池堆在 300 A 工况下运行，不同的电池堆出口压力(工作压力)对冷凝器散热量的影响。从图中可知，冷凝器的散热量随电池堆出口压力的增大而减小，反应气体过量系数越大，冷凝器散热量越大。这是因为，随着电池堆出口压力的升高，电池堆出口的液态水含量将增加[3]，此时冷凝器需要分离的液态水量将减少，因此所需的散热量也随之减小；过量系数越大，则进口加湿水量越大，冷凝器需要分离的液态水越多，所以散热量也越大。增大电池堆的出口压力，电池堆内液态水的含量也随之增加，此时电池堆必须具有良好的排水能力，否则，可能引起"水淹"，降低电池堆的工作性能[15]。

图 4-20 为不同电池堆运行温度对冷凝器散热量的影响。可以看出，冷凝器散热量随电池堆温度的上升而增大。这是由于随着电池堆温度的上升，水的饱和蒸汽压也随之升高，电池堆尾气里所含的液态水量减少，冷凝器需要分离的液态水量增大，因此散热量也增大；同时，电池温度升高，尾气温度随之上升，为使冷凝水量满足自加湿要求，冷凝器冷凝散热量随之上升。另外，在相同工作温度下，冷凝器散热量随过量系数的增大而增大，且其增幅也越来越大。

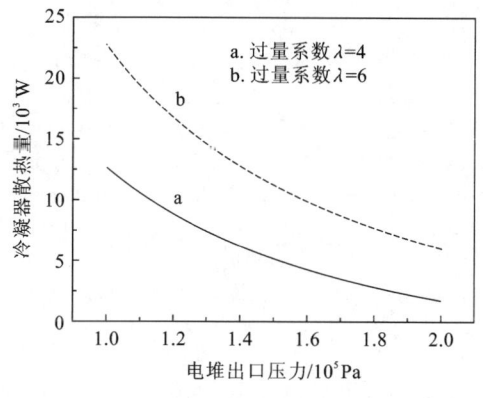
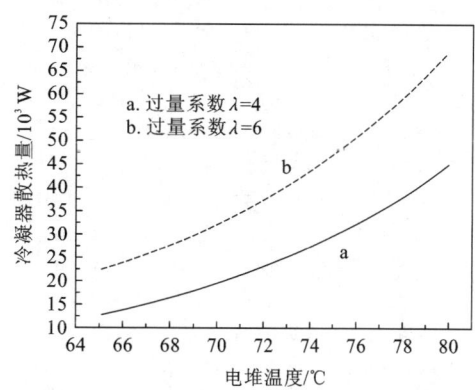

图 4-19　电池堆出口压力对散热量的影响　　图 4-20　不同电池堆温度对冷凝器散热量的影响

以上通过对质子交换膜燃料电池的尾气进行冷凝实验研究和理论分析，考察了电池堆尾气冷凝器对电池性能的影响以及尾气冷凝对液态水回收的影响，得出自冷凝回收条件下,质子交换膜燃料电池的不同工作参数对冷凝器散热量的影响。

(1) 对燃料电池堆尾气冷凝,有利于电池内水的排出,提高电池性能。

(2) 通过对电池堆阴极尾气冷凝,回收液态水量能够满足电池进气加湿所需液态水量,保证电池自加湿。

(3) 电池堆尾气冷凝器中,析出的液态水在冷凝中的散热量、非水组分中氧气和氮气的散热量以及冷凝器出口中残留的水蒸气在冷凝过程中的散热量与液态水的相变潜热相比均可忽略不计。即冷凝器的热量散失以液态水的相变潜热为主。

(4) 冷凝器的散热量随过量系数的增大而增大,随电池堆出口压力的增大而减小;电池堆的工作温度越高,自冷凝回收时,冷凝器散热量也越大。

参 考 文 献

[1] YU Y,TU Z,ZHANG H,et al. Comparison of degradation behaviors for open-ended and closed proton exchange membrane fuel cells during startup and shutdown cycles[J]. Journal of Power Sources,2011,196(11):5077-5083

[2] TANG H,LUO Z,PEI H,et al. Water distribution and removal along the flow channel in proton exchange membrane fuel cells[J]. Journal of Wuhan University of Technology-Materials Science Edition,2013,28(2):243-248

[3] HAN M,CHAN S H,JIANG S P. Investigation of self-humidifying anode in polymer electrolyte fuel cells[J]. International Journal of Hydrogen Energy,2007,32(3):385-391

[4] JUNG S H,KIM S L,KIM M S,et al. Experimental study of gas humidification with injectors for automotive PEM fuel cell systems[J]. Journal of Power Sources,2007,170(2):324-333

[5] LEE H K,KIM J I,PARK J H,et al. A study on self-humidifying PEMFC using Pt-ZrP-Nafion composite membrane[J]. Electrochimica Acta,2004,50(2):761-768

[6] YANG T H,YOON Y G,KIM C S,et al. A novel preparation method for a self-humidifying polymer electrolyte membrane[J]. Journal of Power Sources,2002,106(1):328-332

[7] ZAWODZINSKI JR T A,NEEMAN M,SILLERUD L O,et al. Determination of water diffusion coefficients in perfluorosulfonate ionomeric membranes[J]. The Journal of Physical Chemistry,1991,95(15):6040-6044

[8] KYUNG D B,MIN S K. Characterization of nitrogen gas crossover through themembrane in proton-exchange membrane fuel cells[J]. International Journal of Hydrogen Energy,2011,36(1):732-739

[9] MAURICIO B,DAVID P W,HAIJIANG W. Application of water barrier layers ina proton exchange membrane fuel cell for improved water management atlow humidity conditions[J]. International Journal of Hydrogen Energy,2011,36(5):3635-3648

[10] PEIGHAMBARDOUST S J,ROWSHANZAMIRA S,AMJADI M. Review of the protonexchange membranes for fuel cell applications[J]. International Journal of Hydrogen Energy,2010,35(17):9349-9384

[11] ZHANG Y J,OUYANG M G,LU Q C,et al. A model predicting performance ofproton exchange membrane fuel cell stack thermal systems[J]. Applied Thermal Engineering,2004,24:501-513

[12] 沈维道,童钧耕. 工程热力学[M]. 北京:高等教育出版社,2007

[13] VENTURELLI L,SANTANGELO P E,TARTARINI P. Fuel cell systems and traditionaltechnologies. Part Ⅱ: experimental study on dynamic behavior of PEMFC in stationary power generation[J]. Applied Thermal Engineering,2009,29:3469-3475

[14] JUNG S H,KIM S L,KIM M S,et al. Experimental study of gas humidificationwith injectors for automotive PEM fuel cell systems[J]. Journal of Power Sources,2007,170(2):324-333

[15] WOOD D L,YI J S,NGUYEN T V. Effect of direct liquid water injection andinterdigitated flow field on the performance of proton exchange membranefuel cells[J]. Electrochimica Acta,1998,43(24):3795-3809

5 质子交换膜燃料电池重力辅助排水机制

近几年来,对影响质子交换膜燃料电池性能的各种因素研究非常多,如双极板流场的类型,流道宽度和深度等内部因素[1-2];燃料电池的工作温度、湿度及气体压力等外部因素[3-4]。然而,关于重力对质子交换膜燃料电池性能影响的研究却很少。对于燃料电池内部水管理的研究多数是基于模拟水传输的过程,而且现有的水管理模型并未考虑重力对燃料电池性能的影响。Nguyen 和 Knobbe[5]从气体的传递和分布方面分析了质子交换膜燃料电池堆内部的水管理,但是该模型中也没有考虑重力的作用。少数模型会提到重力的影响[6-7],但是并没有采用实验的方法来论证重力对提高电堆性能的作用。Chen 等[8]以一个活性面积为 5 cm² 的单电池为研究对象,通过改变阴阳极不同的摆放位置,测试在各个不同摆放位置下单电池的极化曲线,考察重力对燃料电池水传递和分布的影响。另外,还设计若干个实验方案,在改变阴阳极摆放位置的同时改变气体加湿度,考察电池性能的变化。结果显示,重力方向和电池内水传递方向同向时加速水的传递,反向时,起阻碍水传递的作用。

燃料电池在运行过程中,电化学反应消耗部分通入气体,剩余气体将电池内的液态水吹离电池,防止电池内水的聚集。当燃料电池功率增大后,反应气体流量也随之增大,利用一定流量反应气体将电池内液滴吹离,会极大增加电池反应气体流量,增大气体供应装置寄生功耗。而当燃料电池系统采用纯氢、纯氧近似闭口运行时,流道中仅有反应气体通入而形成的微弱扰动,在电池出口处,气体流速几乎为零。此外,电池内各单电池气体分配不均匀及电池内流道局部堵水,均会导致气体流速过低或缺气。燃料电池内生成的水需及时排出电池,利用液滴重力作用可减小液滴排出电池时对气体吹扫的依赖,有利于燃料电池内的水管理[8]。本章首先从流道内液滴受力分析提出重力辅助排水的机制,并设计依靠重力辅助排水的燃料电池单电池和电堆,分别研究燃料电池在重力辅助排水条件下的性能。

5.1 重力辅助排水理论分析

双极板是质子交换膜燃料电池的重要组成部分,具有进气导流和收集电流等两项主要功能,流场的结构形状和参数对电池性能有着重要影响。燃料电池在运行时,生成大量的水,水通过流道排出燃料电池堆。燃料电池流道尺寸对液态水排出起至关重要的作用。为了清晰地了解重力辅助排水理论机理,本章首先对液滴特性和在燃料电池流道内的受力进行分析。

图 5-1 为一球冠型液滴,其底面半径为 R,液滴与接

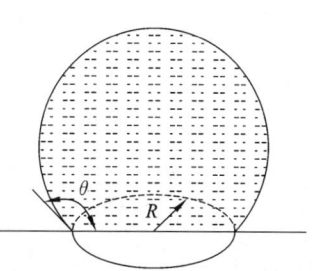

图 5-1 球罐型液滴示意图

触表面表观接触角为 θ，其体积根据公式可表示为

$$V = \frac{1}{3}\pi R^3 \frac{(1-\cos\theta)^2(2+\cos\theta)}{\sin^3\theta} \tag{5-1}$$

液滴在此自由状态下，根据力的平衡，存在以下关系式：

$$\sigma_{SG} = \sigma_{LG}\cos\theta + \sigma_{LS} \tag{5-2}$$

其中：σ_{SG} 为气固表面的张力系数；σ_{LG} 为气液表面的张力系数；σ_{LS} 为液固表面的张力系数。

当液滴受到其他力的作用而变形后，其受力平衡表达式为[9-10]

$$\sigma_{SG} = \sigma_{LG}\cos\theta_R + \sigma_{LS} + f \tag{5-3}$$

$$\sigma_{SG} = \sigma_{LG}\cos\theta_A + \sigma_{LS} - f \tag{5-4}$$

联立式(5-2)~式(5-4)可得

$$\cos\theta = (\cos\theta_A + \cos\theta_R)/2 \tag{5-5}$$

流道内液滴要排出电池，必须克服其黏滞在流道表面的阻力，该值可表示为[11-13]

$$f = \pi\sigma_{LG}R(\cos\theta_R - \cos\theta_A) \tag{5-6}$$

其中：R 为液滴的底面半径；θ_A 和 θ_R 分别为液滴的前进角和后退角。

He 等[14]指出，在 PTFE 表面，液滴前进角及后退角可简化为

$$\frac{\theta_A - \theta_R}{\theta_A} = 0.2 \tag{5-7}$$

因此，若利用液滴自身重力脱离燃料电池堆，则其重力必须大于或等于其流道内的黏滞力，联立式(5-1)和式(5-5)~式(5-7)可得

$$\frac{1}{3}\pi\rho g R_c^3 \frac{(1-\cos\theta)^2(2+\cos\theta)}{\sin^3\theta} \geqslant \pi\sigma R_c(\cos\theta_R - \cos\theta_A) \tag{5-8}$$

其中：ρ 为液滴的密度；g 为重力加速度。

通过化简可得

$$R_c \geqslant \sqrt{\frac{3\sigma}{\rho g}f(\theta)} \tag{5-9}$$

式(5-9)说明，当液滴直径大于该表达式时，液滴依靠其重力自行脱落。

液滴吸附在流道表面会受到反应气体吹扫的风力作用，而反应气体的风力可表示为[15]

$$F_D = C_D A_p \frac{\rho_a u^2}{2} \tag{5-10}$$

其中：C_D 为风阻系数；$A_p = R^2 \dfrac{\theta_M - \sin\theta_M \cdot \cos\theta_M}{\sin^2\theta_M}\left(\theta_M = \dfrac{\theta_A + \theta_R}{2}\right)$ 为反应气体在流道内和液滴接触表面的截面积[16]；ρ_a 为气体密度；u 为气体的黏度。

若反应气体在流道内的流动方向和液滴重力沿流道方向的分力是同向的，如图 5-2(a) 所示，液滴在流道内的受力状态可表示为

$$C_D A_p \frac{\rho_a u^2}{2} + \frac{1}{3}\pi\rho_l g R^3 \frac{(1-\cos\alpha)^2(2+\cos\alpha)}{\sin^3\alpha}\sin\theta \geqslant \pi\sigma R(\cos\theta_R - \cos\theta_A) \tag{5-11}$$

这种情况下，液滴重力沿流道方向的分力和反应气体对液滴的风力同时加速液滴的运动，推动液滴随着反应气体而排出电堆流场外部，因此液滴的重力作用会减小"水淹"和"欠

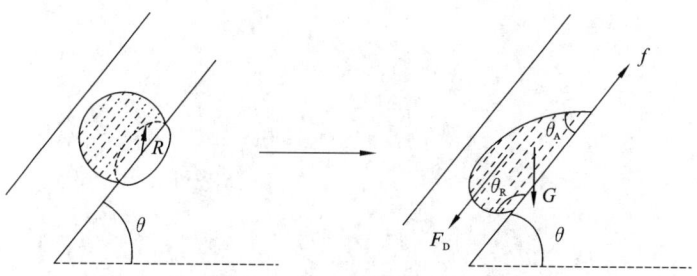

(a) 反应气体流动方向和液滴重力沿流道方向的分力同向时液滴受力分析

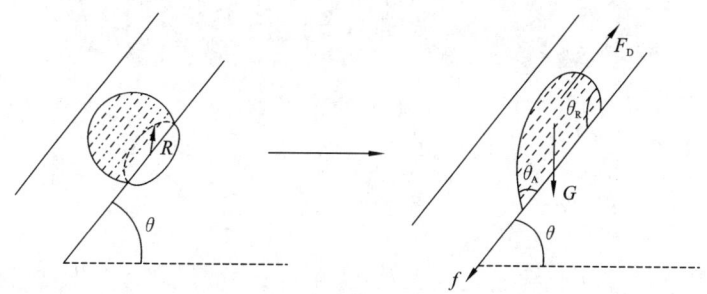

(b) 反应气体流动方向和液滴重力沿流道方向的分力反向时液滴受力分析

图 5-2　燃料电池具备一定重力倾斜角度时流道内液滴的受力状态

气"发生的可能性。并且当重力倾斜角度 θ 增大时，重力分力也会增加，因此液滴重力辅助排水的作用就会更加明显。

若反应气体在流道内的流动方向和液滴重力沿流道方向的分力是反向的，如图 5-2(b)所示，液滴在流道内的受力状态可表示为

$$C_D A_p \frac{\rho_a u^2}{2} \geqslant \pi \sigma R (\cos\theta_R - \cos\theta_A) + \frac{1}{3} \pi \rho_l g R^3 \frac{(1-\cos\alpha)^2 (2+\cos\alpha)}{\sin^3\alpha} \sin\theta \quad (5-12)$$

这种情况下，反应气体对液滴的风力是推动液滴的排出，而液滴重力沿流道方向的分力是阻碍液滴向流道外部运动，因此，液滴的重力作用会加大"水淹"和"欠气"发生的可能性。并且当重力倾斜角度 θ 增大时，重力分力也会增加，因此液滴重力影响排水的作用就会更加明显。

图 5-3 给出了液滴在扩散层表面示意图，从图中可以得出，液滴的表观接触角 θ = 129°。Cao[17]指出，液滴冷凝的最佳接触角为 111°，因此，本书取临界脱离接触角 θ_R = 111°，通过式(5-5)可得，此临界状态下，θ_A = 154.2°。图 5-4 给出了液滴在流道内依靠自身重力脱离时表观接触角与液滴临界半径的关系。从图中可以得出，随着表观接触角的增大，液滴能脱离时的半径随之减小。当液滴表观接触角为 129°，液滴半径为 1.0 mm 时可依靠其自身重力脱离扩散层表面。通过以上分析可以得出，若依靠液滴重力排水，电池内扩散层表面液滴的临界半径为 1.0 mm，当流道规格大于 2 mm×1 mm 时，流道表面不会对液滴的脱离产生干扰。

以标准单电池为例，电池活性面积为 5 cm×5 cm，采用单蛇形流道，流道尺寸为 1 mm×

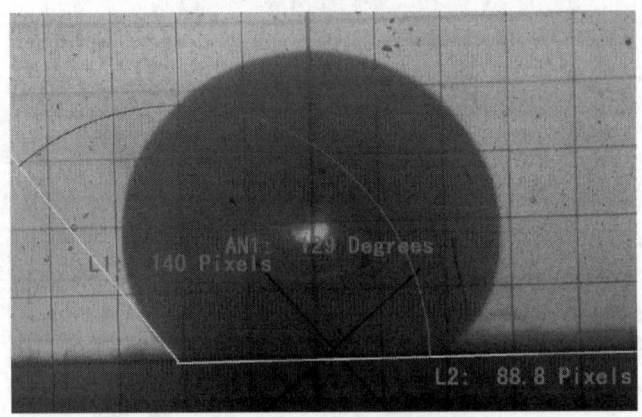

图 5-3　疏水表面的接触角

1 cm。燃料电池阴极气体流量计算采用以下公式：

$$Q_{air} = 5 \times 22.4 \cdot \delta \cdot n \cdot \frac{I}{ZF} \qquad (5\text{-}13)$$

其中：Q_{air} 为空气流量；δ 为气体过量系数；n 为单电池数量，若为单电池，则取 1；I 为工作电流密度；Z 为气体反应时交换电子数，反应气体为空气时，取 4；F 为法拉第常量，取 96 485 C/mol。单电池在运行时，氢气与空气化学计量比为 1.5/2.5。

当电池工作电流密度为 1 A/cm² 时，阴极气体流量由公式计算为 1.29 L/min，通过计算可得，此时阴极流道入口处气体流速可达 20 m/s，该气体流速在燃料电池堆实际运行中很难达到。在密闭环境中，电池阴极反应气体一般为氧气，此时，电池采用全闭口或近似闭口运行，电池内气体流速难以达到此速度。根据单电池流道结构，采用 FLUENT 软件中的燃料电池模块，研究不同气体流量下流道内流量的分布规律。图 5-5 为该单电池内各流道气体流量图。从图中可以看出，各流道内流量呈现两边大中间小的趋势，同时随着电池供气量的增加，电池内各流道气体分配的不均匀性增加。当气体流量为 7.20 L/min 时，电池内各流道气体流量的差值在 0.032 L/min 以内，当气体流量为 0.36 L/min 时，电池内各流道流量值基本一致。

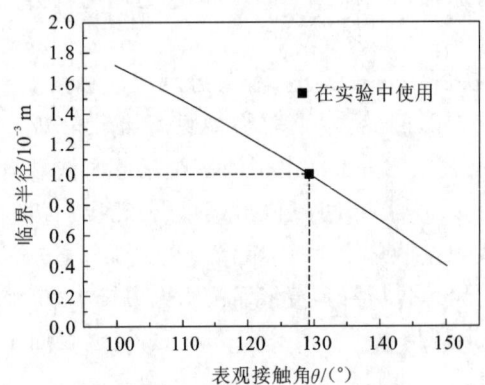

图 5-4　液滴半径与表观接触角的关系

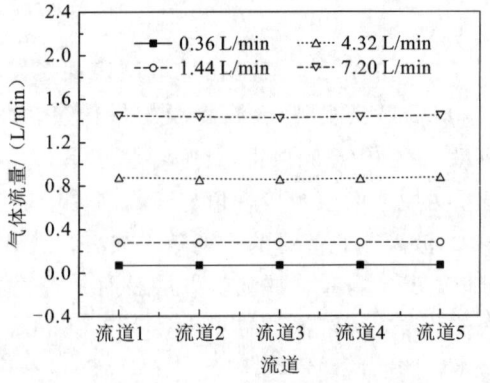

图 5-5　设计单电池流量分布

5.2 燃料电池单电池重力辅助排水的实验研究

5.2.1 单电池重力辅助排水实验方法

为考察燃料电池流道内气体低流速下重力辅助排水电池的性能,本实验设计的单电池流道应满足液滴脱离临界半径值。如图5-6所示设计的单电池,测试不同操作条件对电池性能的影响。本实验利用石墨板与雕刻机,制作测试单电池,其中阴阳极流场均为直流道,电池活性面积为20 cm²。如第4章所述,燃料电池在运行时,放出大量的热,温度分布不均会对电池性能产生很大影响,为避免电池出现热点对电池性能产生影响,阴阳极石墨板背面设置有冷却水流道。电池工作时,通过冷却液对电池进行温度控制,使电池温度更加均匀。本实验膜电极采用商用膜电极,碳纸厚度为2×10^{-4} m,阴极为30%疏水,阳极为20%疏水,质子交换膜的厚度为2.5×10^{-5} m,阴阳极铂载量均为0.4 mg/cm²。

实验中将冷却水流道通入恒定温度的水,以保证电池运行时温度在较小范围内波动。电池组装完成后,置于实验平台下测试,该测试平台能按照要求给定的气体流量、加湿度、负载等,同时还能实时记录电池运行中的电压、电流及温度等操作参数,实验系统如图5-7所示。

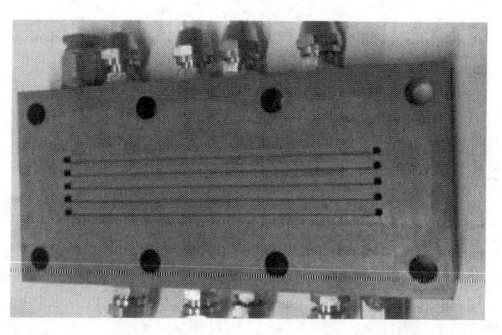
图5-6 重力辅助排水验证用单电池流场结构

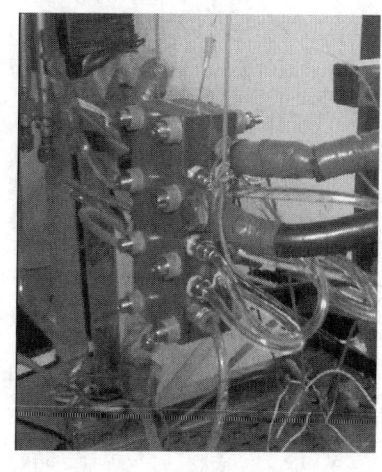
图5-7 重力辅助排水验证用测试系统图

实验前,通过逐步加载负载,对电池进行充分活化,使电池的性能达到稳定。实验中,将电池温度稳定在60℃,记录实验数据,得到电池极化曲线。测试分如下三种方案进行,如图5-8所示。方案a:将电池流道水平放置,电池阴极向上,阳极向下,此时液滴重力指向催化层与反应气体沿流道方向垂直[图5-8(a)];方案b:电池流道水平放置,电池阴极向下,阳极向上,此时液滴重力与脱离扩散层方向一致,与反应气体沿流道方向垂直[图5-8(b)];方案c:电池流道竖直放置[图5-8(c)]。

实验单电池组装完毕后,需要对其充分活化,才能稳定运行。燃料电池的活化是指电

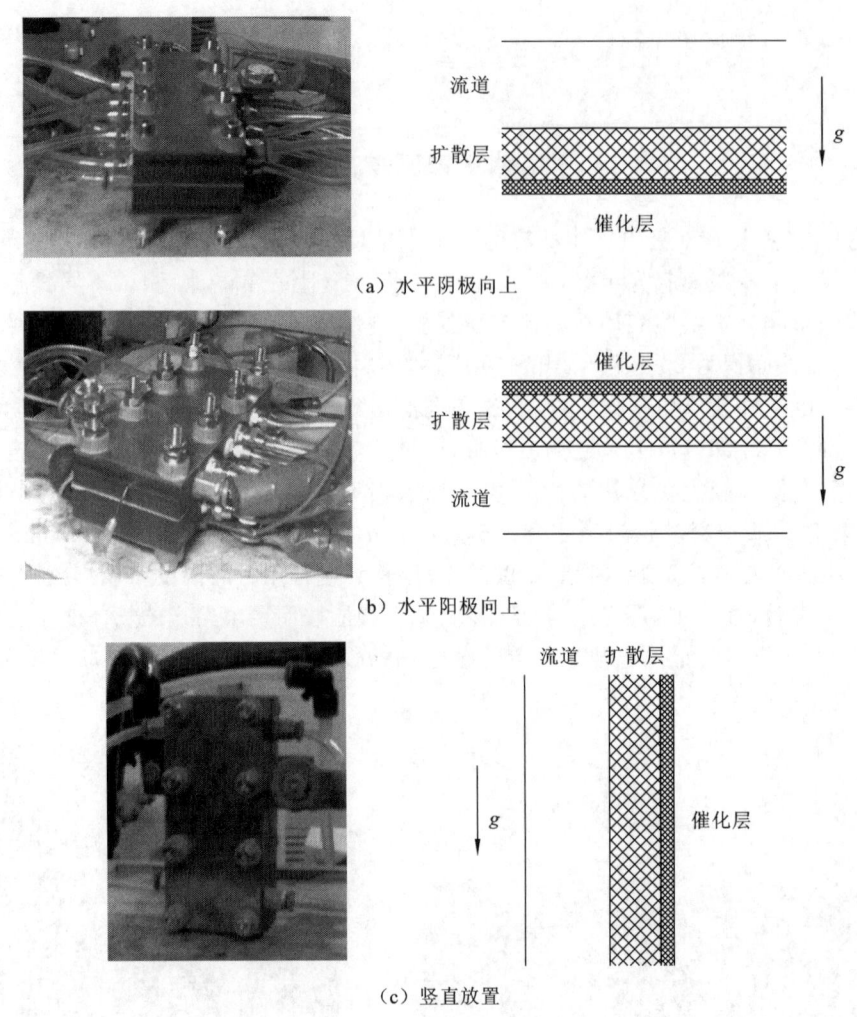

图 5-8 重力辅助排水验证用单电池测试图

池内膜电极的活化,以及膜电极与流场板之间的充分配合。在给定的操作条件下,活化过程是打通膜电极内质子通路及增加催化剂的活性比表面积,使电池发挥其最佳性能的过程[18]。电池活化完成后,达到稳定的输出性能,使电池在实际应用时,更加高效与稳定。为缩短电池活化时间,应该对电池活化条件进行适当优化[19-20]。实验单电池活化过程中,先对电池几次活化得到的数据进行分析,然后确定合适电池的工作温度和最佳反应气体流量,再使电池在最佳输出性能的工作温度和反应气体流量下进行活化,以此减少电池达到最优输出电压和功率时的活化次数与时间,这样既节约测试仪器消耗的电能又可以减少反应气体的消耗。活化中,电池阴极气体采用空气,先对电池进行几次活化,使其性能达到较稳定状态。然后通过不同操作条件来研究电池性能。活化过程中电池最低电压不应过低,以免对电池造成不可逆损害。活化中,将电池最低电压设为 0.4 V,当单电池电压接近 0.4 V 时停止增加负载。实验单电池活化时,采用逐步增加电池工作负载的方式对电池进行活化。氢气过量系数为 1.5,空气过量系数为 2.5,电池温度 65℃,逐步增加工作电流密度。图 5-9 为单电池活化过程性能曲线。

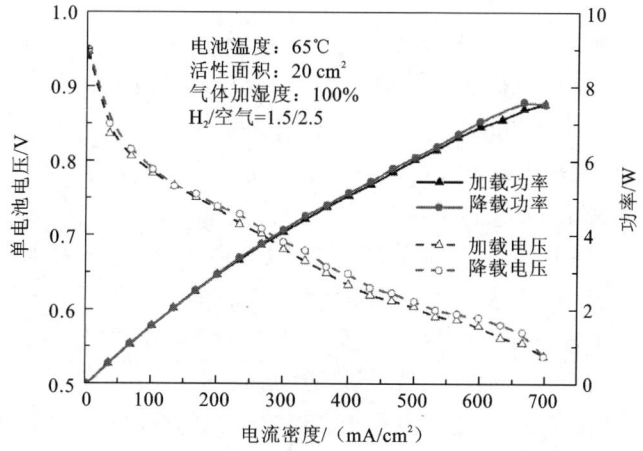

图 5-9　重力辅助排水验证用单电池活化性能曲线

从图 5-9 中可以看出,降负载时电堆的性能比升负载时好,这主要是因为降负载开始时电堆的工作温度已经临近 65℃。由于降负载阶段的温度高于升负载阶段的温度,导致降负载阶段反应速率比升负载阶段快一些,因此降负载阶段的性能比升负载阶段好。活化过程对电池性能的影响可通过多次活化前后升降负载阶段的性能对比看出。图 5-10 为电堆经多次活化前后性能对比,从图中可以看出活化多次后电堆性能得到提高。电池工作电流密度由 650 mA/cm² 增大至超过 1000 mA/cm² 时电池功率密度由 7.5 W 提高到 10.7 W。

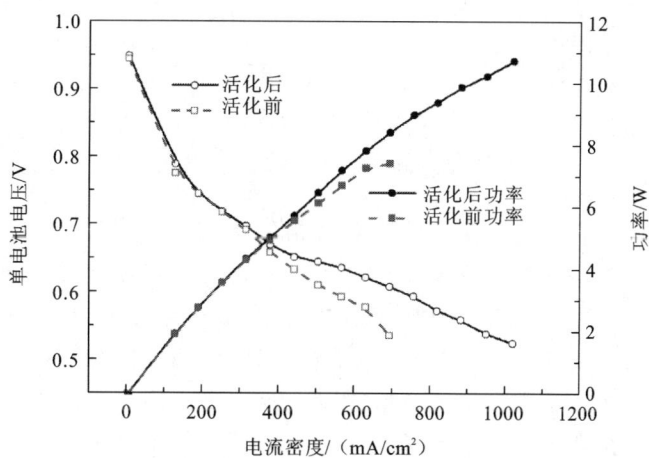

图 5-10　重力辅助排水验证用单电池经多次活化前后性能对比

5.2.2 单电池基本性能

电池经过充分活化后,可以进行实验测试。实验中,阴极反应气体为氧气,电池工作温度为60℃,图5-11为不同测试方案下的电池极化曲线。从图中可以看出,在相同操作条件下,方案c电池测试电压最高,方案a电池性能最差。当电池在方案a运行时,阴极生成水由于自身重力的作用而附着在气体扩散层上,反应气体的吹扫力需克服液滴在电池内的黏滞力,将水排出;当电池在方案b运行时,生成水的重力方向与液滴脱离扩散层表面进入流道的方向一致,重力辅助水排出扩散层,所以方案b电池内水的排出要优于方案a。电池在方案c运行时,电池内水的重力方向、气体吹扫的方向与水排出电池外的方向一致,此时电池向电池外排水的性能最强。在燃料电池内,方案b运行时,液滴重力与脱离扩散层表面的方向一致,气体扩散层被液滴覆盖概率最小;方案c中液滴排出电池外的能力最佳。在电池运行时,液滴自身重力会影响电池的输出性能,这为燃料电池在低流速下的运行提供了可能。

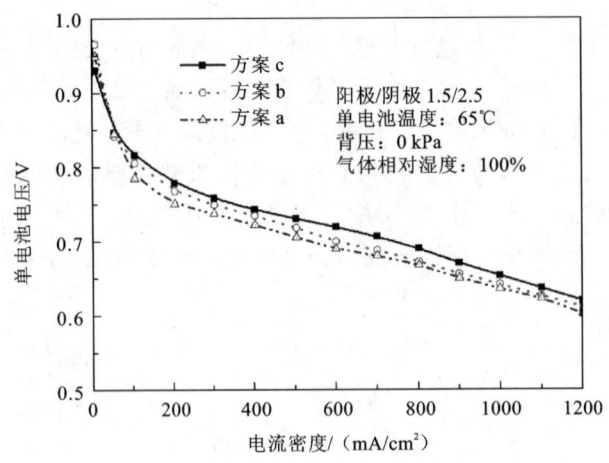

图 5-11 重力辅助排水验证用电池极化曲线

图5-12为电池在方案a与方案b,气体流速为0.5 m/s,反应气体100%加湿时电池运行特性。从图中可以得出,在方案a下运行时,电池电压在运行至1.3 min时出现瞬时增大,然后电压缓慢恢复至增大前的值,这是因为,此时电池内水聚集堵塞流道,随着气体继续通入,流道内堵塞段气体压力增加,电池性能升高,当压力继续增大时,水被吹出流道,电池性能恢复;当运行至2.2 min时,电池电压出现突降。在方案b中,电池运行至1.3 min时电压出现突降,电池电压突降前,电池稳定运行,未出现电压波动。这是由于电池在流速较低时(0.5 m/s),气体对电池内水的吹扫力较小,水平测试电池容易产生水的积累,导致电池内水淹,电池电压发生突降。电池在方案c(电池竖直放置测试)运行时,没有出现电压波动及突降。此时,液滴的重力与反应气体吹扫力同向,所以没有出现因为水的积累而导致的电压波动及突降。由上述分析可知,通过液滴的重力作用,可以使电池在

较低流速下实现稳定运行。

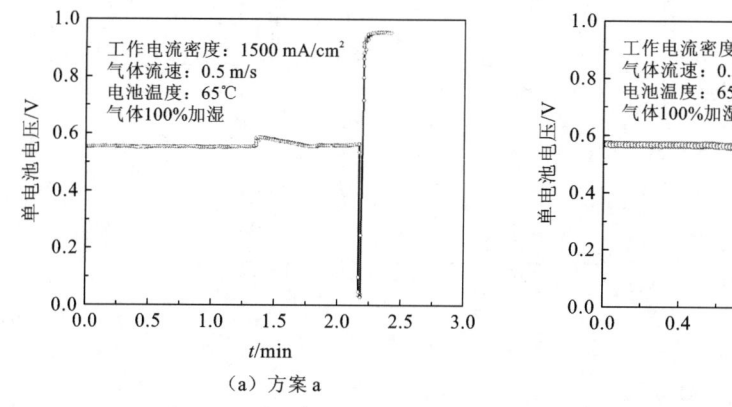

图 5-12 低流速下燃料电池运行特性

5.2.3 不同流速电池性能

图 5-13 为不同流速下电池在不同工作电流密度下的性能曲线。在方案 b 电池工作电流密度为 500 mA/cm² 时，电池在不同气体流量下均稳定运行，电池性能随流速的减小而降低。当电池工作电流密度为 1000 mA/cm² 时，电池性能在流速为 10 m/s、6 m/s 及 2 m/s 时，均呈现下降趋势，当电池内流速降低至 0.5 m/s 后，电池性能出现上升。当电池工作电流密度为 1500 mA/cm² 时，电池性能随气体流速的降低而升高。

在方案 a 中，当流道内气体流速在 2 m/s～10 m/s 时，电池性能均随气体流速的降低而上升且稳定运行；当电池工作电流密度为 500 mA/cm²，流道内气体流速降低至 0.5 m/s 时，电池性能进一步提高；当电池工作电流密度为 1000 mA/cm²，流道内气体流速降低至 0.5 m/s 后，电池性能先升高，然后下降；相同现象出现在电池工作电流密度为 1500 mA/cm² 时，此时电池性能出现明显下降。

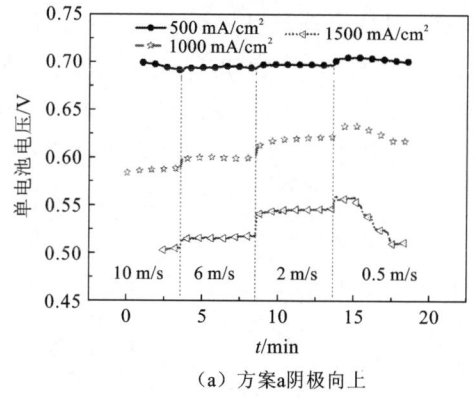
（a）方案a阴极向上

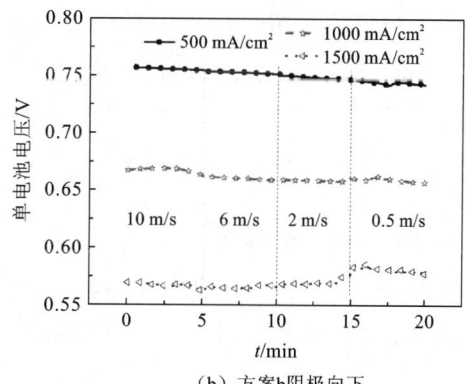
（b）方案b阴极向下

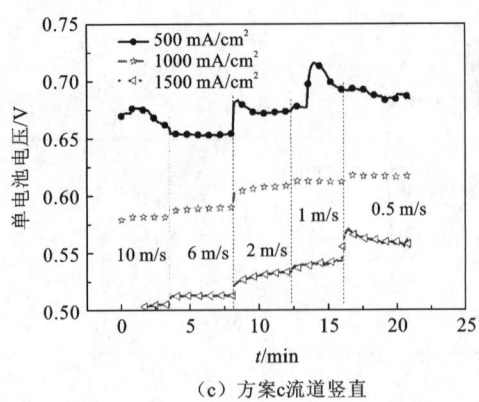

(c) 方案c流道竖直

图 5-13 不同流速下的燃料电池性能

在方案 c 中,当电池工作电流密度为 500 mA/cm² 时,电池性能在流速为 6 m/s 时能稳定运行,在其他流速下,电池电压波动较大。当工作电流密度为 1000 mA/cm² 与 1500 mA/cm² 时,电池性能均随流道内气体流速的降低而上升;在工作电流密度为 1000 mA/cm² 时,电池在不同流速下均能稳定运行,当工作电流密度上升至 1500 mA/cm² 时,电池电压在气体流速为 0.5 m/s 时出现波动。

方案 b 中,在低电流密度下,气体流速越低,电池性能越差;在较高电流密度下,电池性能随流道内气体流速的降低而上升。三种测试方案在不同工作电流密度下,方案 b 的电池电压始终最高。这是因为,当电池水平阴极向下时,催化层生成的水在重力辅助作用下的脱离扩散层能力最强,由此避免了液滴对扩散层的覆盖,减小了氧气扩散阻力,因此其性能最佳;低电流密度下,电池流道竖直放置时,由于液滴的重力与反应气体吹扫力同向,气体流速对电池内膜的水含量影响较大,从而对电池性能产生较大影响。

5.2.4 不同温度低流速电池性能

图 5-14 为不同温度下流道气体流速为 0.5 m/s 时的电池极化曲线。从图中可以看出,在方案 b 中,温度越高电池电压越高。当电池工作电流密度为 600 mA/cm² 时,不同运行温度下电池电压差值小于 0.03 V。随着工作电流密度的升高,不同温度下电压差值变大。在方案 a 中,电池工作电流密度在 700 mA/cm² 之前,电池在 40℃ 时的性能要高于其在 60℃ 时的性能。其原因是,当电池在 60℃ 运行时,气体扩散层被水覆盖,反应活性面积减小,电池性能较低,随着电池的运行,当工作电流密度增加至 700 mA/cm² 时,扩散层上的水被冲出电池,电压出现了跳跃,电池性能升高。在测试方案 c 中,不同温度下电池性能稳定,运行温度越高,电池性能越高。

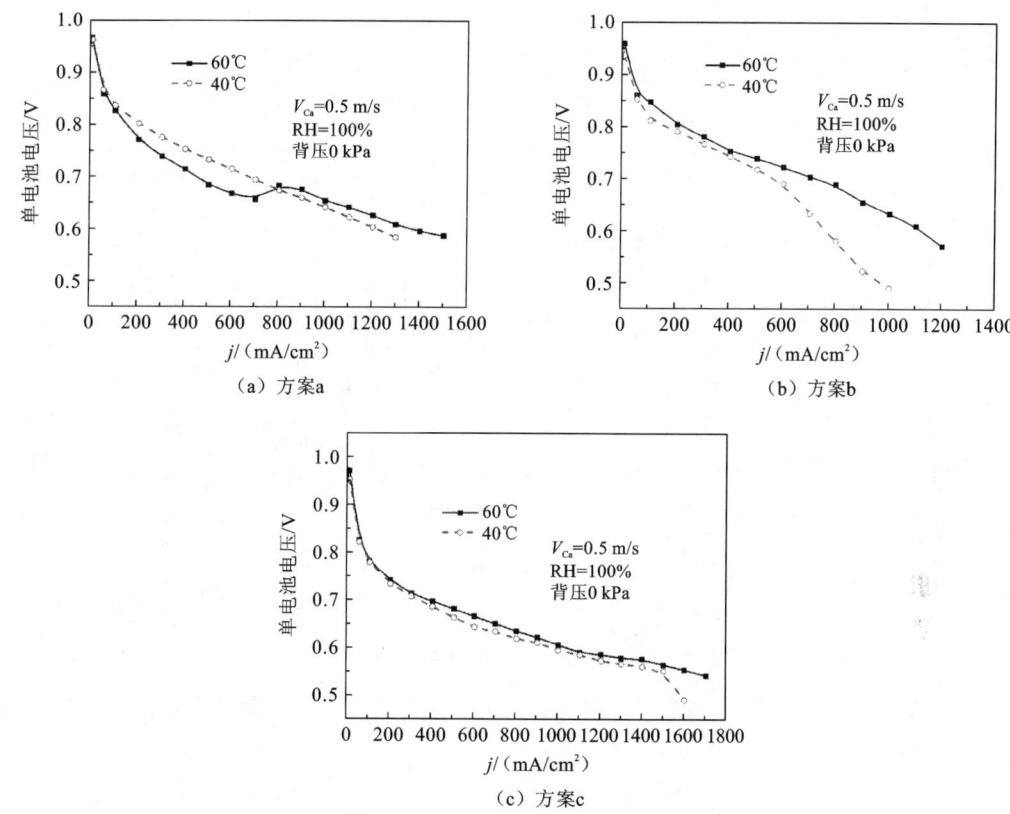

图 5-14 不同温度下的燃料电池性能

5.2.5 反应气体不加湿对电池性能影响

图 5-15 为反应气体不加湿,不同气体流速下的电池性能。从图中可以看出,气体不加湿时,气体流速越低,电池性能越高。由于电池内膜必须在较好的水和条件下,才能发挥其最佳性能,若反应气体不加湿,气体流速越高,电池内膜的含水量越低,膜的质子传导能力越差,导致电池输出性能降低。图 5-15(d) 为气体不加湿,流道内气体流速为 0.5 m/s 时,电池性能曲线。从图中可以得出,流道气体流速较小且不加湿时,方案 b 电池测试性能最佳,方案 a 性能最低。电池反应气体不加湿时,降低反应气体流速能提高电池性能,电池水平放置阴极向下时的性能要高于其他放置方式下的性能。

通过对以上液滴在流道内的受力进行分析,设计并制作重力辅助排水单电池,实验研究了气体流速较低时,依靠液滴重力排水电池的性能,得出以下结论:

(1) 燃料电池在不同反应气体流速下,液滴重力有利于液滴脱离气体扩散层,有效排出电池堆。

(2) 燃料电池水平放置阴极向下测试时,液滴重力与其脱离气体扩散层方向一致,燃

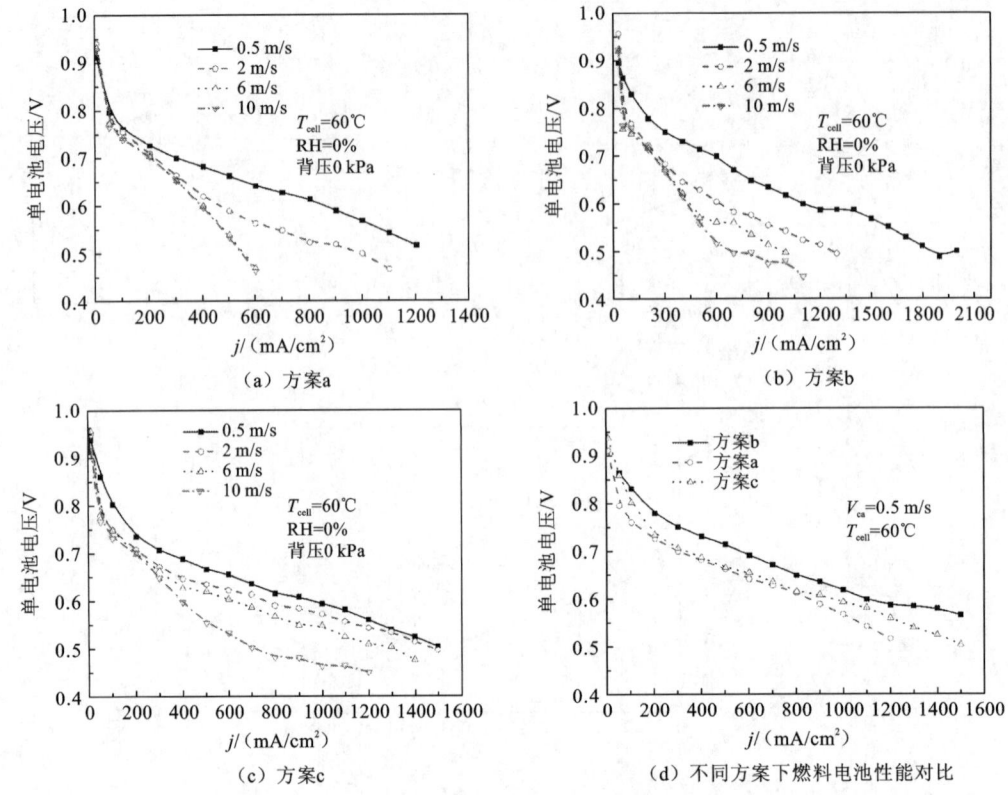

图 5-15 加湿对燃料电池性能的影响

料电池性能最佳;燃料电池竖直放置测试时,液滴重力与气体将其吹扫出电池方向一致,其向外排水能力最强。

(3) 反应气体流速较低,燃料电池在不同放置方式测试时,提高温度,燃料电池性能上升;反应气体不加湿时,气体流速越低,燃料电池性能越高。

(4) 低流速重力辅助排水可提高燃料电池的稳定性能。

(5) 燃料电池运行时,应该避免电池阴极水平向上。

5.3 燃料电池堆重力辅助排水的实验研究

对于燃料电池单电池来说,进气方式是固定不变的。对于燃料电池电堆,改变气体进出口的位置,就会存在不同的进气方式,这同样会导致燃料电池堆性能的差异。并且,对燃料电池电堆进行倾斜处理,研究电池内液态水受重力作用在流道内的运动对电池性能的影响。基于这一目的,本部分通过改变大面积燃料电池电堆倾斜角度,同时改变反应气体不同的进气方式,设计几组不同条件进行电堆测试,记录燃料电池堆的极化曲线,考察重力对燃料电池堆性能的影响。

5.3.1 电堆重力辅助排水实验方法

本实验采用的是武汉理工大学材料复合新技术国家重点实验室自制 330 cm² 活性面积的七片质子交换膜燃料电池堆。武汉理工新能源有限公司提供的 MEA,双极板由刻有流场的石墨板组成,在双极板中间有供冷却水流通的冷却水流道,用铜板作为集流板材料,不锈钢板作为电池的端板,在端板上有供气体和冷却水进出的通孔。测试设备采用的是加拿大 Green light 公司生产的燃料电池测试台 FCATS G500,其最大输出功率为 12.5 kW,可通过编程对电堆的各种操作参数进行精确控制,包括负载、氢气和空气的流量或过量系数、气体增湿露点温度、电堆温度等。

本实验测试的是燃料电池堆在不同重力倾斜角度下(0°,30°,45°,60°,90°)的性能变化,并分别改变同一角度下反应气体氢气和空气的进出口位置,记录电池的极化曲线。如图 5-16 所示,是实验电堆的简图,θ 表示电堆的倾斜角度,由 0° 增大到 90°,依次记录燃料电池堆的极化曲线。同时,如图 5-17 所示,在每一个角度下分别改变空气和氢气的进气口和出气口的位置,如空气可以由 A 进气 D 出气,也可由 D 进气 A 出气。其中,冷却水的进出方式保持不变,如图 5-16 中方向所示。

由图 5-17 可看出,在同一倾斜角度 θ 下,有几种不同的反应气体进气方式。为了在改变燃料电池堆倾斜角度的情况下,同时考虑气体进气方式对燃料电池堆性能造成的影响,设计了几组不同的实验方案,如表 5-1 所示。

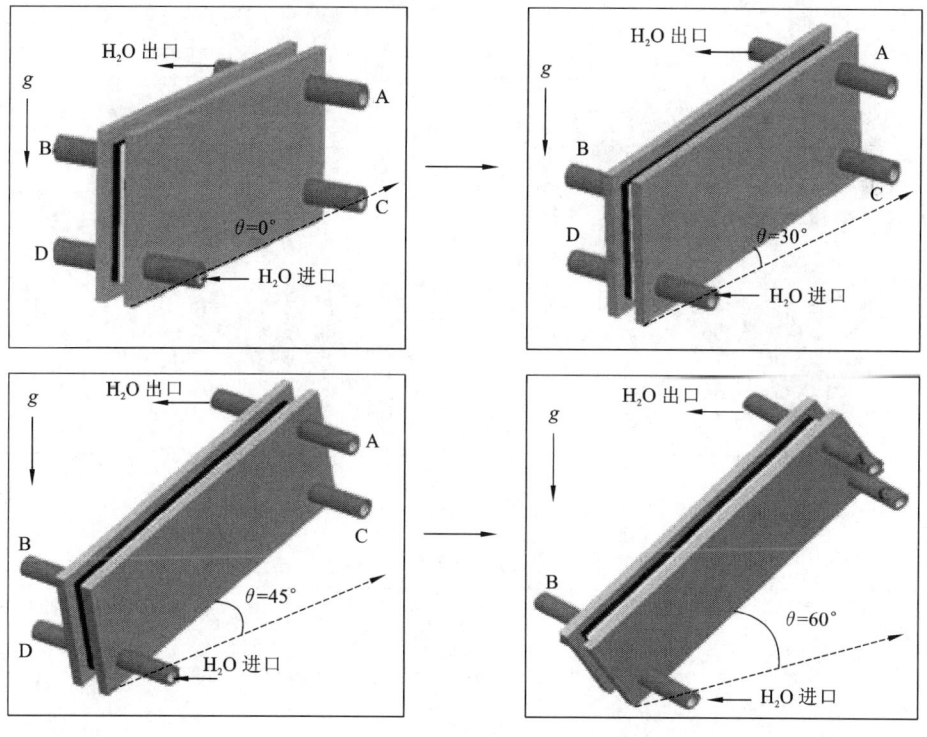

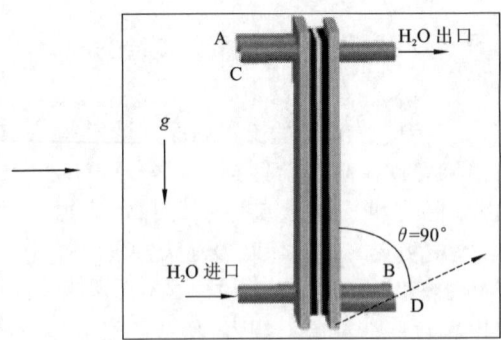

图 5-16 不同角度下燃料电池堆测试系统示意图

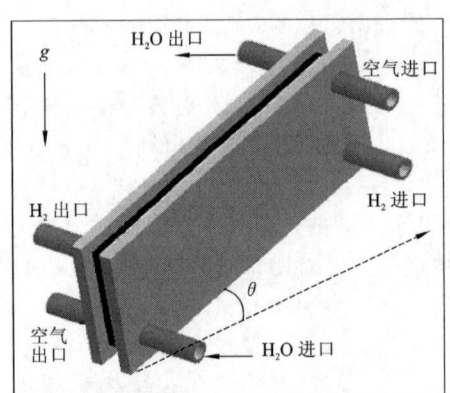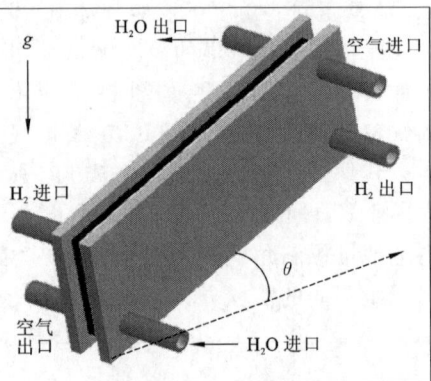

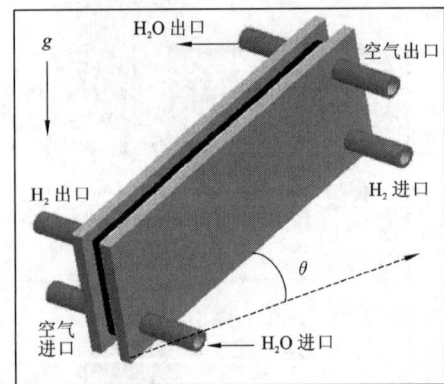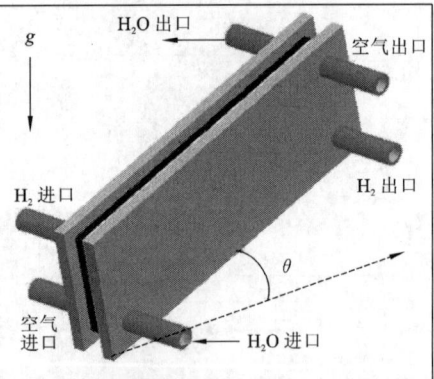

图 5-17 不同进气方向下燃料电池堆测试系统示意图

表 5-1 不同进气方式实验方案

进气方式	空气		氢气	
	进口	出口	进口	出口
1	A	D	C	B
2	A	D	B	C

续表

进气方式	空气		氢气	
	进口	出口	进口	出口
3	D	A	C	B
4	D	A	B	C

实验用燃料电池电堆在进行以上测试之前,先进行 10 h 的活化处理。电堆活化好后再进行以上实验。测试燃料电池堆的极化曲线以表征电池的性能,极化曲线的测试条件为

气体类型:阴极采用净化空气,阳极采用 99.99% 高纯氢气;

气体流量:阴极过量系数 3.0,阳极过量系数 1.5;

工作温度:65℃;

气体温度:65℃;

相对湿度:100%,露点(dew point,DP)控制模式。

其中 PEMFC 电堆的温度以冷却水出口的温度为参考来控制。

5.3.2 相同进气方式、不同倾斜角度对电池性能的影响

当燃料电池堆采用 1# 进气方式,即氢气和空气都由高的一端向低的一端流动,性能测试如图 5-18 所示。从电堆平行放置即倾斜角 θ 为 0°,依次增大 θ,由图 5-18 可看出,电堆性能逐渐变好。当电堆竖直放置时,电堆的输出功率达到最大值 900 W,而电堆平行放置时功率仅为 710 W;相反地,如图 5-19 所示,当燃料电池堆采用 4# 进气方式,即反应气体都由低的一端向高的一端流动时,电堆平行放置时的性能却是最好的。

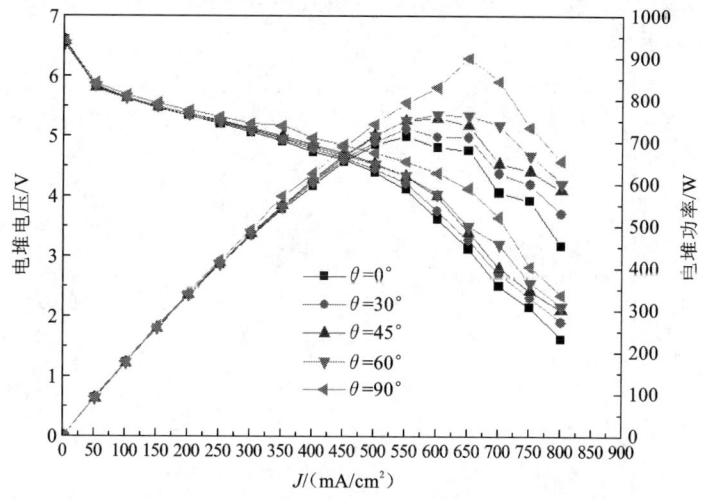

图 5-18 1# 进气方式燃料电池堆性能随重力倾角的影响

燃料电池堆在工作过程中,水一般是由随加湿气体进入电池内部的加湿水和电池阴极生成的液态水两部分构成。大多数燃料电池的设计,加湿水和生成的液态水与反应气

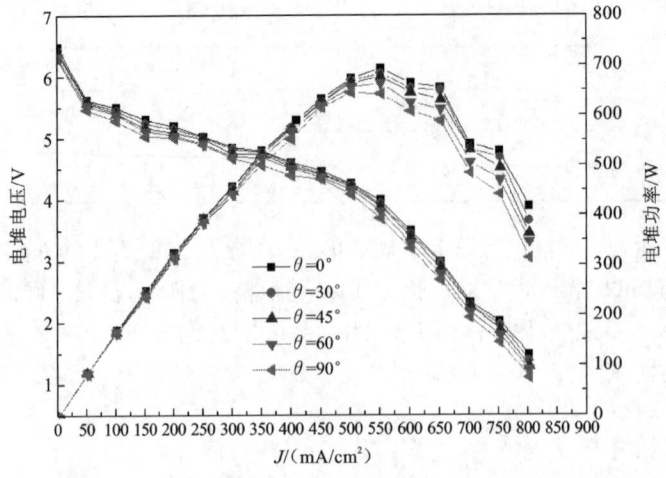

图 5-19 4#进气方式燃料电池堆性能随重力倾角的影响

体都是流通在同一流场内,如果液态水不及时从流道内排出,很容易造成气体的流通障碍,造成电池内气体供应不足,或者是电极的水淹[21]。燃料电池堆运行过程中,将电堆倾斜放置,液态水在重力作用下会由上向下流动,加速水滴在流道内的运动速率,利于排水。在这种情况下,如果反应气体也由上向下流动,液态水滴在流道内运动将会受到重力和气体冲击力的双重影响。这样能够有效加快电堆中液态水的排出,利于改善水管理。从而降低电堆内部局部气体不足和电极水淹的可能性,提高燃料电池堆的性能,与图 5-18 中所显示的结果一样。相反地,如果反应气体都从低的一端通入电池,即 4#进气方式,而水滴受重力作用还是由上向下运动,此时气体对水滴的冲击力将会是一种阻力,从而液态水的排出受阻,所以在此进气方式下,增大燃料电池电堆的倾斜角 θ 反而会降低电堆的性能,正如图 5-19 所示的结果一样。

当燃料电池堆采用 2#和 3#进气方式,改变重力倾角 θ 的大小,性能的变化分别如图 5-20 和图 5-21 所示。当反应气体氢气或者空气采用上进气方式时,电堆都是在平放的

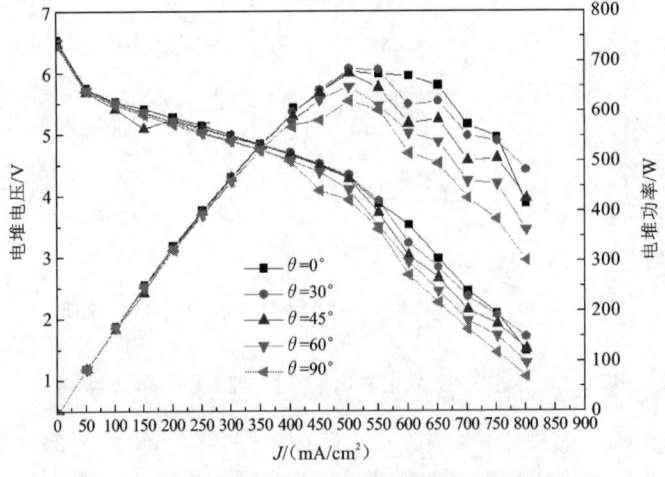

图 5-20 2#进气方式燃料电池性能随重力倾角的影响

情况下性能最好,而竖直放置时的性能却是最差的,这说明重力倾角和反应气体的进气方式对燃料电池堆的性能影响同样重要。在燃料电池电堆中,阴极侧除了由加湿气体带入外还会生成大量的液态水,如图 5-20 所示,空气由下进气方式进入电堆,不利于排水,会使电堆的性能随重力角度增大而变差。此时,重力作用将会成为电堆排水的阻力。同样地,如图 5-21 所示,阳极侧由于存在气体加湿所带进的液态水,对于提高电堆性能来说,水管理同样是个很关键的方面。

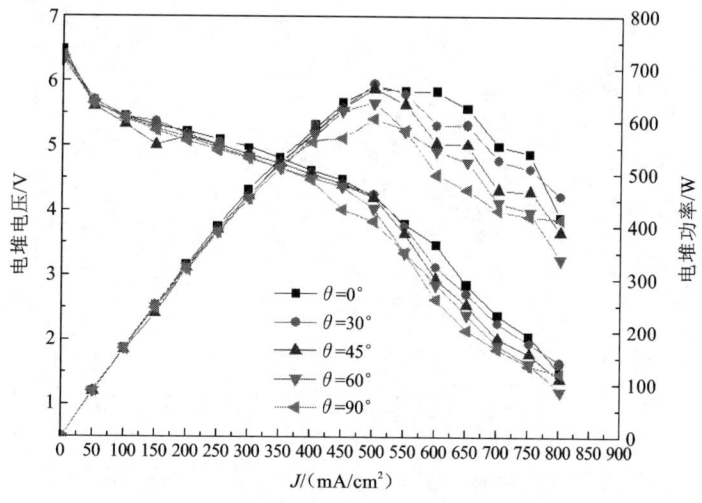

图 5-21　3# 进气方式燃料电池性能随重力倾角的影响

5.3.3　相同倾斜角度、不同进气方式对电池性能的影响

图 5-22 和图 5-23 显示的是在同一角度下分别用不同的进气方式所做的实验。图 5-22 表示的是电堆平行放置,而图 5-23 表示电堆竖直放置,从图 5-23 可以看出电堆在

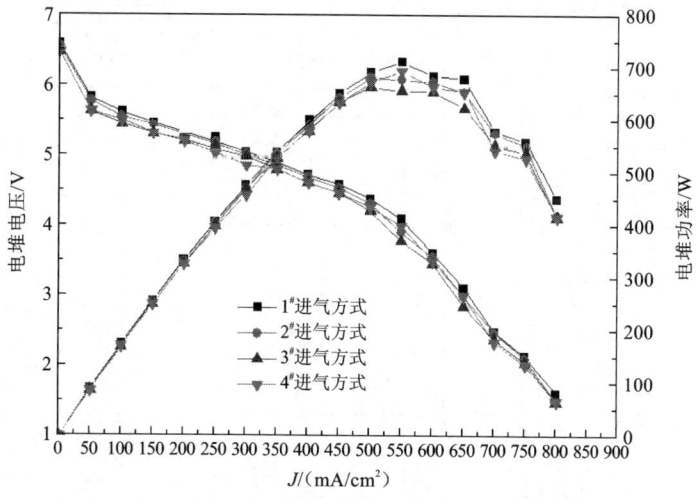

图 5-22　燃料电池平行放置时进气方式对性能影响

1#进气方式情况下的性能是最好的,此时电堆性能提高最为明显;而当电堆平行放置时,如图 5-22 所示,改变进气方式电堆的性能改善却不明显。这是因为竖直放置时,反应气体进入电堆内部也会受重力作用影响。此时,如果反应气体都从高的一端向低的一端通入,这样会提高气体在电堆内部的流动速率,从而提高液态水从流道内排出的效率;而当电堆平行放置时,反应气体进出口位置本质是一样的,改变不同的进气方式无多大意义。

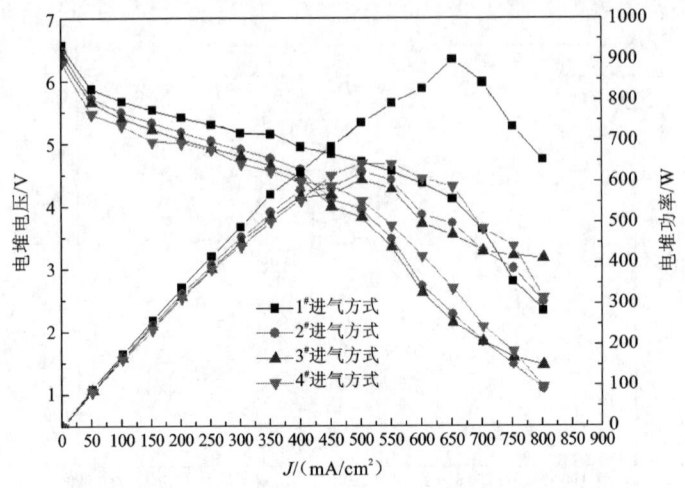

图 5-23　燃料电池竖直放置时进气方式对性能影响

图 5-24 为上进气和下进气方式随重力角度变化电堆在 600 mA/cm² 的性能对比。很明显地看出,燃料电池堆采用上进气方式的性能优于下进气方式时的性能,并且,当电堆采用上进气方式(即 1# 进气方式),电堆在 600 mA/cm² 的性能随重力倾角的增大而越来越好。当重力倾角 $\theta=90°$ 时,电堆的总电压最大为 4.375 V;相反地,当电堆采用下进气方式(即 4# 进气方式),电堆在 600 mA/cm² 的性能随重力倾角的增大而越来越差,当重力倾角 $\theta=0°$ 时,电堆的总电压最大,为 3.504 V。

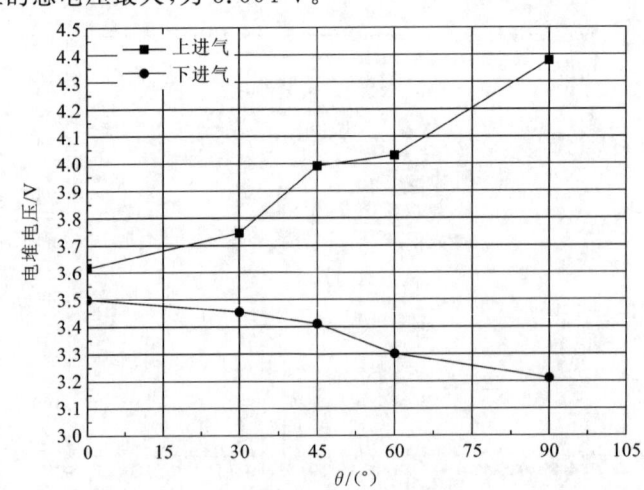

图 5-24　上进气方式和下进气方式随重力角度性能(600 mA/cm²)对比

5.3.4 电堆竖直放置时电池浓差极化比较与分析

图 5-25 显示的是当燃料电池堆电流密度由 500 mA/cm² 上升到 800 mA/cm² 时的电压降。如图所示,当电堆采用 1# 进气方式即反应气体上进气,电压降最小;而当电堆采用 4# 进气方式即反应气体下进气,电压降最大。当电堆竖直放置,并且反应气体由高的一端流向低的一端,电堆内的液态水容易排出,气体扩散阻力小,因此燃料电池堆的浓差极化小;而当反应气体下进气,电堆内的液态水排出会受到气体冲击力的作用,而排出阻力增大,这就增加了液态水淹没电极的可能性,气体在扩散层内扩散的阻力随之增大,导致电堆浓差极化增加,因此电压降会增大。

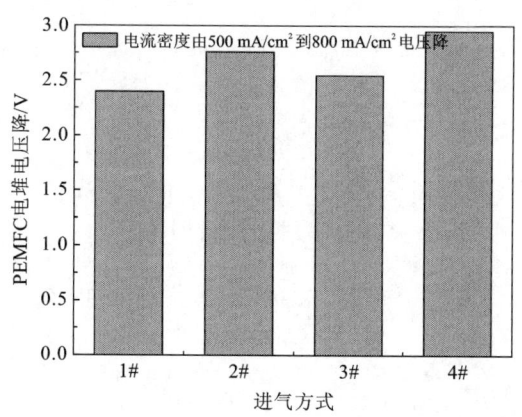

图 5-25 不同进气方式下实验电堆的电流密度
由 500 mA/cm² 到 800 mA/cm² 的电压降

重力和反应气体进气方式对质子交换膜燃料电池性能有很大影响。当电堆倾斜放置,反应气体由高的一端流向低的一端时的性能高于反应气体由低的一端流向高的一端;当电堆倾斜放置,若反应气体由高的一端流向低的一端,倾斜角度越大,电池性能越好,电堆竖直放置时即 $\theta=90°$ 获得最大的输出功率;而当反应气体都从低的一端进气,倾斜角度越大,电堆的性能越差,$\theta=90°$ 时电堆的最大输出功率最小。以上结论能够帮助优化质子交换膜燃料电池的设计策略和工作条件。为了提高 PEMFC 电堆的性能,必须设计合理的重力倾斜角度以及反应气体进气方式。

参 考 文 献

[1] BORUP R L, VANDERBORGH N E. Design and testing criteria for bipolar plate materials for PEM fuel cell application[J]. Materials Research Society, 1995, 393:316-324

[2] KUMAR A, REDAY R G. Effect of channel dimensions and shape in the flow-field distributor on the performance of polymer electrolyte membrane fuel cells[J]. Journal of Power Sources, 2003, 113:11-18

[3] HONTANON E, ESCUDERO M J, BOTISTA C, et al. Optimization of flow-field in polymer membrane fuel cells

using computational fluid dynamics techniques[J]. Journal of Power Sources,2000,86:363-368
[4] MEHTA V,COOPER J. Review and analysis of PEM fuel cell design and manufacturing [J]. Journal of Power Sources,2003,114(1):32-53
[5] NGUYEN T V,KNOBBE M W. A liquid water management strategy for PEM fuel cell stacks [J]. Journal of Power Sources,2003,114(1):70-79
[6] YOU L X,LIU H T. A two-phase flow and transport model for the cathode of PEM fuel cells [J]. International Journal of Heat and Mass Transfer,2002,45(11):2277-2287
[7] SIEGEL N P,ELLIS M W,NELSON D J,et al. A two-dimensional computational model of a PEMFC with liquid water transport[J]. Journal of Power Sources,2004,128(2):173-184
[8] CHEN S,WU Y. Gravity effect on water discharged in PEM fuel cell cathode [J]. International Journal of Hydrogen Energy,2009:1-6
[9] WANG X D,PENG X F,WANG B X. Contact angle hysteresis on rough solid surfaces. Heat Transfer Asian Research,2004,33(4):201-210
[10] KWOK D Y,NEUMANN A W. Contact angle measurement and contact angle interpretation[J]. Advanced in Colloid and Interface Science,1999,81:167-249
[11] KAWASAKI K. Study of wettability of polymers by sliding of water drop. J. Colloid and Interface Science,1960,15,402-407
[12] FURMIDGE C G L. Studies at phase interfaces. Ⅰ. The sliding of liquid drops on solid surfaces and a theory for spray retention. J. Colloid and Interface Science,1962,17(4):309-324
[13] DAVID Q,AZZOPARDI M J,LAURENT D. Drops at Rest on a Tilted Plane[J]. Langmuir,1998,14,2213-2216
[14] HE G,MING P,ZHAO Z,et al. A two-fluid model for two-phase flow in PEMFCs[J]. Journal of Power Sources,2007,163(2):864-873
[15] HAYES R A M,WINTERON R H S. Bubble diameter on detachment in flowing liquids[J]. International Journal of Heat and Mass Transfer,1981,24(2):223-230
[16] WANG X,PENG X,ZHANG X. Investigation on critical airflow velocity about departure of droplet from horizontal wall[J]. Journal of Basic Science and Engineering,2006,14(3):403-410
[17] CAO Z J. Dynamic description of the phenomena of dropwise condensation and the optimal contact angle[J]. Acta Physica Sinaca,2002,51(1):25-30
[18] QI Z,KAUFMAN A. Activation of low temperature PEM fuel cells[J]. Journal of Power Sources,2002,111(1):181-184
[19] 李鹏程,裴普成,何勇灵,等. 车用PEM燃料电池活化条件的优化[J]. 中北大学学报(自然科学版),2013,2:20
[20] 王瑞敏,曹广益,朱新坚. 质子交换膜燃料电池活化极化过电压分析及优化[J]. 可再生能源,2007,25(4):45-48
[21] WENG F B,SU A,HSU C Y,et al. Study of water-flooding behaviour in cathode channel of a transparent proton-exchange membrane fuel cell[J]. Journal of Power Sources,2006,157(2):674-680

6 闭口系质子交换膜燃料电池水气管理机制

质子交换膜燃料电池运行时排放的尾气通常会经过稀释后直接通入大气中，这一方面需要在燃料电池系统外增加稀释器和尾气浓度监测设备，另一方面也降低了氢气的利用率。为了提高燃料电池运行时的燃料经济性，通常在燃料电池系统上增加氢气循环系统，阳极出口氢气通过氢气循环泵或拉法尔喷管后重新进入电池阳极进行反应，使气体在电池内强制循环流动。Kim[1]和Herbig等[2]通过在电池尾部增设循环泵，使尾气在电堆内强制循环流动，利用产生的风力将液滴吹离流道。然而在氢气循环过程中杂质以及从阴极扩散的氮气在阳极逐渐增多，降低了阳极氢气浓度，从而影响电池性能，长时间运行时需要将阳极的杂质排掉，杂质排放过程中伴有氢气，因此也不可避免地浪费氢气。此外需要增设水气分离器、氢气循环泵或拉法尔喷管和氢气标准管道等部件，大大增加了燃料电池系统的体积、质量以及成本，除此之外还导致系统机动性变差，循环泵回路中运动部件(有油或者非油)的机械摩擦过程会引发较大的火灾安全隐患。

燃料电池阳极闭口是提高氢气利用简单而有效的方法，与燃料电池阳极出口直排不同，阳极闭口运行通过压力调节而不利用流量控制来提供电化学反应的氢气，电池内部压力保持一致，不会出现电池内部流量不均匀的情况。在阳极出口安装电磁阀，定期排放累积在阳极的水、氮气以及杂质气体。与阳极出口直排方式相比，氢气利用率得到大大提高；与氢气循环相比，这种方式不但大大简化了系统也提高了安全可靠性[3]。阳极闭口运行过程中不可避免地要将电磁阀打开来排放积累的液态水以及杂质，为了提高氢气利用率，一些学者对阳极闭口燃料电池做了相应的优化研究。Nishikawa等[4]将5 kW燃料电池阳极分成两个模块，前级阳极出口的氢气经过水气分离后进入后级模块，缓解了水淹，氢气利用率达96%。Nikiforow等[5]对阳极闭口燃料电池排气量、排放物组成、湿度、排气时间以及排放标准等参数进行优化，氢气利用率达99.9%。Han等[6]对此做了更进一步的研究，将15 kW电堆阳极分成多个模块，阳极模块数量以及每个模块的单电池数量通过理论计算得出，模块之间设有水气分离器，前级阳极出口气体经水气分离后进入下一级模块，从而能保证电堆阳极出口有充足的反应气体，其氢气利用率达99.6%。

闭口燃料电池运行过程中也存在一些负面影响：阴极侧空气中的氮气穿过质子交换膜渗透到阳极并逐渐累积，降低了阳极的氢气浓度以及分压；此外，水会从阴极反扩散到阳极并在阳极累积，覆盖在气体扩散层及催化层，影响氢气传输，阻碍了氢气与催化层接触进行反应，导致燃料电池阳极局部燃料饥饿，造成膜电极催化层的碳腐蚀，促使催化剂流失从而使燃料电池性能退化。Mocoteguy等[7]实验研究了5片闭口氢氧燃料电池堆的运行特性。研究发现，电池性能在运行过程中出现了急剧下降，不到60 s便接近0 V，其主要原因是电池运行过程中产生的液态水不能及时排除，阻塞流道，造成活性区氧气的

"饥饿"。

Matsuura 等[8]对不同电池工作温度以及阴极相对湿度等进行阳极闭口寿命测试,发现阳极闭口会逐渐腐蚀阴极催化层,在高的阴极相对湿度以及低温时寿命最长,而在低阴极相对湿度下膜出现针孔,加速电池寿命衰减。Chen 等[9]认为从阴极扩散的氮气和水会累积在阳极流道尽头,而氢气沿着阳极流道逐渐被耗尽,在流道尽头区域阴极碳腐蚀最严重。Patterson 和 Darling[10]在阳极流道中设置了障碍,对局部燃料饥饿造成催化层腐蚀进行研究,经过 100 h 后发现在障碍物附近阴极催化层被严重腐蚀,然而其他区域催化层没有腐蚀现象。

此外有学者认为阳极水淹造成燃料饥饿会导致阳极催化层的碳腐蚀,Taniguchi 等[11]对燃料饥饿过程中催化剂降解进行分析,发现阳极催化剂降解,在靠近出口处区域催化剂降解更严重。Kim 等[12]通过冷凝阳极入口湿气故意造成阳极水淹并进行累积长达 1600 h 的实验研究,发现阳极堵水使电池性能明显衰退,通过 TEM、SEM、EPMA、EDS、CV 及 EIS 等测试分析表明电池性能衰退主要是阳极堵水造成碳腐蚀引起催化剂流失。他们认为阳极堵水造成对应区域燃料饥饿使阳极电位增加,最终导致阳极碳载体腐蚀。一些学者针对阳极闭口运行做了优化工作,主要集中在阳极排放持续时间以及排放周期方面,以平衡催化剂碳腐蚀、氢气利用率及电池效率之间的关系,并没有很好地解决阳极闭口带来的电池不可逆损害问题。对于阴极闭口的研究,目前很少有相关的文献报道,Choi 等[13]对潜艇环境用阴极闭口阳极开口燃料电池在不同操作条件下运行特性进行实验研究,并对脉冲排放进行优化,将排放间隔延长 3 倍,有效提高了氧气利用率以及电池性能。

闭口系燃料电池在脉冲排放过程中,提高了氢气利用率,同时能够简化燃料电池系统的设计[14-19]。然而,由于脉冲排放瞬间产生的气体冲击和压力波动,会造成膜电极的机械损伤,并且闭口系燃料电池运行时流道内部液态水和氮气的累积也会造成催化剂的腐蚀。本章将重点介绍闭口系燃料电池水气管理的机制,包括研究闭口系燃料电池脉冲排放的动态响应特性,高氢气利用率时燃料电池阳极闭口运行的特性,阳极闭口系燃料电池系统的排氢策略优化,阴阳极全闭口系燃料电池运行特性,以及闭口系燃料电池启停的性能衰减特性等。

6.1 闭口燃料电池脉冲排放动态响应特性的实验研究

6.1.1 闭口系燃料电池脉冲排放动态特性的实验研究方法

本实验以氢氧单电池为研究对象,阴阳极流场均为平行流道流场且均由高疏水(疏水角为 145°)以及低电阻率(100 μS/cm)的商用石墨材料加工而成。阴极、阳极流道加工精度均为±0.01 mm。单电池的几何参数如表 6-1 所示。电池采用的膜电极(MEA)由武汉理工新能源公司提供,由质子交换膜、催化层(CL)以及扩散层(GDL)组成,其中采用的膜为 Nafion® XL 膜,阴阳极两侧催化层的 Pt/C 催化剂中 Pt 载量均为 0.4 mg/cm²,扩散层采用 Toray 公司生产的型号为 TGP-060 的碳纸经聚四氟乙烯(PTFE)疏水处理,液滴在疏水阴阳极扩散层表面的表面接触角均为 129°,与催化层接触一侧碳纸上刷有利于调节水气传输的微孔层(MPL)。

表 6-1 质子交换膜燃料电池几何参数

参数	数值
活性面积/m²	5.0×10^{-3}
流道深度/m	1.0×10^{-3}
流道宽度/m	2.0×10^{-3}
脊背宽度/m	1.0×10^{-3}
气体扩散层厚度/m	2.5×10^{-4}
质子交换膜厚度/m	2.5×10^{-5}
催化层厚度/m	1.0×10^{-5}

本章实验阳极和阴极排放示意图如图 6-1(a)和(b)所示。考察阳极排放时阳极氢气不经过加湿,通过压力控制器调节以一定压力通入阳极,阳极出口设置电磁阀控制阳极尾气排放。阴极敞排,氧气通过流量控制器按给定流量通入电池进行反应。考察阴极排放时阴极氧气不经过加湿,通过压力控制器调节以一定压力通入阴极,阴极出口设置电磁阀控制阴极尾气排放。阳极敞排,氢气通过流量控制器按给定流量通入电池进行反应。电池的加载电流通过台湾 Hephas Energy Corporation 生产的 HTS 单电池工作站的负载提供,电池温度、电压以及高频电阻通过该工作站监测。

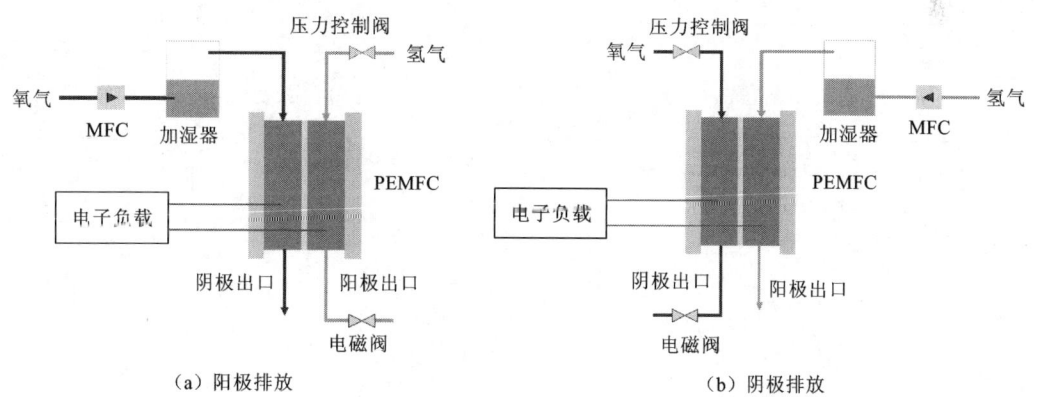

图 6-1 闭口系燃料电池脉冲排放动态特性的实验示意图

考察阳极排放时,以阳极入口压力 150 kPa,阴极氧气过量系数 4,相对湿度 100%,电池工作温度 65℃为基础,研究电池在不同电流密度下阳极闭口运行脉冲排放的运行特性。此后分别改变阴极相对湿度至50%,阳极入口压力至200 kPa,电池工作温度至80℃,考察不同阴极气体湿度、阳极入口压力以及电池工作温度下阳极脉冲排放电池的运行特性。考察阴极排放时,以阳极入口压力150 kPa,阳极氢气过量系数1.5,相对湿度100%,电池工作温度65℃为基础,研究电池在不同电流密度下阴极闭口运行脉冲排放的运行特性。此后分别改变阴极入口压力至200 kPa,电池工作温度至50℃,考察不同阴极入口压力以及电池工作温度下阴极脉冲排放电池的运行特性。

6.1.2 阳极脉冲排放特性

1. 电压特性变化

图6-2表示在电池运行温度为65℃,阳极入口压力150 kPa,阴极过量系数4,氧气湿度100%,不同电流密度下电压以及内阻曲线。阳极排气间隔均为60 s。在排放过程中电压迅速下降,相应的内阻迅速上升。排放结束后电压先迅速上升后缓慢恢复到排放前的值后保持平稳运行,相应的内阻先迅速上升后缓慢恢复到排放前的值并保持稳定。不同电流密度下阳极脉冲排放的电压与内阻曲线趋势保持一致。

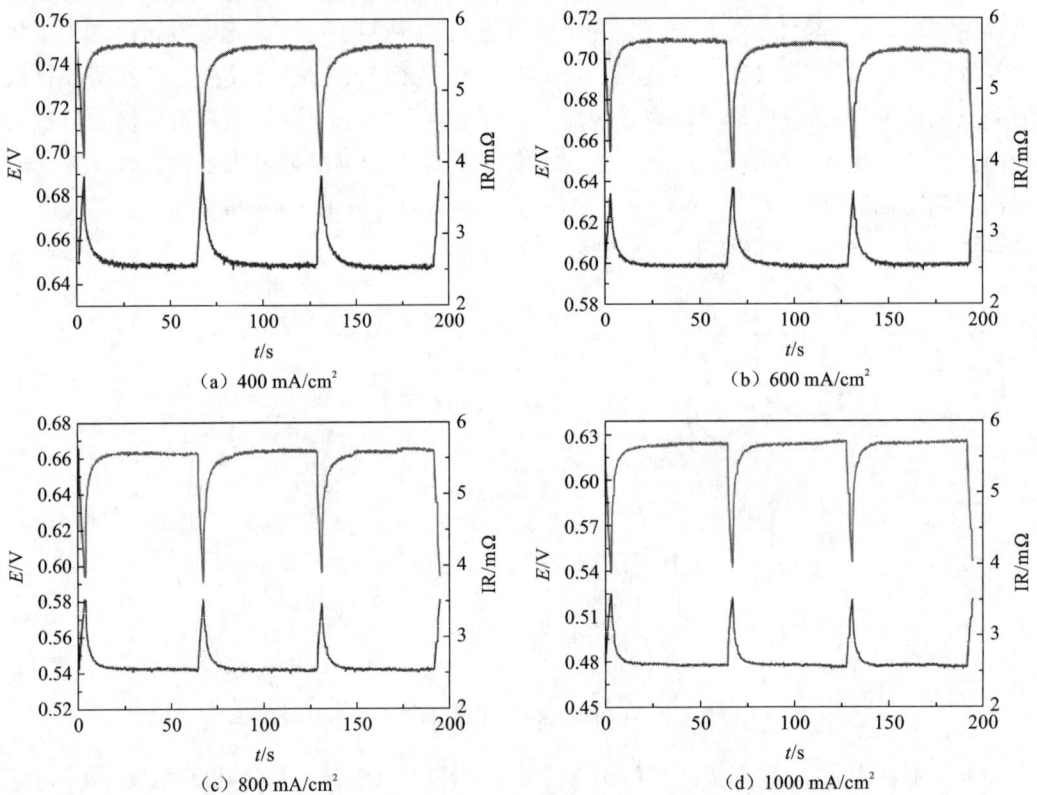

图 6-2 闭口系燃料电池脉冲排放过程中电压与内阻曲线

在阳极排气过程中排放的气体将阳极侧积累的液态水以及水蒸气带走,电池内处于干燥状态,同时阳极压力迅速降低,反应气体压力迅速降低,造成电压迅速下降内阻迅速上升,直至阳极排气结束。排气结束后电磁阀关闭,阳极压力恢复从而电压迅速上升,但由于阳极处于干燥状态,电压并不能完全恢复,而是在产生水润湿膜的过程中逐渐恢复,相应的内阻逐渐降低至原有值。随着电流密度增加,反应生成水的速率加快,排放过程中内阻增加值减小,电压和内阻恢复的时间减少。

图6-3表示在电池运行温度为65℃,阳极入口压力150 kPa,阴极过量系数4,氧气湿度100%,不同排气持续时间在一个周期内电池的运行特性。在排气时间内电压不断下降直至排气结束,相应的电阻不断增加。随着排气时间增加,电压下降的速率以及电阻上升的速率逐渐减慢。且随电流密度的增加电压下降的速率以及电阻上升的速率逐渐减慢的程度进一步变缓。电压与电阻恢复的时间随着排气时间的增加而增加,随电流密度的增加而减小,如图6-4所示。

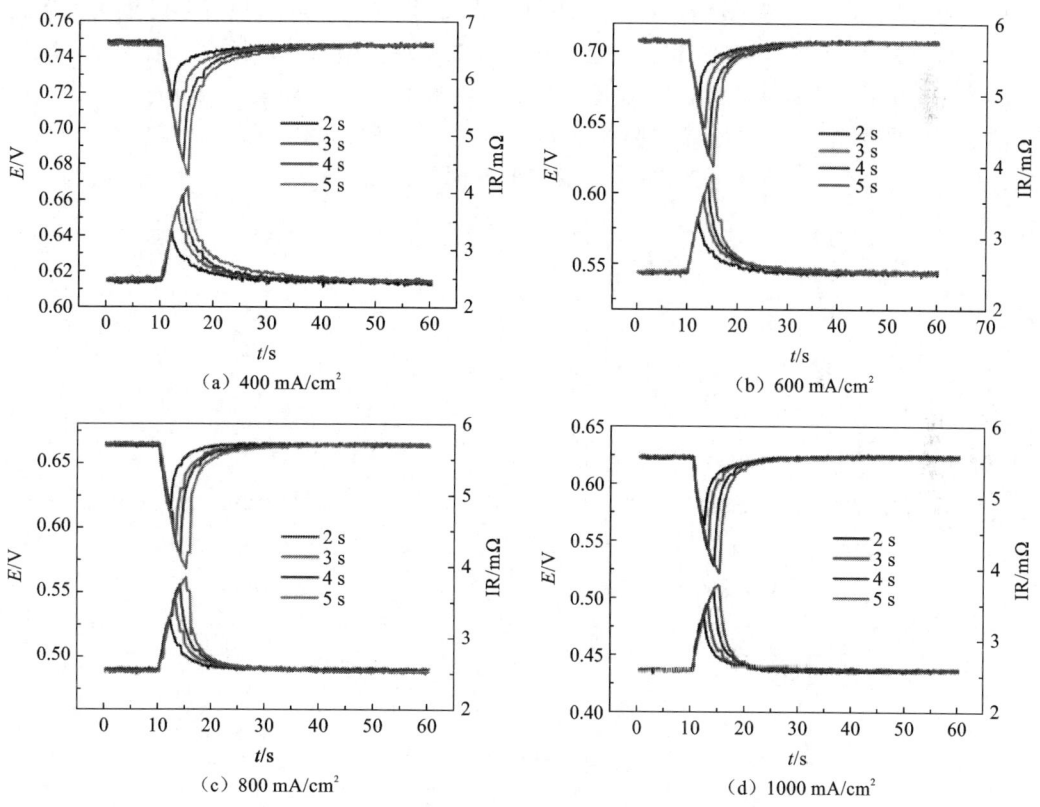

图6-3 闭口系燃料电池不同排放时间运行特性

在阳极排气过程中阳极流道内的水最先被排出,而阳极扩散层、阳极催化层以及膜内的水排出的难度逐渐增加,因此电压下降的速率以及电阻上升的速率逐渐减慢。随着电流密度增加,产生水的速率增加,排水的难度进一步增加,因此电压下降的速率以及电阻上升的速率逐渐减慢的程度进一步变缓。排气时间越长排出的水越多,因此电压与电阻的恢

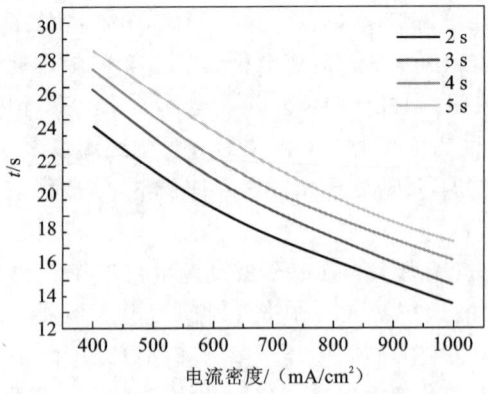

图 6-4 闭口系燃料电池电压与电阻恢复时间

复时间越长。相应的电流密度增加,反应生成水的速率增加,电压与电阻恢复时间缩短。

2. 阴极相对湿度对阳极脉冲排放特性的影响

图 6-5 表示在电池运行温度为 65℃,阳极入口压力 150 kPa,阴极过量系数 4,氧气湿度 50%,不同电流密度下电压以及内阻曲线。阳极排气间隔均为 60 s。排气持续期与氧气湿度 100% 时一致。电压与电阻与氧气湿度 100% 时脉冲排放的趋势一致,在排放过程中电压迅速下降,相应的内阻迅速上升。排放结束后电压先迅速上升后缓慢恢复到排放前的值后保持平稳运行,相应的内阻先迅速上升后缓慢恢复到排放前的值并保持稳定。不同电流密度下阳极脉冲排放的电压与内阻曲线趋势保持一致,且随着电流密度的增加电压与内阻恢复时间缩短。不同的是电压与内阻的恢复时间增加,排放过程中电阻的增加值加大,平稳运行后电阻较氧气湿度 100% 时大,这主要是阴极反应气体湿度减小、膜润湿的时间速度减慢引起的。

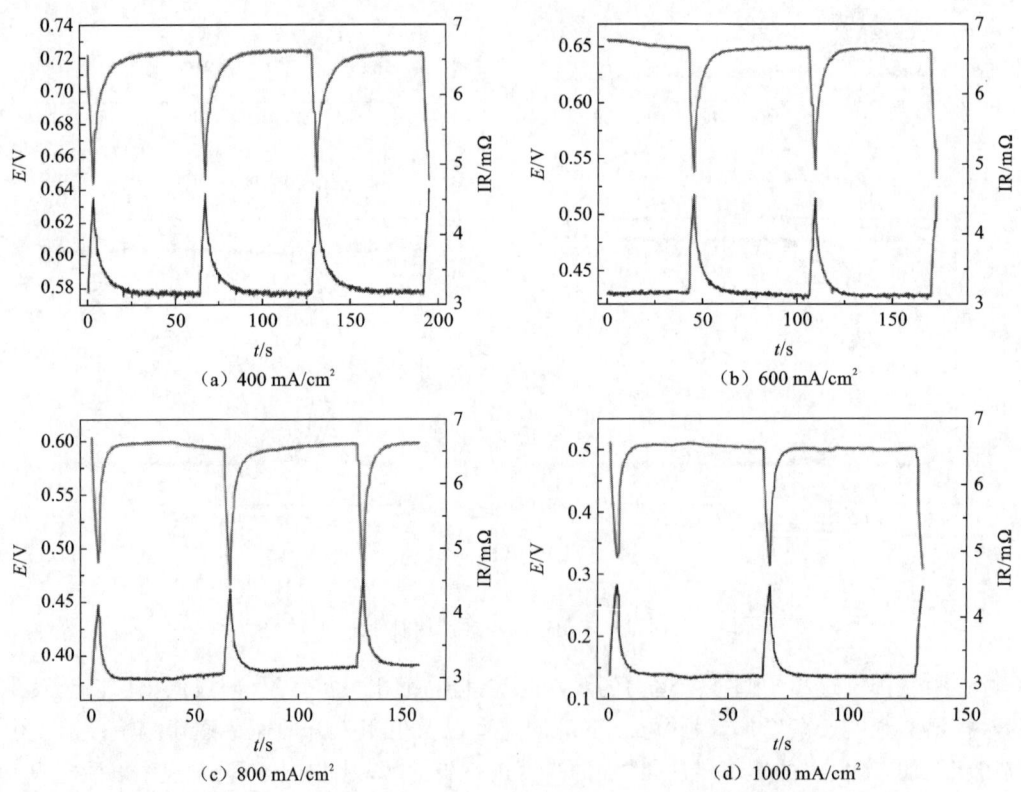

图 6-5 闭口系燃料电池脉冲排放过程中电压与内阻曲线

图 6-6 表示在电池运行温度为 65℃,阳极入口压力 150 kPa,阴极过量系数 4,氧气湿度 50%,不同排气持续时间在一个周期内电池的运行特性。与氧气湿度 50%趋势一致,在排气时间内电压不断下降直至排气结束,相应的电阻不断增加。随着排气时间增加,电压下降的速率以及电阻上升的速率逐渐减慢,且随电流密度的增加电压下降的速率以及电阻上升的速率逐渐减慢的程度进一步变缓。电压与电阻恢复时间随着排气时间的增加而增加,随电流密度的增加而减小,如图 6-7 所示。不同的是相同条件下电压与内阻的恢复时间增加,排放过程中电阻的增加值均加大,平稳运行后电阻较氧气湿度 100%时大,这主要是阴极反应气体湿度减小,膜润湿的时间速度减慢引起的。

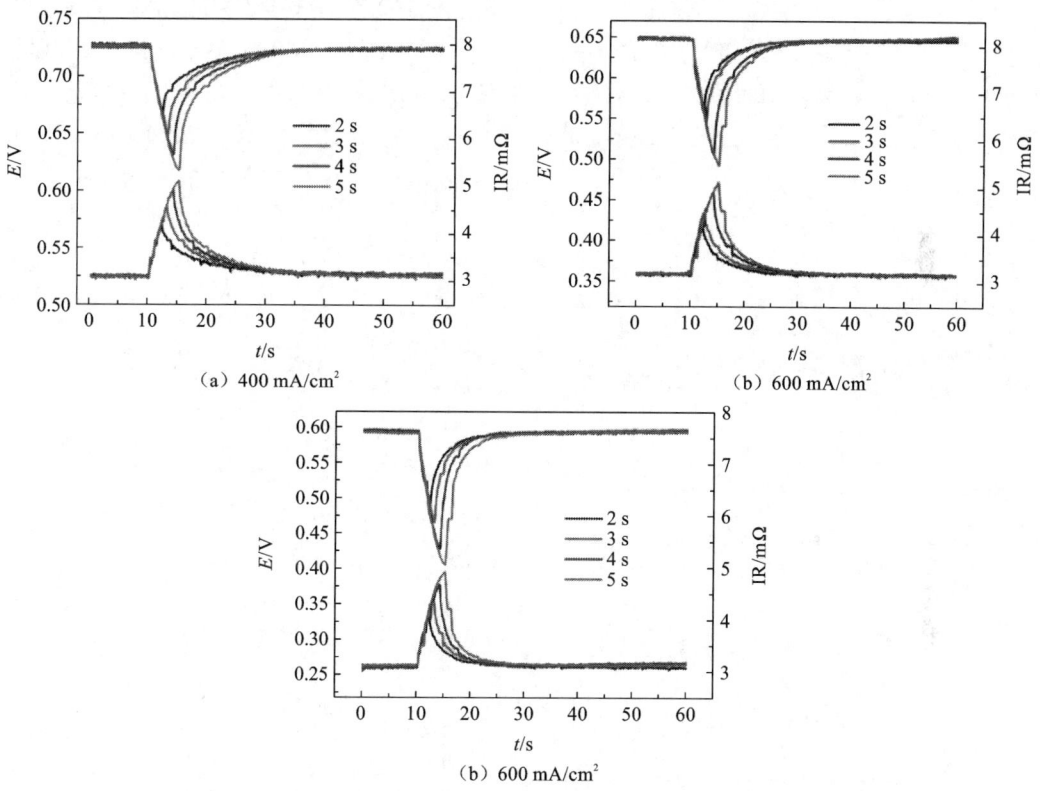

图 6-6 闭口系燃料电池不同排放时间运行特性

3. 阳极压力对阳极脉冲排放特性的影响

图 6-8 表示在电池运行温度为 65℃,阳极入口压力 200 kPa,阴极过量系数 4,氧气湿度 100%,不同电流密度下电压以及内阻曲线。阳极排气间隔均为 60 s。排气持续期与阳极入口压力 150 kPa 一致。在排放过程中电压迅速下降,相应内阻迅速上升。排放结束后电压先迅速上升后缓慢恢复到排放前的值后保持平稳运行,相应的内阻先迅速上升后缓慢恢复到排放前的值并保持稳定。不同电流密度下阳极脉冲排放的电压与内阻曲线趋势保持一致,且随着电流密度的增加电压与内阻恢复时间缩短。不同的是电压与内阻的

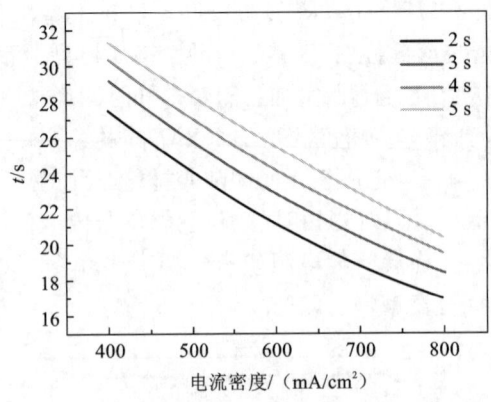

图 6-7 闭口系燃料电池电压与电阻恢复时间

恢复时间增加,排放过程中电阻的增加值加大,这主要是阳极排气压力增加,相同的排气时间内排走更多的气体,相应能带走更多的液态水和水蒸气,导致电池干燥程度增加,因此排放结束后电压与内阻恢复时间增加。

图 6-9 表示在电池运行温度为 65℃,阳极入口压力 200 kPa,阴极过量系数 4,氧气湿度 100%,不同排气持续时间在一个周期内电池的运行特性。与阳极入口压力 150 kPa 趋势一致,在排气时间内电压不断

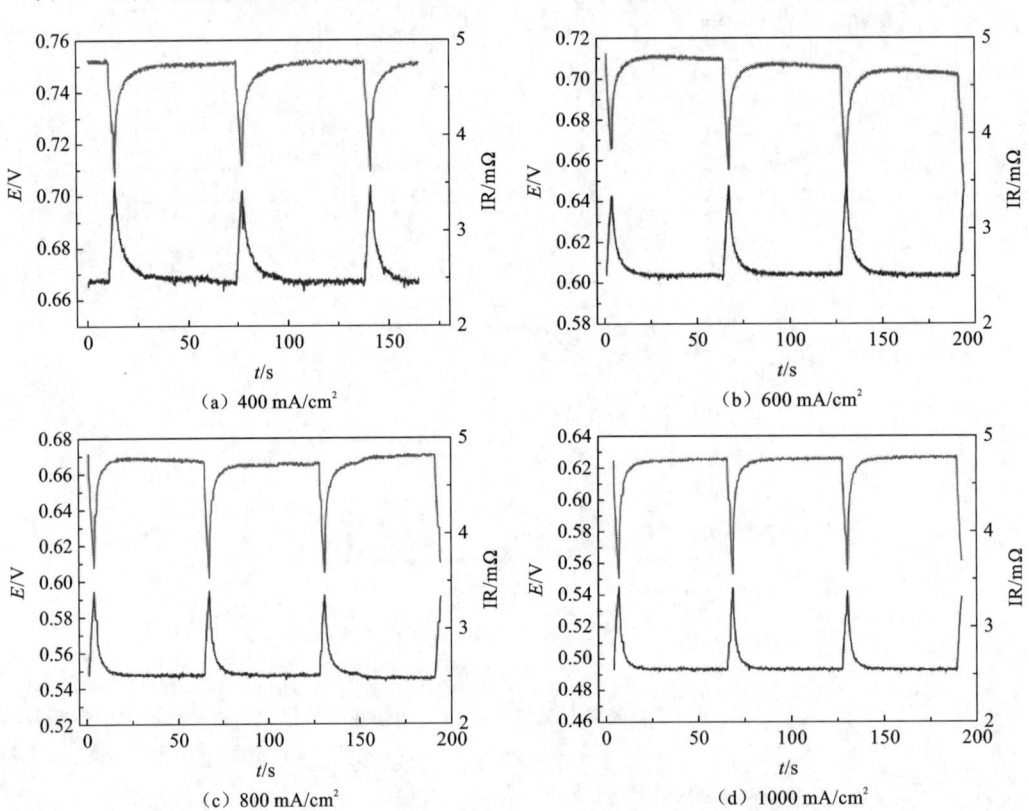

图 6-8 闭口系燃料电池脉冲排放过程中电压与内阻曲线

下降直至排气结束,相应的电阻不断增加。随着排气时间增加,电压下降的速率以及电阻上升的速率逐渐减慢。且随电流密度的增加电压下降的速率以及电阻上升的速率逐渐减慢的程度进一步变缓。电压与电阻恢复的时间随着排气时间的增加而增加,随电流密度的增加而减小,如图 6-10 所示。不同的是电压与内阻的恢复时间增加,排放过程中电阻的增加值加大,这主要是阳极排气压力增加,相同的排气时间内排走更多的气体,相应能

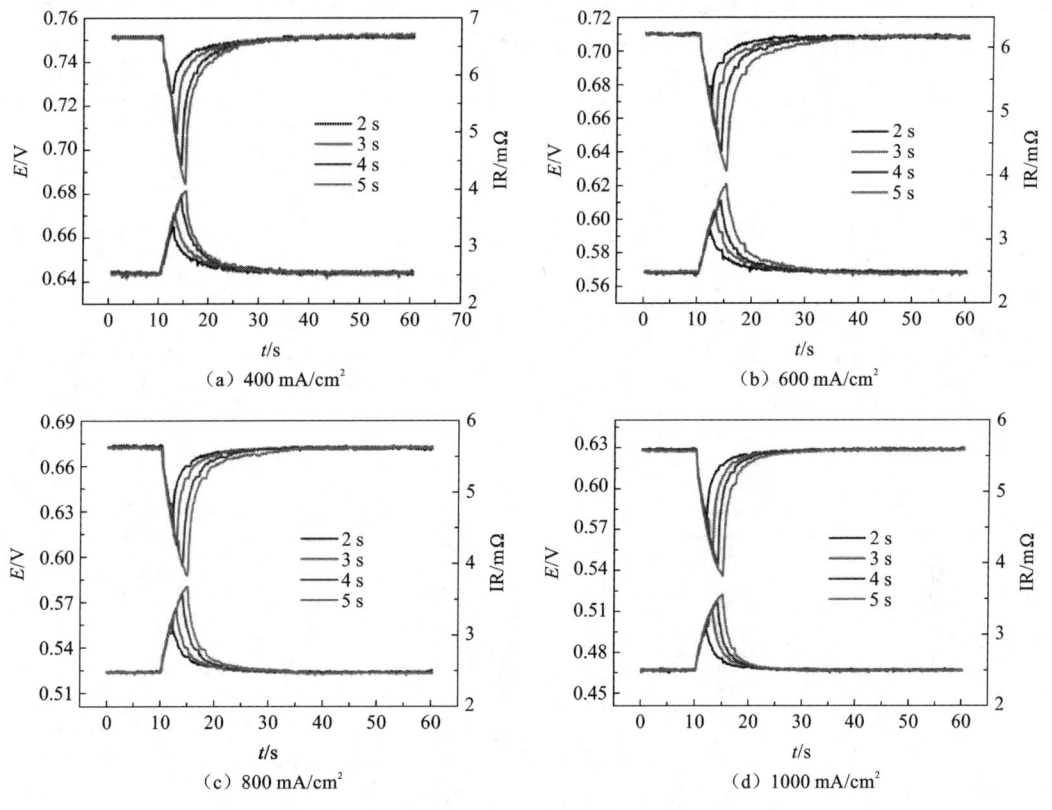

图 6-9 闭口系燃料电池不同排放时间运行特性

带走更多的液态水和水蒸气,导致电池干燥程度增加,因此排放结束后电压与内阻恢复时间增加。

4. 温度对阳极脉冲排放特性的影响

图 6-11 表示在电池运行温度为 80℃,阳极入口压力 150 kPa,阴极过量系数 4,氧气湿度 100%,不同电流密度下电压以及内阻曲线。阳极排气间隔均为 60 s。排气持续期与电池运行温度为 65℃时一致。在排放过程中电压迅速下降,相应的内阻迅速上升。排放结束后电压先迅速上升后缓慢恢复到排放前的值后保持平稳运行,相应的内阻先迅速上升后缓慢恢复到排放前的值并保持稳定。不同电流密度下阳极脉冲排放的电压与内阻曲线趋势保持一致,且随着电流密度的增加电压与内阻恢复时间缩短。不同的是排放过程中电阻的增加值加大,电压与内阻的恢复时间减少。这主要是电池工作温度增加,相同的

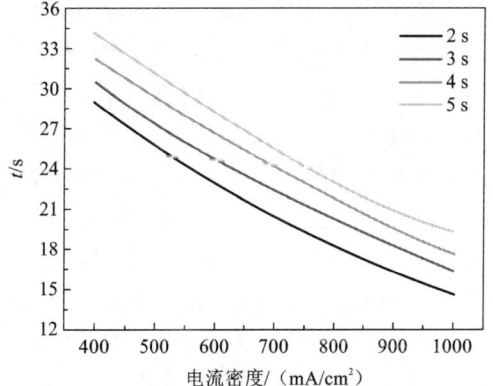

图 6-10 闭口系燃料电池电压与电阻恢复时间

排气时间内电池干燥程度增加,电阻增加,工作温度增加,相同的湿度下气体中的水分更多,膜润湿的速率加快,因此电压与电阻恢复时间减少。

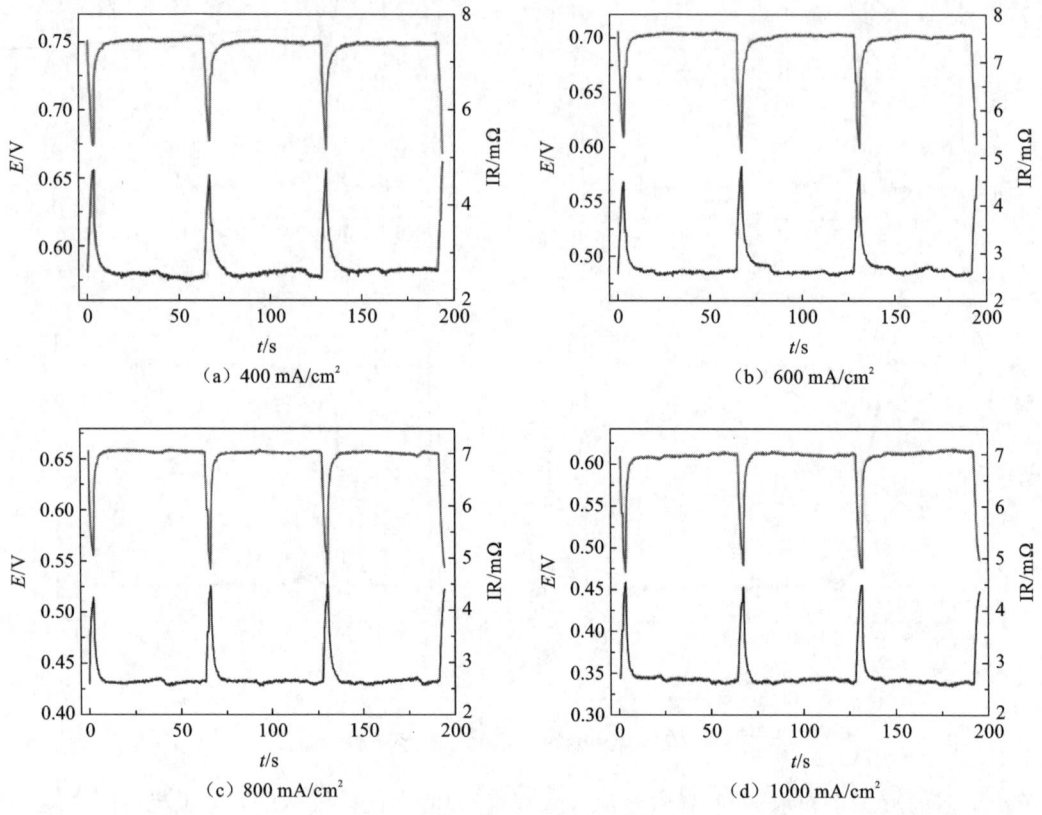

图 6-11 闭口系燃料电池脉冲排放过程中电压与内阻曲线

图 6-12 表示在电池运行温度为 80℃,阳极入口压力 150 kPa,阴极过量系数 4,氧气湿度 100%,不同排气持续时间在一个周期内电池的运行特性。与电池运行温度为 80℃ 时趋势一致,在排气时间内电压不断下降直至排气结束,相应的电阻不断增加。随着排气时间增加,电压下降的速率以及电阻上升的速率逐渐减慢,且随电流密度的增加电压下降的速率以及电阻上升的速率逐渐减慢的程度进一步变缓。电压与电阻恢复的时间随着排气时间的增加而增加,随电流密度的增加而减小,如图 6-13 所示。不同的是排放过程中电阻的增加值加大,在相同条件下电压与内阻的恢复时间减少。这主要是电池工作温度增加,相同的排气时间内电池干燥程度增加,电阻增加,工作温度增加,相同的湿度下气体中的水分更多,膜润湿的速率加快,因此电压与电阻恢复时间减少。

图 6-14 为同操作条件下电压与内阻恢复时间,其中案例 1 为电池运行温度 65℃,阳极入口压力 150 kPa,阴极过量系数 4,氧气湿度 50%;案例 2 为电池运行温度 65℃,阳极入口压力 150 kPa,阴极过量系数 4,氧气湿度 100%;案例 3 为电池运行温度 65℃,阳极入口压力 200 kPa,阴极过量系数 4,氧气湿度 100%;案例 4 为电池运行温度 80℃,阳极入口压力 150 kPa,阴极过量系数 4,氧气湿度 100%。不同的电流密度下,电压与电压的恢复时

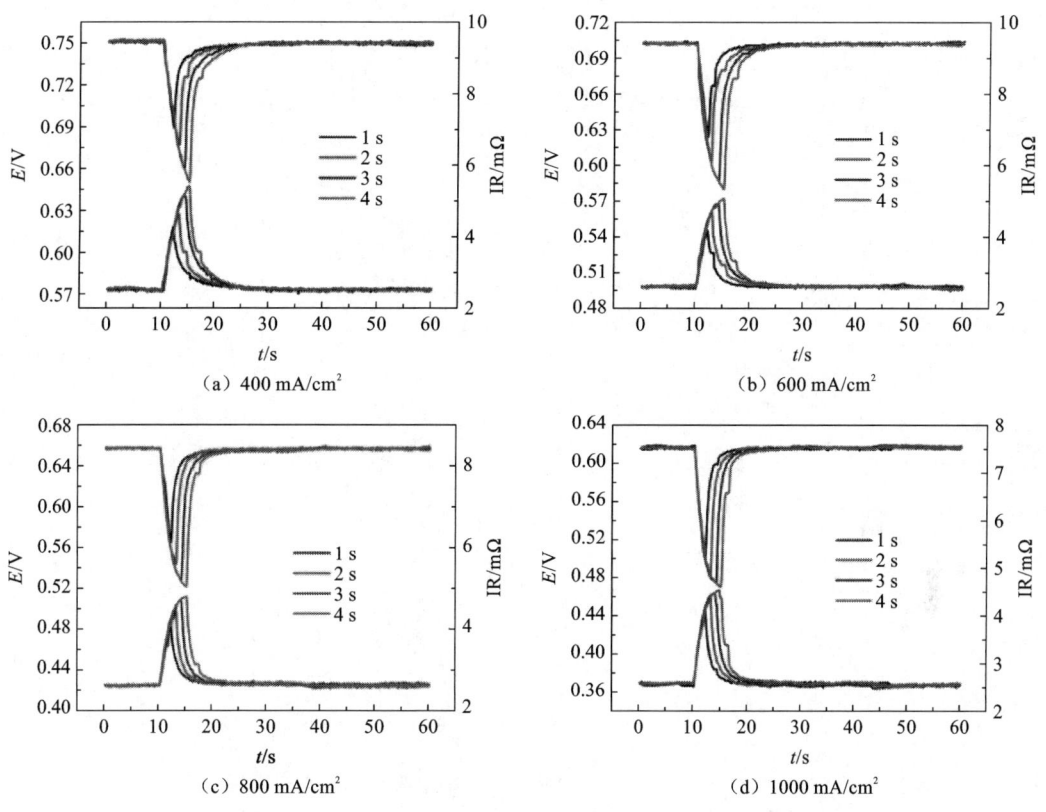

图 6-12 闭口系燃料电池不同排放时间运行特性

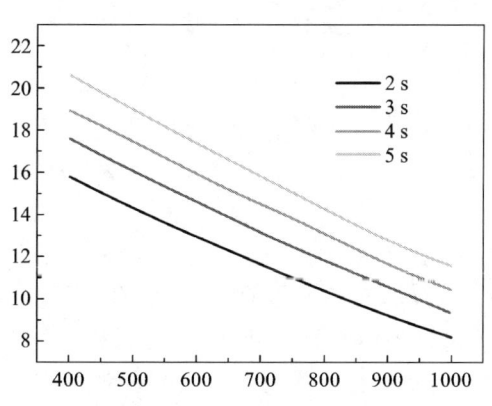

图 6-13 闭口系燃料电池电压与电阻恢复时间

间均随排气时间的增加而增加。案例 2 因其在相同的排气时间内排水量最多,因此电压与电压的恢复时间最长。案例 4 因其氧气的含水量最多,膜润湿速率最快,因此电压与电压的恢复时间最短。

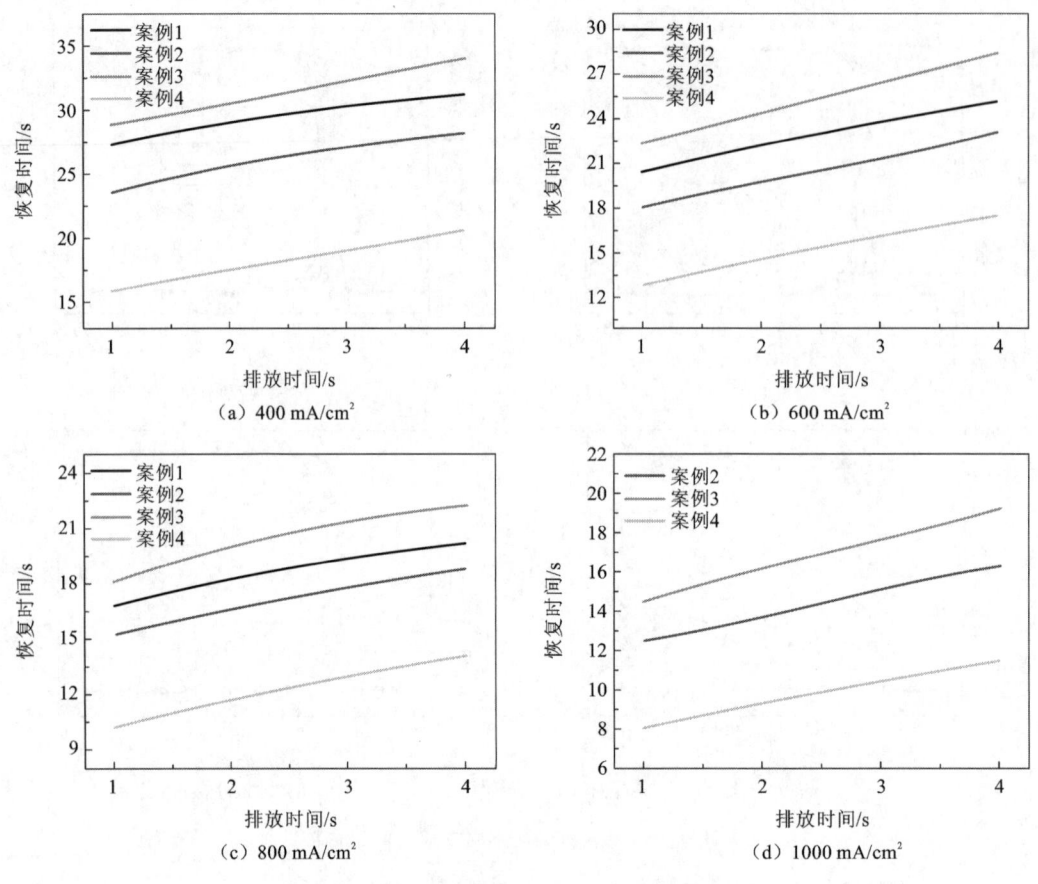

图 6-14 不同操作条件下电压与内阻恢复时间

6.1.3 阴极脉冲排放特性

1. 电压特性变化

图 6-15 表示在电池运行温度为 65℃，阴极入口压力 150 kPa，阳极过量系数 1.5，氧气湿度 100%，不同电流密度下电压以及内阻曲线。阳极排气间隔均为 60 s。阴极闭口运行比阳极闭口运行电池稳定性差，运行过程中电压曲线和内阻曲线均有波动。与阳极排放特性不同，在排气期间，电压先快速下降，约 0.2 s 后有一个转折点，之后以较慢的速度下降直至排气结束。而电阻一直不断增加直至排气结束。排气结束后电压迅速恢复而电阻缓慢恢复。在较小的电流密度下排气结束后能维持稳定运行，而随着电流密度增加，在运行过程中电压逐渐下降，且电压下降的程度随电流密度的增加而增加。

在阴极排放过程中，流道内的水最先被排出，电压迅速下降，而后阴极扩散层、阴极催化层以及膜的水被排出，且期间阴极催化层不断生成液态水，因此排水的难度加大，电压

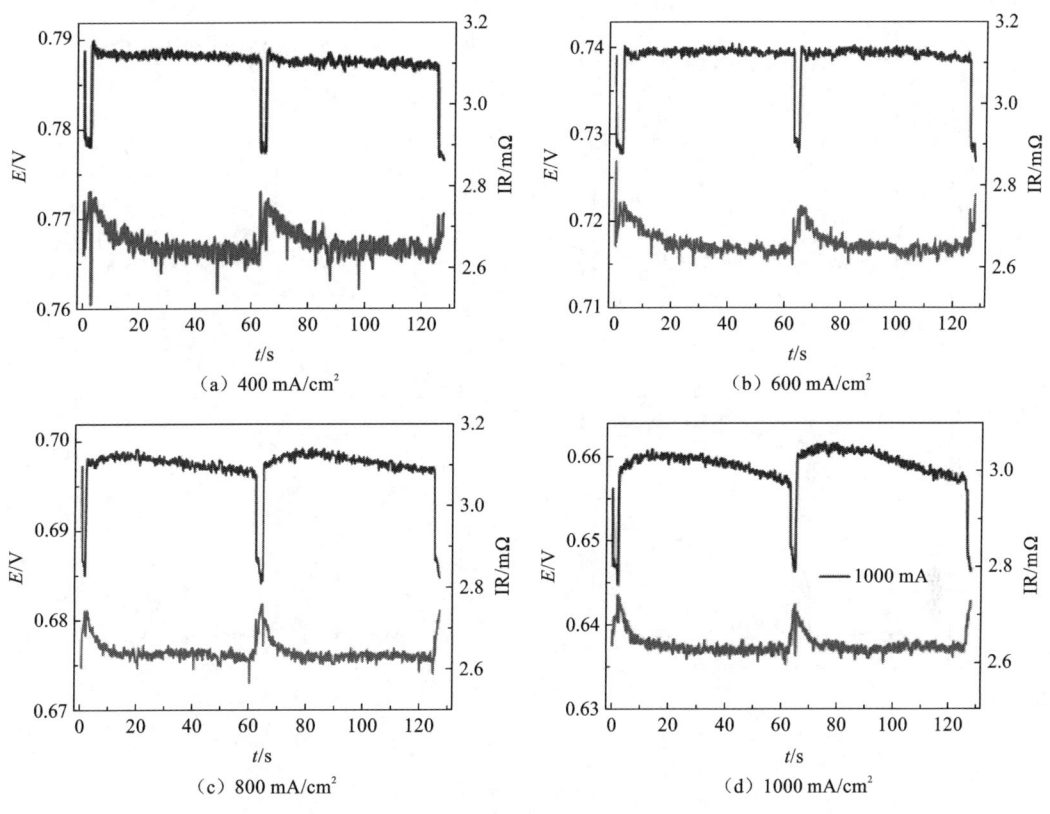

图 6-15 阴极脉冲排放过程中电压与内阻曲线

下降的速度减慢。阴极闭口运行过程中液态水逐渐积累,甚至引起阴极"水淹",导致减压逐渐降低,特别是在高电流密度下生成的液态水速率增加,阴极"水淹"程度增加,电压下降速率加快。

图 6-16 表示在电池运行温度为 65℃,阴极入口压力 150 kPa,阳极过量系数 1.5,氧气湿度 100%,不同排气持续时间在一个周期内电池的运行特性。在排气时间内电压不断下降直至排气结束,相应的电阻不断增加。随着排气时间增加,电压先快速下降约 0.2 s 后有一个转折点,之后以较慢的速度下降直至排气结束。而电阻一直不断增加直至排气结束。排气结束后电压并不能迅速恢复,而是先迅速恢复一部分,而后缓慢恢复至原有水平,这种情况随电流密度增加更为明显。电压与电阻恢复时间随排气时间的增加而增加,随电流密度的增加而减小。

排气结束后,阴极侧压力恢复,电压迅速恢复,但由于排出的气体强行将阴极侧的水分带走,导致阴极侧缺水,膜干燥,电压不能完全恢复,而后随着时间的进行阴极侧生成的水逐渐润湿膜,电池性能慢慢恢复。排气时间增加,膜干燥程度增加,电压与内阻恢复的时间增加。电流密度增加,阴极生成水的速率增加,电压与内阻的恢复时间缩短。

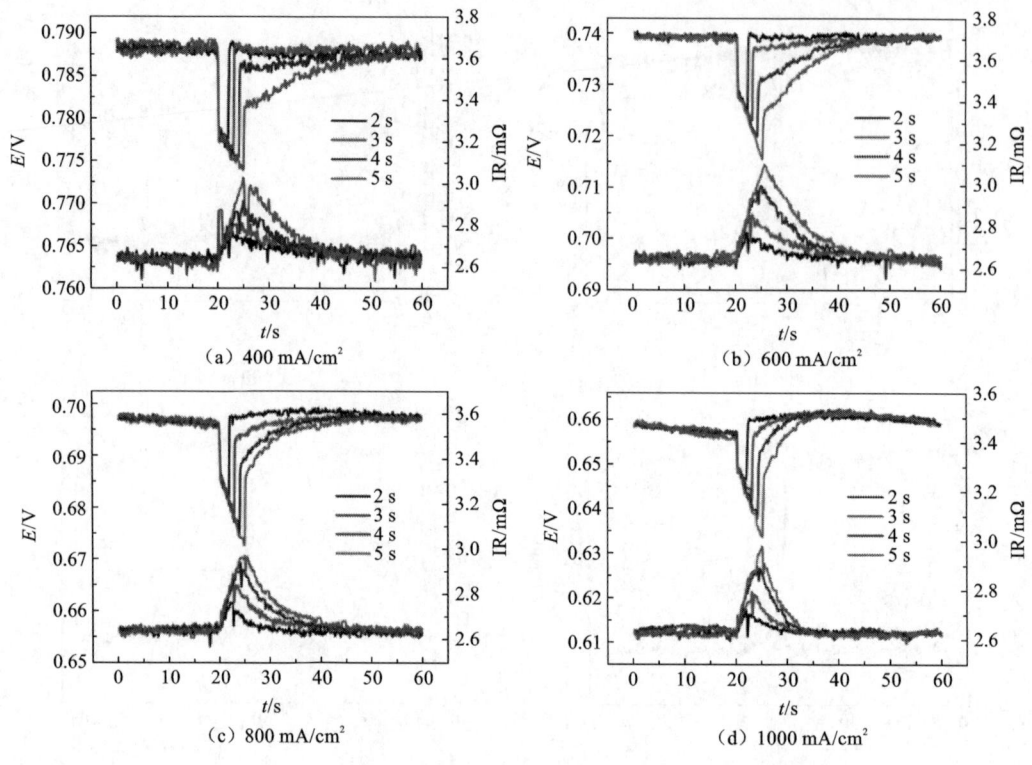

图 6-16 不同排放时间运行特性

2. 温度对阴极脉冲排放特性的影响

图 6-17 表示在电池运行温度为 50℃,阴极入口压力 150 kPa,阳极过量系数 1.5,氧气湿度 100%,不同电流密度下电压以及内阻曲线。阳极排气间隔均为 60 s。与 65℃趋势一致,阴极闭口运行比阳极闭口运行电池稳定性差,运行过程中电压曲线和内阻曲线均有小波动,且小波动比 65℃大。在排气期间,电压先快速下降约 0.2 s 后有一个转折点,之后以较慢的速度下降直至排气结束。而电阻一直不断增加直至排气结束。排气结束后

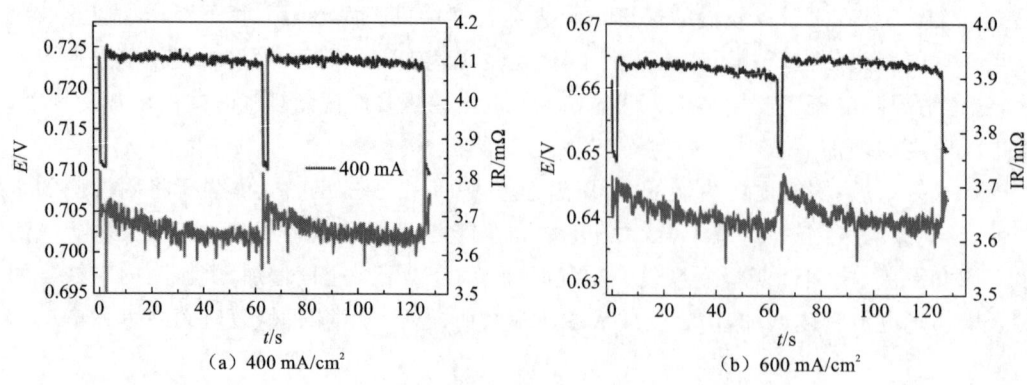

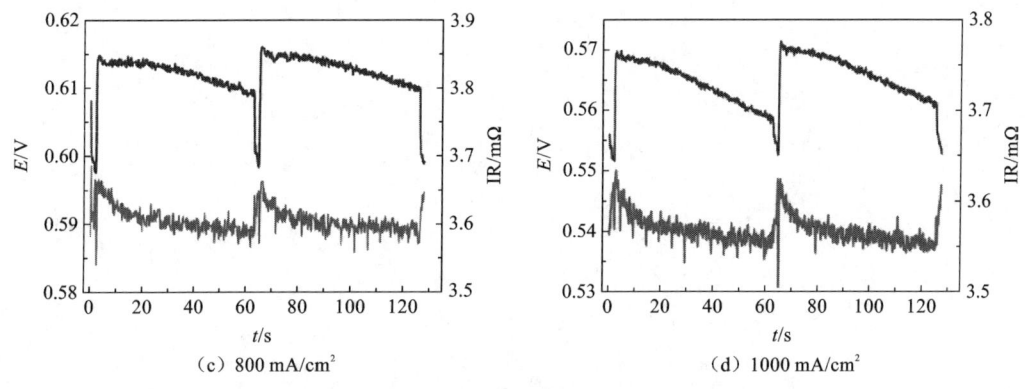

图 6-17 阴极脉冲排放过程中电压与内阻曲线

电压迅速恢复而电阻缓慢恢复,电压与电阻的恢复时间比 65℃时增加。恢复后在较小的电流密度下排气结束后能维持稳定运行,而随着电流密度增加,在运行过程中电压逐渐下降,且电压下降的程度比 65℃时大。

由于水蒸气饱和压力是温度函数,50℃饱和蒸汽压力比 65℃低,相同湿度条件下阳极氢气的含水量减少,通过阳极扩散到阴极的水分减少,因此电压与内阻恢复时间增加。相同条件下阴极反应气体能容纳较少的水蒸气,液态水更容易析出而引起"水淹",因而相比 65℃,电压曲线和内阻曲线波动增加,在运行过程中电压逐渐下降的程度增加。

图 6-18 表示在电池运行温度为 65℃,阴极入口压力 150 kPa,阳极过量系数 1.5,氧气湿度 100%,不同排气持续时间在一个周期内电池的运行特性。与 65℃时趋势一致,在排气时间内电压不断下降直至排气结束,相应的电阻不断增加。随着排气时间增加,电压先快速下降约 0.2 s 后有一个转折点,之后以较慢的速度下降直至排气结束。而电阻一直不断增加直至排气结束。排气结束后电压迅速恢复至原有水平,随后运行过程中,电压逐渐下降,且电压下降的速率随电流密度的增加而增加。电阻的恢复时间随排气时间的增加而增加,随电流密度的增加而减小。

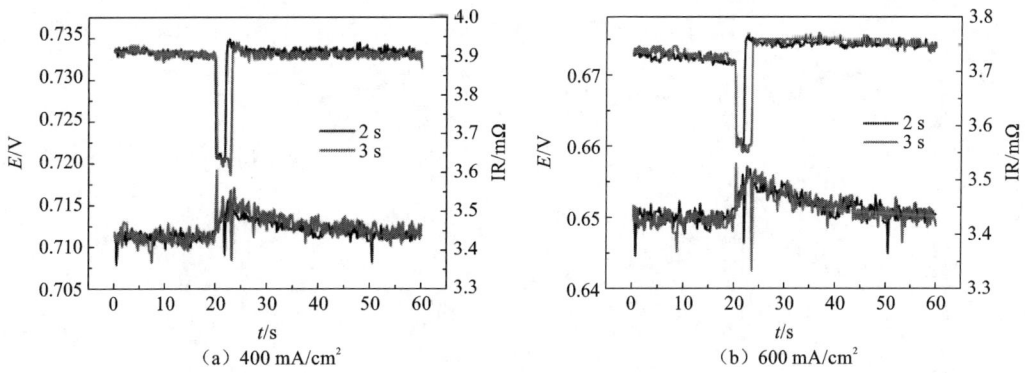

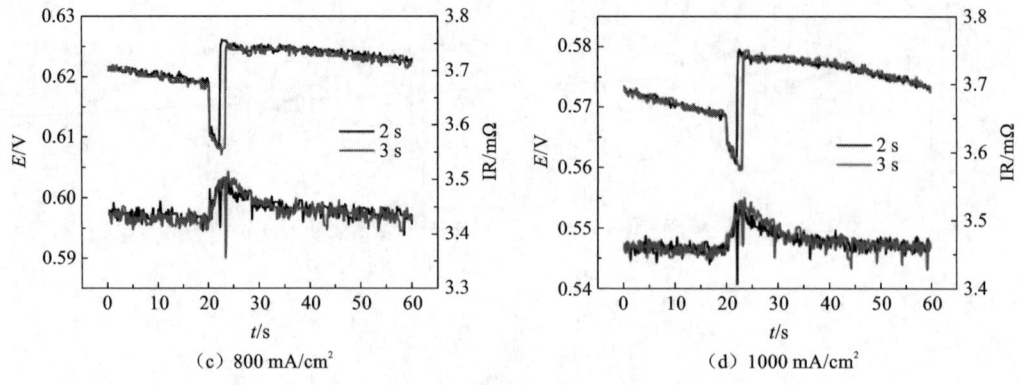

(c) 800 mA/cm²   (d) 1000 mA/cm²

图 6-18 不同排放时间运行特性

3. 阴极压力对阴极脉冲排放特性的影响

图 6-19 表示在电池运行温度为 65℃，阴极入口压力 200 kPa，阳极过量系数 1.5，氧气湿度 100%，不同电流密度下电压以及内阻曲线。阴极排气间隔均为 60 s。阴极闭口运行比阳极闭口运行电池稳定性差，运行过程中电压曲线和内阻曲线均有小波动。同样，与阳极排放特性不同，在排气期间，电压先快速下降约 0.2 s 后有一个转折点，之后以较慢的

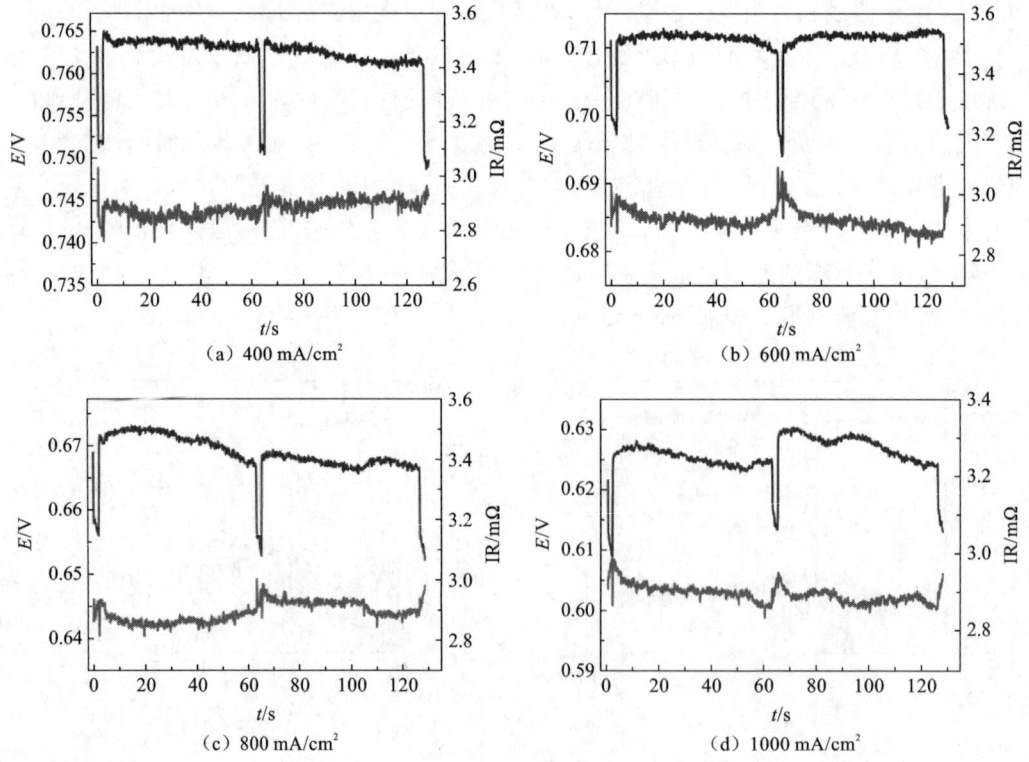

图 6-19 阴极脉冲排放过程中电压与内阻曲线

速度下降直至排气结束。而电阻一直不断增加直至排气结束。排气结束后电压迅速恢复而电阻缓慢恢复。在较小的电流密度下排气结束后能维持稳定运行,而随着电流密度增加,在运行过程中电压和内阻伴有大波动和下降,且大波动和下降的程度随电流密度的增加而增加。相比阴极入口压力150 kPa,电阻恢复时间增加。

提高阴极压力,水蒸气的分压增加,液态水更容易析出,特别是在高电流密度下,因此造成运行过程中电压和内阻曲线伴有大波动的下降。提高阴极压力,在相同的排气时间内排出的气体增多,相应能带走更多水分,因此电池内部干燥程度增加,内阻恢复时间增加。

6.1.4 阳极闭口运行对膜电极的影响

为考察长时间阳极闭口操作对膜电极(MEA)的影响,在阳极尾气电磁阀关闭不排放而实现氢气利用率达100%的同时,对各操作条件下阳极长时间闭口对电池性能的影响进行考察;每个操作条件结束后测取电池的极化曲线,电池累积阳极闭口运行时间达150 h后,对其进行循环伏安(cyclic volatmmetry,CV)测试考察阳极闭口运行对电极活性面积的影响;最后对膜电极分成9个区域进行断面形貌SEM测试,考察经过多种操作条件下长时间阳极闭口运行后对各区域催化层的影响。9个样本对应的区域如图6-20所示。在阳极闭口实验之前,电池先经过10 h高电流充分活化,活化过程中阴阳极气体均为100%加湿且均为敞口测试。待电池性能达到稳定后测取其极化曲线作为阳极闭口实验的初始性能,电池累积阳极闭口时间150 h后,再测取电池极化曲线作为最终性能。实验用氧气纯度为99.4%,氢气纯度为99.99%。环境温度为20℃。

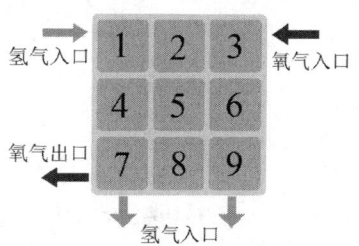

图6-20 膜电极分区示意图

1. 长时间阳极闭口运行特性

图6-21表示单电池在工作温度为65℃,阳极氢气进口压力140 kPa,阴极氧气过量系数4,相对湿度为80%时阳极闭口在不同电流密度下的电压和内阻随时间变化情况。每一电流密度电池单独运行,运行期间阳极电池阀保持关闭状态,一电流密度运行结束后打开阳极电磁阀收集累积的水分后进行下一电流密度测试。在不同电流密度下,在阳极长时间闭口过程中,电池均能稳定运行。在电流密度为400 mA/cm²时,电池经过13 h阳极闭口运行后,电压从0.741 V下降到0.727 V,电压衰减率为1.07 mV/h。在电流密度为600 mA/cm²时,电池经过26 h阳极闭口运行后,电压从0.713 V下降到0.701 V,电压衰减率为0.46 mV/h;在电流密度为1000 mA/cm²时,电池在阳极闭口运行过程中,电压只有小范围的波动,电池电压基本没有衰减。低电流密度反应生成的水较少,阴极流量较小,氧气携带的水分也较少,运行过程中膜得不到充分润湿较为干燥,内阻增加,长时间运行加速电池性能衰减。电流密度升高,反应生成以及氧气携带的水分增多,膜含水量增加

得到充分水润后内阻减少,电压衰减减慢。

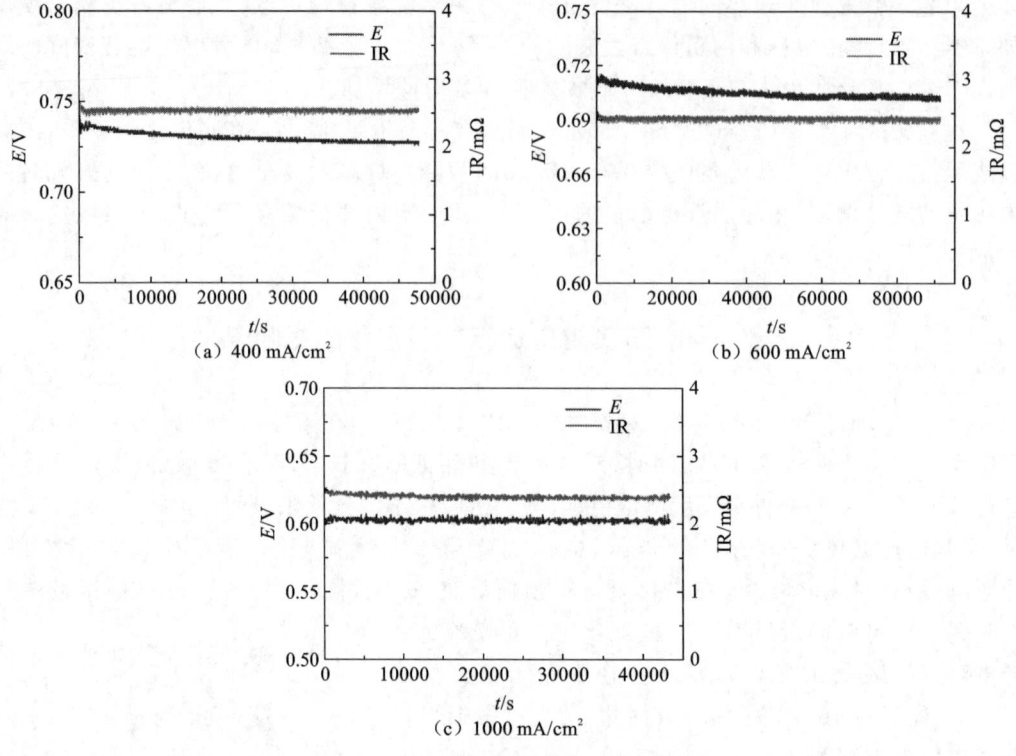

图 6-21 阳极闭口电压与内阻曲线

图 6-22 为单电池在工作温度 65℃,阳极氢气进口压力 180 kPa,阴极氧气过量系数 4,相对湿度 80% 时阳极闭口在不同电流密度下的电压和内阻随时间的变化情况。在电流密度为 600 mA/cm² 时,电池经过 11 h 阳极闭口运行后,电压从最初 0.689 V 下降到 0.683 V,电压衰减率为 0.545 mV/h;在电流密度为 1000 mA/cm² 时,电池经过 11 h 阳极闭口运行后,电压从最初 0.624 V 下降到 0.612 V,电压衰减率为 1.2 mV/h。阳极侧压力

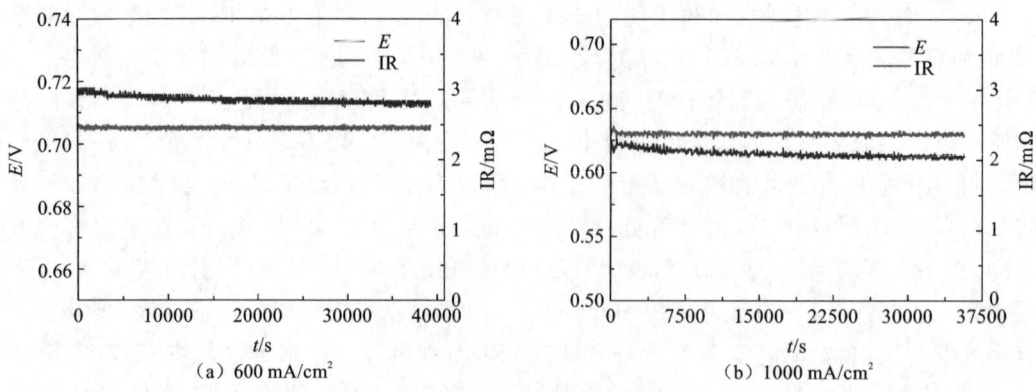

图 6-22 阳极闭口电压与内阻曲线

加大,阴极反扩散至阳极的水减少,导致阴极的水分增多,特别是在高电流密度下,水蒸气更易达到其饱和压力而析出液态水,引起阴极侧"水淹",导致电池性能降低。因此与低阳极进口压力相比电压衰减率较大。

图 6-23 为单电池在工作温度 65℃,电流密度为 1000 mA/cm²,阴极氧气过量系数 2.4,相对湿度 80%,阳极进口压力分别为 140 kPa 和 180 kPa 的电压和内阻随时间的变化情况。在低过量系数高电流密度下阳极闭口运行过程中电池性能极其不稳定,过程中电压伴有较大的波动,电压随时间衰减明显,内阻随时间不断增加,特别是在较高阳极入口压力下电压衰减率更大,经过 9 h 闭口运行后电压衰减率达到 7.2 mV/h。在高电流密度下,电池阴极产生的水增加,阴极过量系数较小,出口尾气携带的水分较少,多余的水分在阴极侧累积,加重了阴极水淹,大大影响了电池内部传质,造成内阻增加,从而电池电压衰减加快。

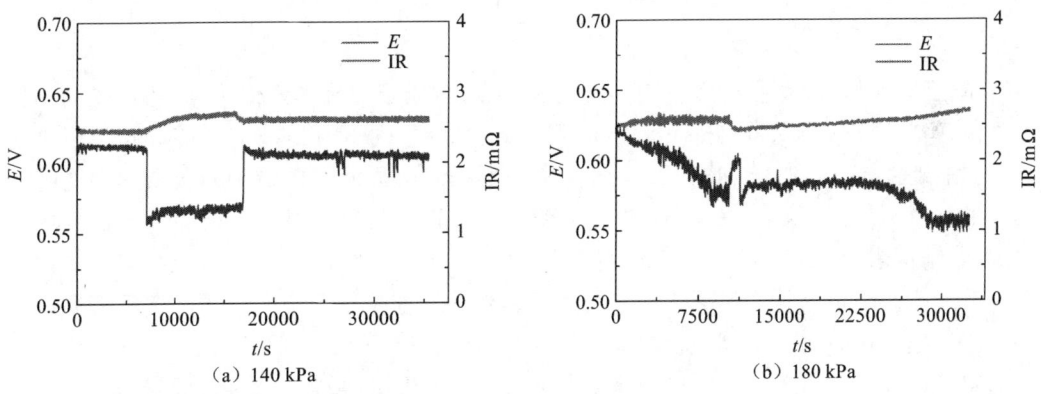

图 6-23 阳极闭口电压与内阻曲线

图 6-24 为单电池在工作温度 80℃,阳极氢气进口压力 0.8 bar,阴极氧气过量系数 4,相对湿度 80%时阳极闭口在不同电流密度下的电压和内阻随时间的变化情况。在高温下电池电压不够稳定,电压和内阻均有波动。电池工作温度增加,水蒸气分压增大,在阴极氧气相对湿度不变的情况下,氧气带入电池内部的水分增加,阴极过多的水蒸气稀释了

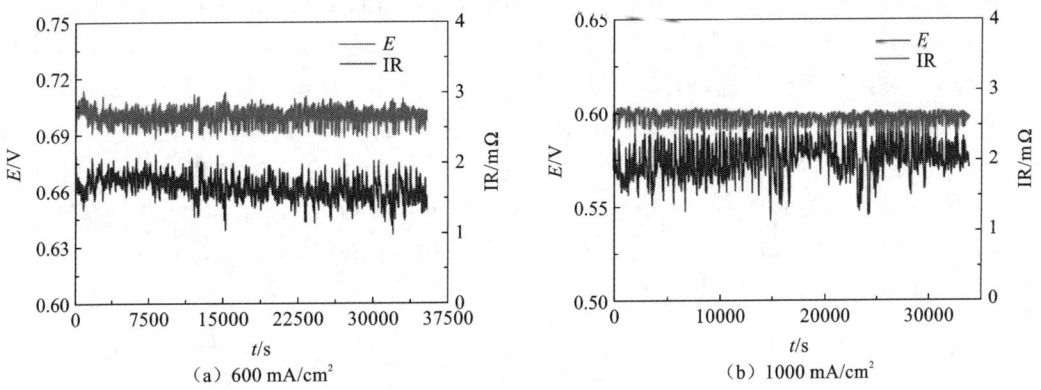

图 6-24 阳极闭口电压与内阻

反应气体，导致反应气体浓度减低，浓差极化更加严重，造成电池电压波动较大，特别是在高电流密度下，产生的水以及氧气携带的水均增加，电池电压波动更大。

在以上各操作条件下，电池阳极闭口运行期间电磁阀均处于关闭状态，供入阳极的氢气能全部反应，且没有排放，氢气利用率达100%。单电池阳极闭口运行过程中电压衰减主要集中在最初一段时间，这段时间阳极产生的水逐渐累积，附着在流道壁或扩散层表面，造成水淹阻碍气体传质，导致电池电压下降；之后在整个阳极闭口运行过程中电压较为平稳，基本没有衰减，原因是阳极继续产生的水除了部分还继续附着在流道壁或扩散层表面之外，其他的水通过重力克服黏滞力的影响自动脱落，流到了电磁阀之前的缓冲区以及出口管道内并累积。而在低过量系数且高电流密度下，电池内部产生水的速率比水排出电池的速率快，随着时间的进行，越来越多的水在电池内部累积，电池水淹加剧，导致电池性能不断衰减。

2. 阳极水生成分析

单电池阳极闭口运行过程中，在阴阳极间水透过质子交换膜的传输有：从阳极到阴极的电渗透拖拽(electro-osmotic drag)、从阴极到阳极的反扩散(back diffusion)、阴阳极间的压力驱动渗透(pressure driven hydraulic permeation)以及从阴极到阳极的热渗透拖拽(thermal-osmotic drag)。其中，电渗透拖拽和反扩散是电池内部阴阳极间水传输的主要方式，与前两者相比，压力驱动渗透通常可以忽略，但在高温(>80℃)以及阴阳极之间存在较大压差条件下这种水渗透方式不能忽略。热渗透拖拽是由于阴极温度比阳极温度高导致水蒸气分压较高，从而驱使水从阴极扩散到阳极。

电池阳极闭口运行过程中，阳极氢气不加湿，阳极测生成的水 m_{An} 可表示为 $m_{An}=m_{BD}-m_{ED}+m_P+m_{TOD}$，其中，$m_{BD}$、$m_{ED}$、$m_P$、$m_{TOD}$ 分别表示阴极反扩散、电渗透拖拽、压力驱动渗透以及从热渗透拖拽的水量。水的各项传输系数不易单独测量，很难从理论上计算各项传输水量，目前还没有相关深入的理论研究，一般通过设置实验来测量阳极总生成水量。在各操作条件下，阳极收集的水量如表6-2所示，在同一操作条件下，电流密度增加，虽然 m_{ED} 增多，但阴极生成的水以及氧气带进电池的水增多使阴极反扩散 m_{BD} 增加得更多，阳极收集到的水量在高电流密度高于低电流密度。减小阴极过量系数，氧气带入的水分减小，阴极反扩散 m_{BD} 量减少，在同一电流密度下电渗透拖拽 m_{ED} 不变，阳极收集到的水量减少。在阴极流量一定，不同电流密度时(600 mA/cm² 过量系数 4,1000 mA/cm² 过量系数 2.4)，两者氧气带入的水分一样，高电流密度下反应生成的水较多，但由于电渗透拖拽 m_{ED} 量更多，使阳极收集的水量较低电流密度略小。增加氢气入口压力，压差驱动水从阳极渗透阴极的量更大，因此阳极收集到的水较少。增加电池工作温度，水分压增加，由于阴极测温度更高，阴极侧水分压比阳极侧高，从而热渗透拖拽 m_{TOD} 量增加，因此阳极收集到的水量随之增多。

表 6-2 阳极水生成

阳极闭口运行操作条件			阳极水生成量/(mL/h)	
电池温度/℃	阳极进口压力/bar	阴极过量系数	600 mA/cm²	1000 mA/cm²
65	0.4	4	0.87	2.04
65	0.8	4	0.79	1.88
80	0.8	4	0.94	2.13
65	0.4	2.4	—	0.74
65	0.8	2.4	—	0.68

3. 阳极闭口运行性能诊断

图 6-25 为阳极闭口前后单电池的极化曲线，初始性能在闭口实验前测取，最终性能在电池累积阳极闭口时间 150 h 后测取。如图所示，经过 150 h 阳极闭口运行后，电池性能明显下降，且随着电流密度增加电池性能衰减加大。600 mA/cm² 时电压衰减 2.41%，1200 mA/cm² 时电压衰减 8.03%。

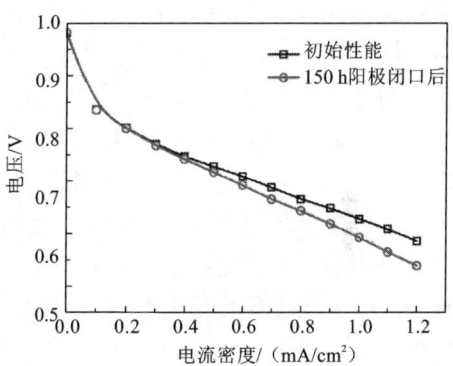

图 6-25 阳极闭口前后单电池极化曲线对比

循环伏安(CV)法是常用的表征燃料电池膜电极的一个重要手段，常用于评价膜电极的衰减。为考察阳极闭口对电池的影响，分析电池性能下降的原因，150 h 阳极闭口测试后，对电池阴阳极分别进行循环伏安(CV)测试。测取阴极 CV 曲线时阳极通氢气，阴极通氮气；测取阳极 CV 曲线时阳极通氮气，阴极通氢气。气体流量均为 300 mL/min，温度均为 30℃，相对湿度均为 100%，扫面速率均为 20 mV/s。阴阳极 CV 曲线如图 6-26 所示，(a)为阴极 CV 图，(b)为阳极 CV 图，从图中可以看出阴、阳极催化剂氢吸附峰均有降低，而阴极催化剂衰减的比阳极大。

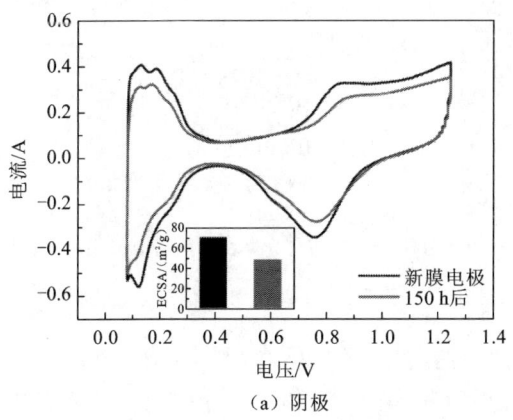

(a) 阴极

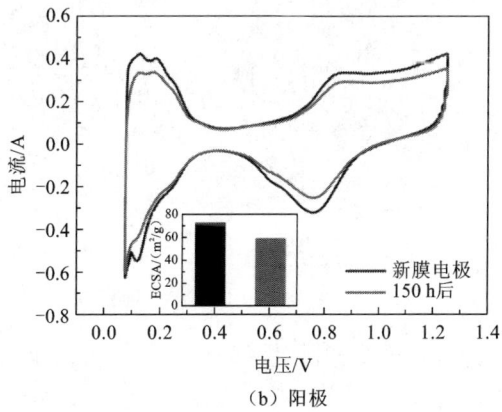

(b) 阳极

图 6-26 循环伏安(CV)曲线

电化学活性面积(ECSA)是表征膜电极催化剂衰减的一个重要参数,可以通过 CV 图上计算,计算公式如下

$$\text{ECSA} = \frac{Q_H}{[\text{Pt}] \times 0.21} \tag{6-1}$$

其中:[Pt]为单位面积电极上 Pt 的含量,mg/cm^2;Q_H 为氢吸附的电荷面积,mC/cm^2;0.21(mC/cm^2)为 Pt 表面氧化氢分子所需要的电荷数[13]。

电池经过 150 h 阳极闭口测试后,阴极和阳极的电化学活性面积均有衰减,其中阴极从最初的 71.43 m^2/g 降至 49.38 m^2/g,衰减率为 30.87%;阳极从最初的 72.38 m^2/g 降至 59.54 m^2/g,衰减率为 17.40%。进一步证实了阴极催化剂衰减的比阳极大。电化学面积减小,电池的性能下降,阴极和阳极电化学活性面积均减小共同造成了电池性能下降。

为进一步考察造成电池性能衰减的原因,对进行了 150 h 阳极闭口测试的膜电极分成 9 个区域进行形貌 SEM 测试。阳极闭口测试后膜电极扩散层表面液态水分布如图 6-27 所示,液态水主要集中在电池底部,即 7、8、9 处,其中靠近阴极出口 7 处液态水最多。新膜电极断面 SEM 图如图 6-28 所示,阳极闭口测试后的膜电极 SEM 测试结果如图 6-29 所示。与新膜电极相比,电池经过 150 h 阳极闭口运行后,在电池下部区域,即膜电极 7、8、9 处阴极催化层厚度减薄,越靠近阴极出口阴极催化层厚度越薄,离阴极出口最近 7 处催化层最薄,8、9 处阴极催化层厚度衰减逐渐减弱。而其他区域(1~6)阴极催化层均只有少量衰减。阳极催化层减薄程度比阴极小,主要同样集中在电池下部区域,在靠近阴极出口 7 处减薄最大,8、9 处阳极催化层减薄相对较小,而其他区域阳极催化层厚度与最初厚度基本一致。

(a) 阴极　　　(b) 阳极

图 6-27　扩散层表面水分布

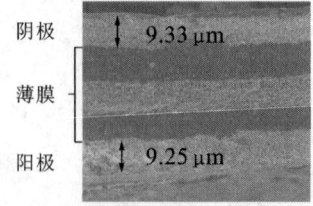

图 6-28　新膜电极断面形貌 SEM 图

为了降低燃料电池的成本以及提高催化剂铂的利用率,铂纳米颗粒分散载于碳载体的表面以提高催化剂的表面活性面积。然而在长时间高温、高湿度、低 pH 以及高氧气浓度等环境下碳载体极易被氧化,碳载体的氧化使铂纳米颗粒从载体表面脱落,导致催化剂

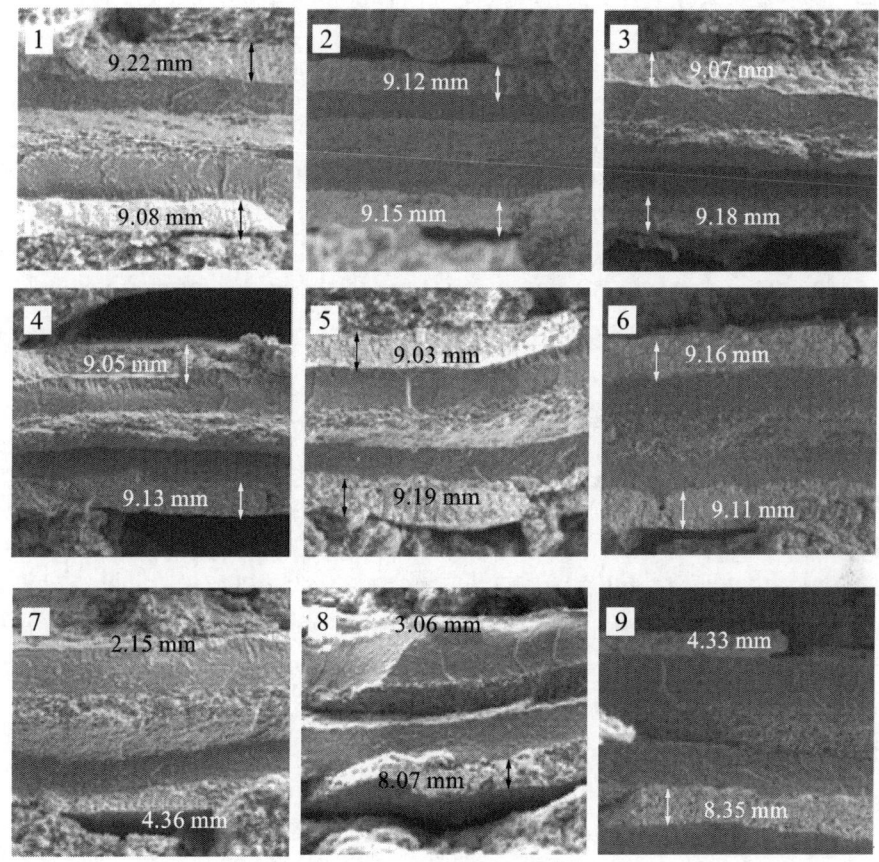

图 6-29 膜电极分区断面形貌 SEM 图
电池阳极闭口运行 150 h 后膜电极断面:上部为阴极,下部为阳极

活性面积降低。脱落下来的铂纳米颗粒发生团聚现象或者被溶解而流失。

阳极产生的液态水在出口处附近汇集并累积,部分水经过阳极出口后流至主管,最终汇集到电磁阀前管道,部分水累积在电池阳极底部引起阳极水淹,造成水淹对应的区域缺氢气,不能维持正常的电化学反应,不能产生氢质子,反应向反方向进行。

$$O_2 + 4H^+ + 4e^- \rightleftharpoons 2H_2O \tag{6-2}$$

即在缺氢气区域发生水电解反应产生氧气,加上部分氧气从阴极透过膜扩散到阳极,在缺气区域形成氢氧界面,对应区域形成阴极高界面电势(约 1.6 V),导致对应区域阴极催化剂碳载体腐蚀。

$$C + 2H_2O \longrightarrow CO_2 + 4H^+ + 4e^- \quad (0.207\ V_{RHE}) \tag{6-3}$$

$$C + H_2O \longrightarrow CO + 2H^+ + 2e^- \quad (0.518\ V_{RHE}) \tag{6-4}$$

RHE 为可逆氢电极,催化剂碳载体的平衡电池相对于标准氢电极较低,为 0.207 V(25℃),从热力学角度来讲不稳定,在过高的界面电势下碳载体容易被腐蚀。

同时,阳极水淹造成相应区域燃料饥饿引起相应区域阳极电极电位增加($>1\ V_{RHE}$),

阳极催化层的碳载体与水发生氧化反应，导致阳极碳载体腐蚀从而厚度减薄。9、8、7处阳极催化层腐蚀逐渐加重，这是由于相应区域阴极堵水逐渐加重，通过反扩散到阳极的水m_{BD}增多，加重了阳极的水淹，从而对应区域阳极催化层腐蚀更严重。

在电池阳极闭口运行过程中，阴极产生的液态水在重力作用下脱落并在流道底部汇集，部分水从出口随尾气排出，部分水附着在电池底部流道壁或扩散层上甚至在电极上从而产生水淹，堵塞了氧气传输通道，造成了这部分区域缺氧气，氧气不足以维持正常的电化学反应，从而阴极形成高电位导致催化剂碳载体被氧化，碳载体腐蚀催化剂流失，因而阴极催化层厚度减薄。从图6-27中可以看出9、8、7处阴极催化层腐蚀逐渐递增。这是由于液态水汇集在电池底部后流向出口，越靠近阴极出口阴极侧水淹越严重。因此阴极出口7处水淹最严重，该区域阴极催化层被腐蚀的最严重。

闭口燃料电池不可避免地要进行排放，将累计的水和杂质气体带走，为研究脉冲排放电池的运行特性，本章分别对燃料电池阳极闭口和阴极闭口进行研究，考察不同操作条件下，如压力、过量系数、气体湿度、排气时间等，阳极和阴极排放电池的运行特性以及对电池的影响。主要的结论如下所述。

对于阳极排气，在排气过程中电压迅速下降，相应的内阻迅速上升。排放结束后电压先迅速上升后缓慢恢复到排放前的值后保持平稳运行，相应的内阻先迅速上升后缓慢恢复到排放前的值并保持稳定。电压与内阻恢复时间与产生水的速率和排出水的量有关，随电流密度、阴极气体湿度以及电池工作温度的增加而减小，随阳极脉冲排放的压力和排气持续时间的增加而增加。

对于阴极排气，在排气过程中阴极闭口运行比阳极闭口运行电池稳定性差，运行过程中电压曲线和内阻曲线均有波动。与阳极排放特性不同，在排气期间，电压先快速下降约0.2s后有一个转折点，之后以较慢的速度下降直至排气结束。而电阻一直不断增加直至排气结束。排气结束后电压先迅速恢复一部分，而后缓慢恢复至原有水平而电阻缓慢恢复。在较小的电流密度下排气结束后能维持稳定运行，且随着电流密度增加，在运行过程中电压逐渐下降，电压下降的程度随电流密度和阴极压力的增加而增加，随温度的增加而减小。电压与内阻恢复时间随电流密度和温度的增加而减小，随阴极压力的增加而增加。

在阳极闭口条件下，各操作条件运行期间阳极电磁阀均处于关闭状态，阳极闭口期间氢气全部被利用没有排放，氢气利用率达100%。在低温（65℃）时，单电池在保证合适的阴极过量系数情况下可以长时间稳定地在阳极闭口条件下运行，电池性能变化不大。而在阴极过量系数较小的情况下，尾气不足以将多余水分带走，阴极侧堵水导致电池性能不稳定，电池性能衰减加快。阳极进口压力增加，阴极侧水分增加，电压衰减加快。

阳极产生的水随电流密度的增加而增加，随阳极进口压力的增加而减小，随阴极流量的增加而增加。阳极闭口运行后，阴阳极电化学活性面积均有减少，阴极催化剂衰减更严重。其ECSA分别衰减了30.87%和17.40%。阴阳极电化学活性面积均减小共同造成电池性能衰减。膜电极断面SEM表明膜电极阴、阳极催化层厚度均有所减薄催化剂均被腐蚀，阴极催化层减薄更严重，阴极出口处附近催化剂碳载体腐蚀最严重。而在其他区域，阴阳极催化层基本没有变化。

6.2 阳极闭口系燃料电池的阴极出口开口率优化的实验研究

在电池运行过程中,特别是在低流量下,尾气携带水的能力小于产生水的速率,电池内部很容易产生积水。若电池出口尺寸过小,排水阻力增加会阻碍液态水的排出,液态水在电池内不断积累将会引起"水淹"而影响电池的性能。阳极闭口燃料电池增加阴极出口尺寸,不仅可降低阴极排水阻力,减轻阴极堵水,相应地通过阴极反扩散至阳极的水量减少,阳极产生的水分减少,其"水淹"现象得到缓解,从而催化层的碳腐蚀以及性能的衰减得到抑制。

基于此,本部分以氢氧燃料电池作为研究对象,即电池阴极通入氧气,阳极通入氢气进行电化学反应,在阳极闭口的条件下对阴极出口开口尺寸进行优化研究。由第 5 章得知燃料电池阳极长时间闭口运行会引起阳极"水淹"进而导致膜电极催化剂被腐蚀,电池性能下降,因此实验过程中对阳极尾气每 0.5 h 排放一次,将阳极产生的水及时排放,尽量消除由电渗透拖拽、反扩散、压力渗透拖拽以及热渗透拖拽等相互作用下阳极水往阴极传输造成阴极的排水负担。考察在 100 h 阳极闭口条件下,不同阴极出口尺寸对阳极闭口燃料电池的影响,包括性能、催化剂活性面积及催化层的碳腐蚀等。以优化出合理的阴极出口尺寸,提高电池性能延长其工作寿命。

6.2.1 阳极闭口系燃料电池的阴极出口开口率优化的实验方法

本实验采用的阴阳极板均为平行流道流场的单电池,阳极流场板与第 4 章一致,阴极流场板在第 4 章的基础上对出口做了相应改进,设计了三种阴极出口,分别为单出口、双出口以及全开口出口。采用的直流场如图 6-30 所示,三种阴极出口及尺寸如图 6-31 所示,(a)、(b)、(c)分别为阴极单出口、双出口以及全开口出口,尺寸分别为 $\phi 2$ mm,$2\times\phi 2$ mm 以及 3 mm×50 mm 如图 6-32 所示。结合重力辅助排水技术,生成的水在重力作用下克服其与流道壁面的黏滞力后自动脱落并汇聚到出口缓冲区,通过阴极出口排出电池。阴极出口示意图如图 6-32 所示。

阴极板和阳极板均由高疏水(疏水角为 145°)以及低电阻率

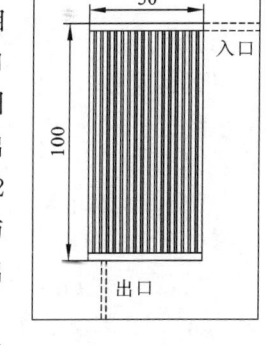

图 6-30 直流场

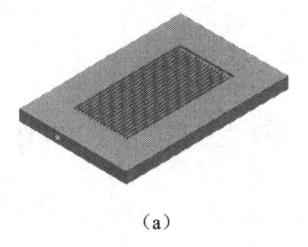
(a)

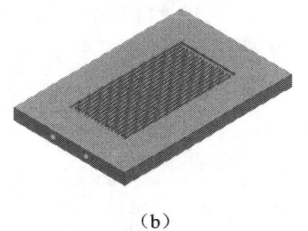
(b)

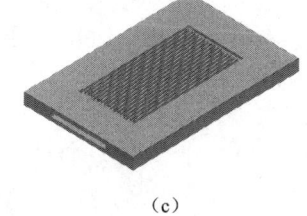
(c)

图 6-31 阴极流场示意图

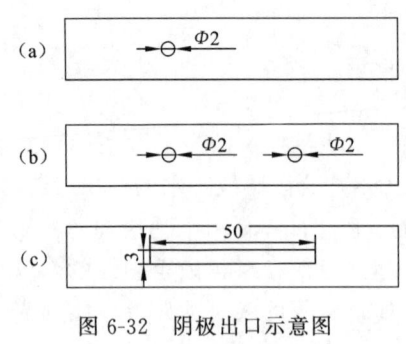

图 6-32 阴极出口示意图

(100 μS/cm)的石墨材料加工而成。阴极、阳极流道加工精度均为±0.01 mm。单电池的几何参数如表 6-3 所示。电池采用的膜电极(MEA)由质子交换膜、催化层(CL)以及扩散层(GDL)组成,其中采用的膜为 Nafion® XL 膜,阴阳极两侧催化层的 Pt/C 催化剂中 Pt 载量均为 0.4 mg/cm²,扩散层采用的碳纸(TGP-060,Toray)经聚四氟乙烯(PTFE)疏水处理且与催化层接触一侧刷有利于调节水气传输的微孔层(MPL)。单电池性能利用台湾 Hephas Energy Corporation 公司生产的 HTS Fuel Cell Station 进行测试。这是专门用于测试单电池的设备,可以精确控制各个操作参数,包括电子负载、气体流量或过量系数、露点温度、气体温度、气体相对湿度、电堆温度等。不仅可对单电池进行性能测试,还可对电池进行循环伏安(CV)、线性扫描(LSV)分析。

表 6-3 质子交换膜燃料电池几何参数

参数	数值
活性面积/m²	5.0×10^{-3}
流道深度/m	1.0×10^{-3}
流道宽度/m	2.0×10^{-3}
脊背宽度/m	1.0×10^{-3}
气体扩散层厚度/m	2.5×10^{-4}
质子交换膜厚度/m	2.5×10^{-5}
催化层厚度/m	1.0×10^{-5}

在测试过程中电池均为垂直放置,最大限度地利用重力克服水与流道壁面的黏滞力,液态水自动脱落后排出电池,最大限度避免其水淹。本实验电池运行条件为:阴极氧气按定过量系数 4 经加湿后通入电池阴极,气体露点温度 60℃,阴极出口常排,未反应的氧气直接排放到大气中。阳极干氢气通过压力控制阀按一定进口压力 140 kPa 通入电池阳极,阳极出口设有电磁阀,电磁阀在电池阳极闭口运行过程中每 0.5 h 打开一次。电池工作温度 65℃,电流密度为 600 mA/cm²。三种阴极出口电池各自采用新的膜电极经过充分活化后测取其极化曲线作为初始性能,然后分别按以上操作条件进行阳极闭口 100 h 连续运行,期间阳极电磁阀每 0.5 h 排放一次。考察各出口条件下阳极闭口连续运行 100 h 对电池性能的影响。每个阴极出口条件结束后均测取电池的极化曲线作为最终性能,然后对阴极进行循环伏安测试,考察燃料电池阳极闭口运行在不同阴极出口尺寸对电极活性面积的影响。测试时阳极通氢气,阴极通氮气,气体流量均为 300 mL/min,温度均为 30℃,相对湿度均为 100%,扫面速率均为 20 mV/s。最后对三个膜电极分别分成 9 个区域采用 Hitachi S-4800 进行断面形貌 SEM 测试,考察经过多种操作条件下长时间阳极闭口运行后对各区域催化层的影响。每个出口条件对应的 9 个样本区域如图 6-33 所示,(a)、(b)、(c)分别为阴极单出口、双出口以及全开口出口。在阳极闭口实验之前,电池先经过 10 h 高电流活化,活化过程中阴阳极气体均为 100% 加湿且均为开口测试。实验用

氧气纯度为 99.4%,氢气纯度为 99.99%。环境温度为 20℃。

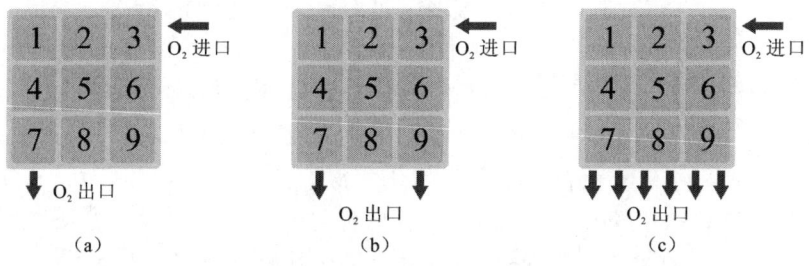

图 6-33 膜电极分区示意图

6.2.2 阴极开口率对阳极闭口燃料电池运行稳定性影响

三种阴极出口开口率的燃料电池按同一操作条件(电池工作温度 65℃,阳极进口压力 140 kPa,电流密度为 600 mA/cm^2)阳极闭口连续运行 100 h 后电压随时间变化如图 6-34 所示。在阳极每 0.5 h 一次的排放过程中由于瞬时排放造成氢分压瞬间降低,电压随之瞬间降低,排放结束后电压可迅速恢复。图中上、中、下三条曲线分别是阴极全开口、双开口以及单开口在 100 h 阳极闭口过程中电池电压随时间变化曲线。随着电池阴极开口率的增加,电池性能逐渐上升。随着阴极出口开口率增加,电池运行稳定性增加,电池电压衰减降低,阴极单开口时电池运行稳定性最差,100 h 阳极闭口运行过程中电压曲线呈轻微的波浪线分布,阴极双开口时电池运行稳定性变好,电压的波浪线分布变得相对平缓,全开口时电压曲线最为平缓,100 h 阳极闭口运行过程中电压曲线更为平稳,基本没有变化。100 h 阳极闭口连续运行后不同阴极出口开口率的电压衰减曲线如图 6-35 所示,阴极单开口、双开口及全开口电池衰减分别为 2.78%、1.73% 及 1.08%。随着阴极出口开口率的增加,电池阳极闭口运行的电压衰减率逐渐减小,然而其减小幅度随着阴极开口率的增加而逐渐变小。从阴极单出口到双出口,电池电压衰减率迅速降低;从阴极双出口到全开口出口,阴极开口率迅速增加,然而电池电压衰减率降低幅度逐渐变缓。

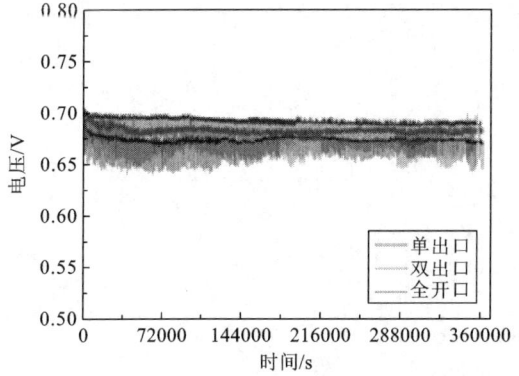

图 6-34 电压随时间变化曲线(100 h)

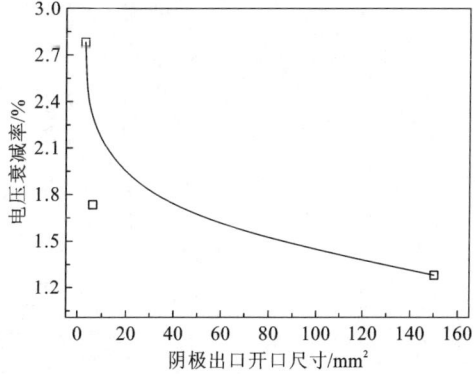

图 6-35 100 h 连续运行电压衰减率随阴极出口开口尺寸变化

6.2.3 不同阳极开口率下运行性能诊断

阳极闭口运行100 h后,三种阴极出口条件的最初和最终极化曲线如图6-36所示,极化曲线测试的操作条件一致,阴阳极均为敞口不加背压,阴、阳极气体过量系数分别为1.5和2.5,相对湿度分别为80%和100%,电池工作温度65℃。图(a)、(b)、(c)分别为阴极单出口、双出口以及全开口出口电池经100 h阳极闭口运行前后极化曲线对比。阳极闭口运行100 h后电池性能均有所衰减,且性能衰减率随电流密度的增加而增加,随阴极出口开口率的增加而减小,阴极单开出口电池性能衰减最为明显,阴极双出口电池性能衰减次之,阴极出口全开口电池性能衰减最小。在电流密度为600 mA/cm²时,阴极单出口、双出口及全开口极化曲线性能衰减率分别为1.15%、0.78%及0.28%;在电流密度为1200 mA/cm²时,阴极单出口、双出口及全开口性能衰减率分别为2.96%、1.56%及0.51%,如表6-4所示。开口率增加,电池性能衰减率降低,幅度逐渐变缓,如图6-37所示,这与电池阳极闭口运行100 h电压的衰减趋势一致,阴极开口率增加可以降低电池性能的衰减率,性能衰减降低的幅度随开口率的增加逐渐减小。

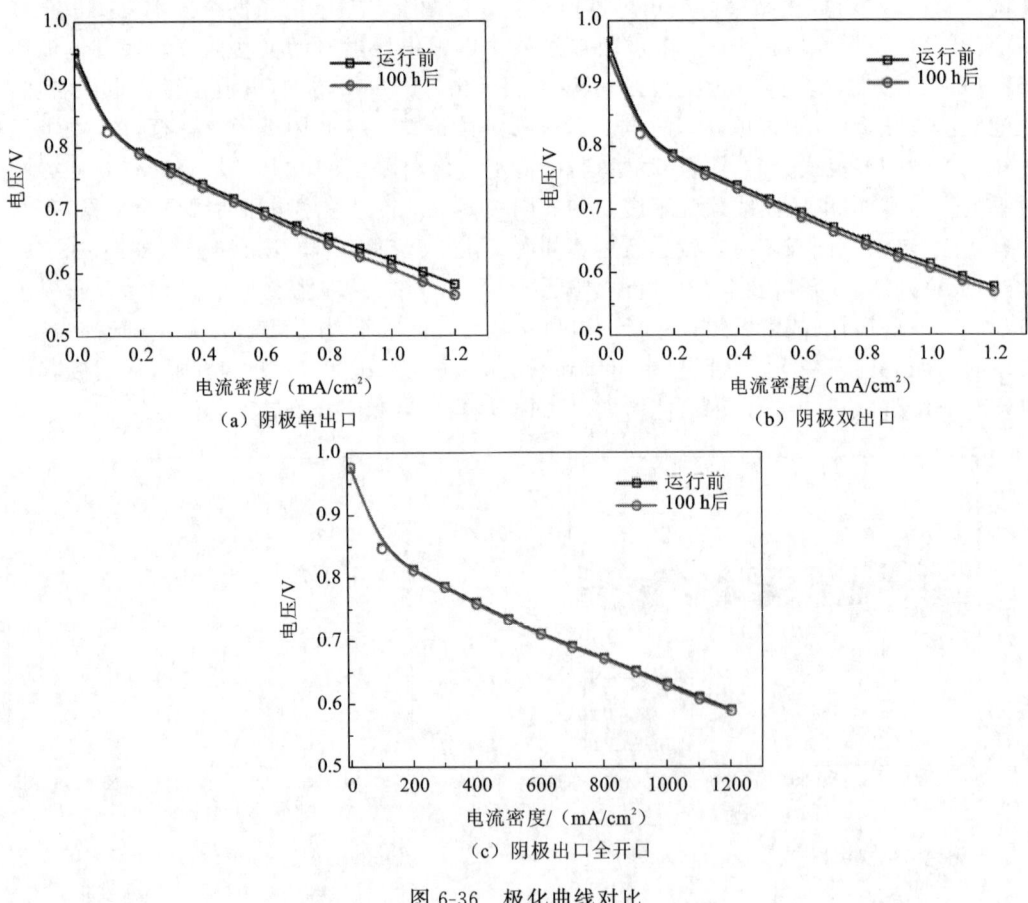

图6-36 极化曲线对比

表 6-4 性能衰减

电流密度	单出口	双出口	全开口
600 mA/cm²	1.15%	0.78%	0.28%
1200 mA/cm²	2.96%	1.56%	0.51%

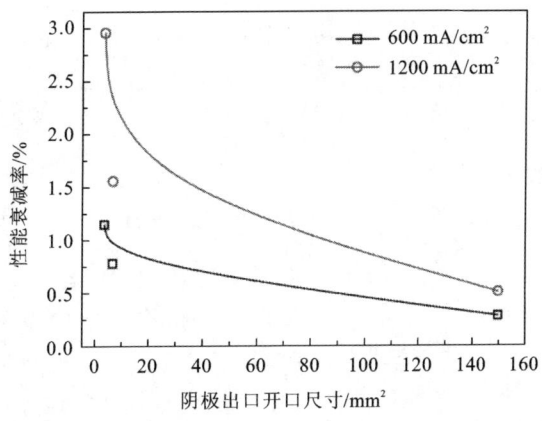

图 6-37 100 h 后性能衰减率随阴极出口开口尺寸变化

每个阴极出口开口率在阳极闭口运行 100 h 后均进行阴极循环伏安扫描测试。电池阳极闭口 100 h 测试前后,电池阴极氢吸附峰均有所下降,电化学活性面积均有所衰减。阴极开口率越大,阴极氢吸附峰降低得越小,电化学活性面积衰减越少。如图 6-38 所示,电池阴极单出口的膜电极阴极氢吸附峰下降最大,电化学活性面积衰减最多,电池阴极全开口出口的膜电极阴极氢吸附峰下降最小,电化学活性面积衰减最少。膜电极催化剂电化学活性面积可以根据循环伏安图通过以下公式计算:

$$\text{ECSA} = \frac{Q_\text{H}}{[\text{Pt}] \times 0.21} \tag{5-1}$$

其中:$[\text{Pt}]$ 为单位面积电极上 Pt 的含量,mg/cm^2;Q_H 为氢吸附的电荷面积,mC/cm^2;$0.21(\text{mC/cm}^2)$ 为 Pt 表面氧化氢分子所需要的电荷数[12]。

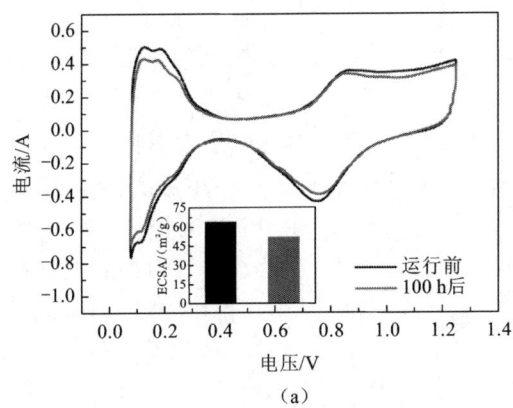

(a)

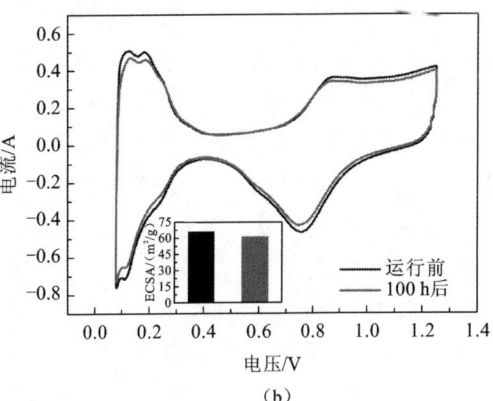

(b)

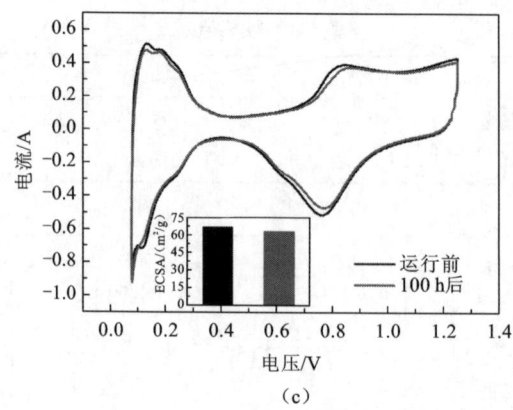

(c)

图 6-38 阴极循环伏安曲线对比

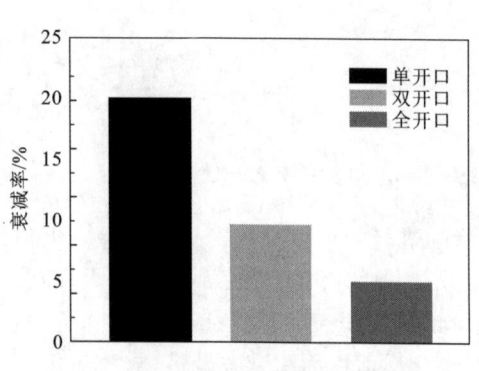

图 6-39 电化学活性面积衰减

电池经过 100 h 阳极闭口测试后,三种阴极出口开口率电池的电化学活性面积均有衰减,如表 6-5 所示。其中阴极单出口从最初的 65.21 m^2/g 降至 52.14 m^2/g,衰减率为 20.04%;双出口从最初的 65.53 m^2/g 降至 59.09 m^2/g,衰减率为 9.83%;全开口从最初的 66.81 m^2/g 降至 63.49 m^2/g,衰减率为 4.96%,如图 6-39 所示。电化学活性面积衰减随阴极出口开口率的增加而减小,而其减小幅度随阴极出口开口率的增加而逐渐变缓,这与电池性能稳定性和极化曲线衰减的趋势一致。

表 6-5 电化学活性面积衰减

	单出口	双出口	全开口
运行前电化学活性面积/(m^2/g)	65.21	65.53	66.81
100 时电化学活性面积/(m^2/g)	52.14	59.09	63.49
衰减率	20.04%	9.83%	4.96%

阴极全开口时电池性能表现最好,因此对此做进一步分析,对其阳极催化剂活性面积以及膜电极渗透(LSV)电流进行分析,阴极全开口出口经 100 h 阳极闭口运行前后阳极循环伏安曲线以及催化剂活性面积如图 6-40 所示,阴极全开口膜电极线性扫描如图 6-41 所示。100 h 阳极闭口运行后,阳极催化剂氢吸附峰降低不大,比阴极的小,其电化学活性面积衰减仅为 3.05%。线性扫描法(liner sweep voltammetry,LSV)是表征燃料电池膜电极衰减常用的另一重要手段,从图可以看出 100 h 闭口运行后,阴极全开口的膜电极扩散电流基本没有变化。通过阴、阳极循环伏安以及线性扫描分析表明,在阴极全开口下,阳极闭口运行对电池的损伤很小。

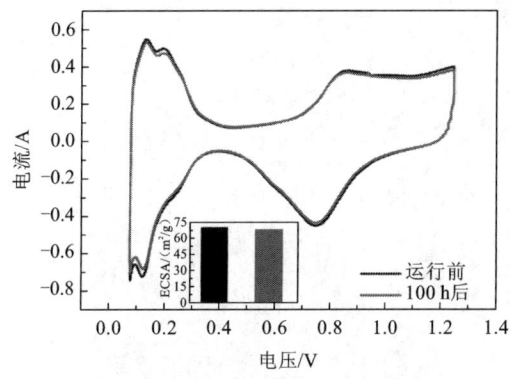

图 6-40 阴极全开口阳极循环伏安曲线

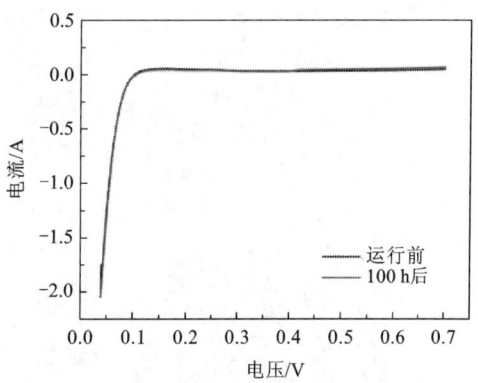

图 6-41 阴极全开口膜电极扩散电流曲线

对分别进行了 100 h 阳极闭口测试的三种阴极出口开口率的膜电极均分成 9 个区域进行形貌 SEM 测试,膜电极分区示意图如图 6-33 所示。三种阴极出口开口率分别经过 100 h 阳极闭口测试后膜电极断面形貌 SEM 测试结果如图 6-42 所示。图(a)、(b)、(c)分别为阴极单出口、双出口及全开口出口电池阳极闭口运行后膜电极分区断面形貌 SEM 图。随着阴极出口开口率的增加,催化层厚度减薄程度减小。对于阴极单出口,在电池下部区域,即膜电极 7、8、9 处阴极催化层厚度减薄,越靠近阴极出口阴极催化层厚度越薄,离阴极出口最近 7 处催化层最薄,8、9 处阴极催化层厚度衰减逐渐减弱。而其他区域

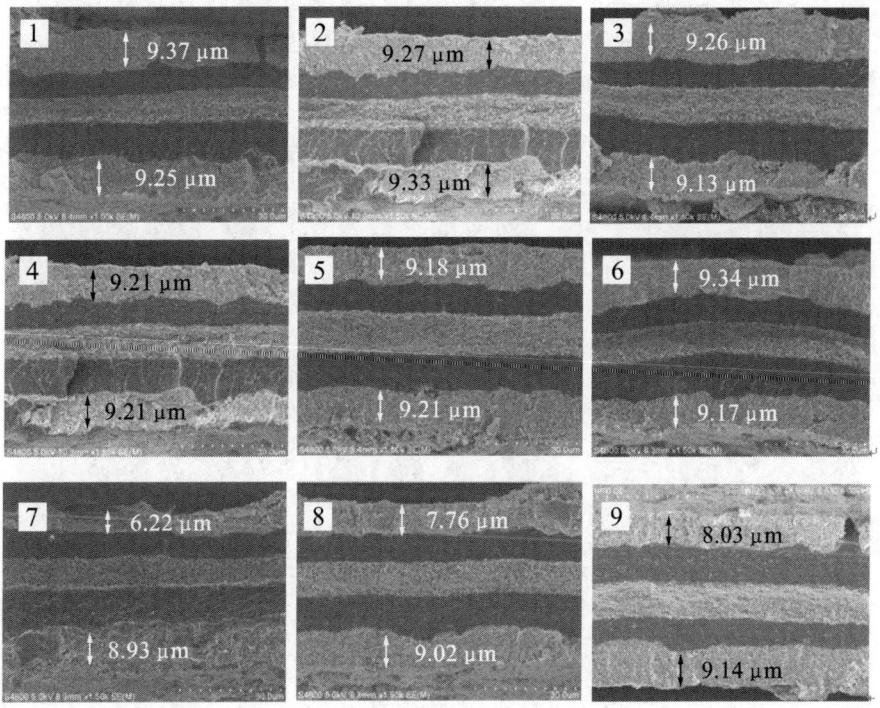

(a) 阴极单出口

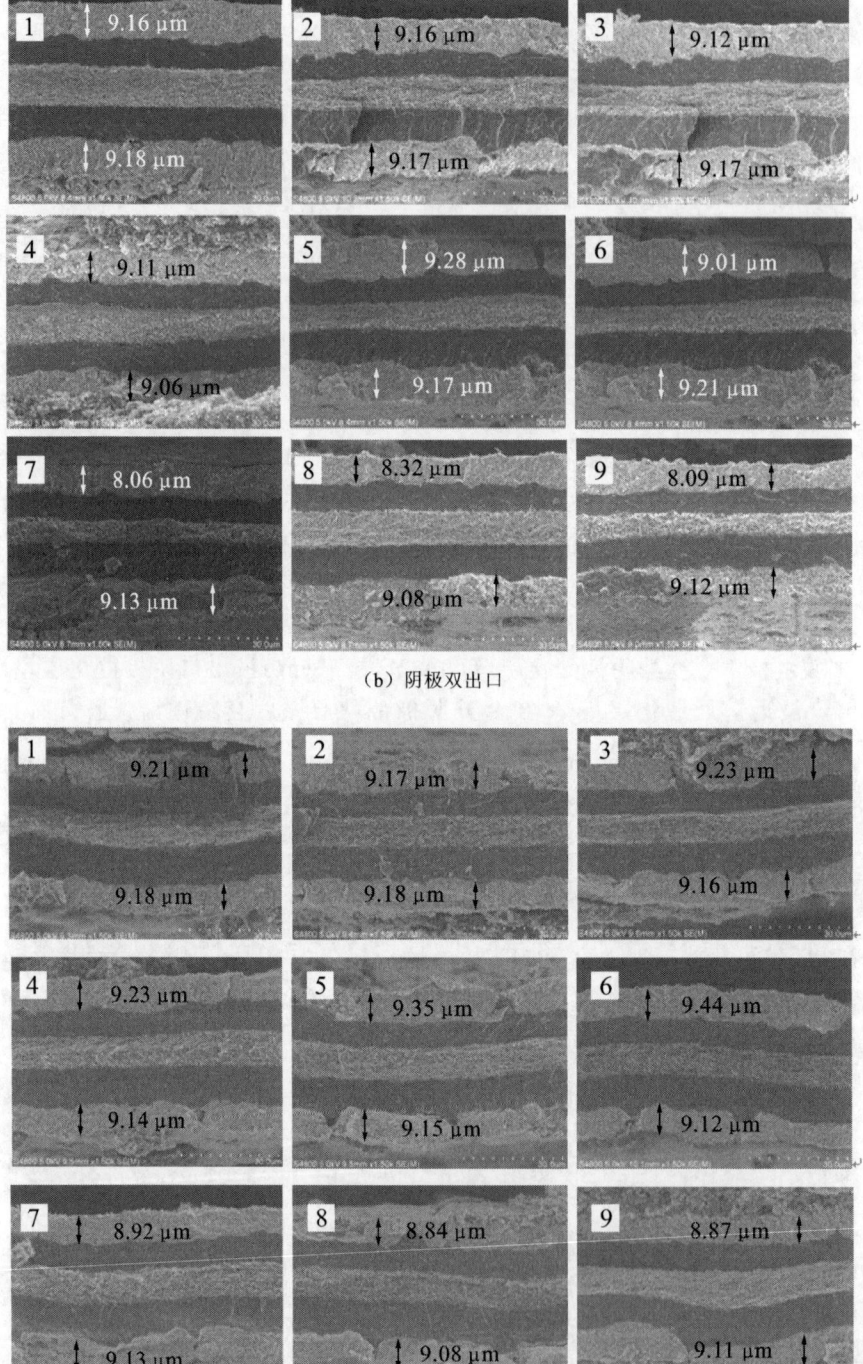

(b) 阴极双出口

(c) 阴极出口全开口

图 6-42 膜电极分区断面形貌 SEM 图

上部为阴极,下部为阳极

(1～6)阴极催化层均只有少量衰减。阳极催化层减薄程度比阴极小,主要集中在阴极衰减对应区域,靠近阴极出口 7 处减薄最大,8、9 处阳极催化层减薄相对较小,而其他区域阳极催化层厚度与最初厚度基本一致。对于阴极双出口电池,电池下部区域阴极催化层厚度减薄程度得到了改善,在出口 7、9 处有少量衰减,而 8 处衰减程度更小,对应区域的阳极催化层均只有轻微的衰减。对于阴极全开口电池,在电池下部出口 7、8、9 处阴极催化层的衰减程度进一步得到改善,对应区域的阳极催化层衰减程度同样得到改善。

因电池在测试过程中为垂直放置,阴极电化学反应生成的水受到的重力作用最大,克服液态水与流道壁面的黏滞力后可自动脱落并汇集电池流道底部流向阴极出口后排出电池外部。单开口的电池排水阻力相对较大,电池生成水的速率大于排出水的速率,液态水聚集在流场底部阴极出口附近,造成相应区域水淹,堵塞了氧气传输通道,造成这部分区域缺氧气,氧气不足以维持正常的电化学反应,引起阴极形成高电位致使对应的区域催化层的碳腐蚀,催化层减薄,越靠近阴极出口,阴极催化层衰减越严重。因此电池催化层电化学活性面积的减少主要集中在电池底部阴极出口附近,催化层的碳腐蚀造成催化剂流失导致电化学活性面积减少,致使电池性能衰减。阴极出口开口率增加,电池排水阻力相对变小,电池流场底部汇集的水较少,活性区域水淹区域减小,减轻了催化层的碳腐蚀。阴极全开口其排水阻力最小,水淹区域最少,其阴极催化层厚度减薄最少。

对于阳极,闭口期间阳极产生的液态水受到重力作用可自动脱落并汇集至电池流道底部向阳极出口流出至电磁阀前端,但仍有部分水聚集在电池底部未能及时排出,造成相应区域阳极水淹,使水淹对应的区域缺氢气,不能维持正常的电化学反应。在缺氢气区域发生水电解反应产生氧气,加上部分氧气从阴极透过膜扩散到阳极,使在缺气区域形成氢氧界面,对应区域形成阴极高界面电势(约 1.6 V),导致对应区域阴极催化剂碳载体腐蚀。与此同时,阳极水淹造成相应区域燃料不足,相应区域阳极电极电位增加($>$1 V),阳极催化层的碳载体与水发生氧化反应,导致阳极碳载体腐蚀从而厚度减薄。阴极侧堵水越严重,通过反扩散至阳极的水增加,相应区域阳极水淹越严重。增加阴极开口率可以减小液态水排出电堆的阻力,有利于电堆排水,减缓液态水在电堆内部聚集从而减轻其水淹。由于阳极闭口不利排水加上由阴极反扩散至阳极的水减小,将减轻阳极测水淹,从而减轻膜电极催化剂的碳腐蚀。阴极开口率增加不仅可以减轻阴极催化层碳腐蚀,同时也可以减轻阳极催化层的碳腐蚀,从而提高电池的寿命。

为研究阴极出口开口率对阳极闭口燃料电池的影响,本书以氢氧燃料单电池为研究对象,对其阴极出口开口率进行优化,考察不同阴极开口率对电池性能的影响。对进行了 100 h 阳极闭口测试的三种阴极出口电池膜电极进行 CV 扫描测试,并对膜电极分区域进行断面形貌 SEM 测试。

电池运行稳定性、极化曲线以及电化学分析均表明,随着阴极出口开口尺寸的增加,电池性能衰减程度减小,这一程度随着开口率的进一步增加逐渐变缓。增加阴极出口开口尺寸可以有效提升电池的性能、运行稳定性以及减小催化剂活性面积的衰减。

膜电极断面 SEM 表明膜电极阴、阳极催化剂均有衰减,衰减主要集中在电池下部阴极出口附近,随着阴极出口开口率的增加,膜电极催化剂的腐蚀得到有效抑制。这主要是由于增加阴极开口率可以减小液态水排出电堆的阻力,有利于电堆排水,减缓液态水在电堆内部聚集从而减轻其水淹。同时由阴极反扩散至阳极的水减小,将减轻阳极测水淹,从而减轻膜电极催化剂的碳腐蚀。

6.3 阴、阳极全闭口系燃料电池运行特性的实验研究

6.2节研究了氢空燃料电池阳极闭口对燃料电池水气管理的影响。然而,在某些特殊场合,如潜艇、航空航天等领域要求燃料电池气体高利用率且尾气不能直接排放,避免造成气体污染或者其他危害,这就需要燃料电池阴、阳极全闭口运行。韩国首尔国立大学针对潜艇或航空航天用燃料电池进行阴极闭口研究,系统考察不同操作条件下闭口周期、排放持续时间之间的关系以及燃料阴极闭口运行特性。法国Moçotéguy等采用实验与模拟仿真结果的方法对5片氢氧燃料电池电堆进行阴、阳极全闭口研究,他们研究发现燃料电池阴、阳极全闭口运行过程中极易引起阴极水淹,阻碍氧气传输造成氧气饥饿而降低电池性能。同时他们指出水管理问题对燃料电池阴、阳极全闭口运行非常重要。因此闭口燃料电池的水管理问题急需得到解决,需要进行更多的研究。本节以氢氧燃料电池作为研究对象,即电池阴极通入氧气,阳极通入氢气进行电化学反应,对该单电池进行阴、阳极全闭口运行实验研究,考察不同操作条件,如电池工作温度,阴、阳极压力的影响。针对燃料电池闭口运行出现的性能周期波动引起输出性能不稳定的劣势进行优化研究。改善闭口燃料电池的运行稳定性以及使用寿命。

6.3.1 阴、阳极全闭口系燃料电池运行特性的实验研究方法

本实验采用的是阴阳极板均为平行流道流场的单电池,流场板下侧出口处设有缓冲区,结合重力辅助排水技术,阴阳极生成的水在重力作用下克服其与流场板间的黏滞力后自动脱落并汇聚到出口缓冲区,避免水在流道内积累造成单电池水淹。阴极板和阳极板由高疏水(疏水角为145°)以及低电阻率(100 μS/cm)的商用石墨材料加工而成。阴极、阳极流道加工精度均为 ±0.01 mm。单电池的几何参数如表6-6所示。电池采用的膜电极(MEA)由国内唯一从事商品化膜电极生产和销售的武汉理工新能源公司提供,由质子交换膜、催化层(CL)以及扩散层(GDL)组成,其中采用的膜为Nafion® XL膜,阴、阳极两侧催化层的Pt/C催化剂中Pt载量均为0.4 mg/cm²,扩散层采用Toray公司生产的型号为TGP-060的碳纸经聚四氟乙烯(PTFE)疏水处理,液滴在疏水阴、阳极扩散层表面的表面接触角均为129°,与催化层接触一侧碳纸上刷有利于调节水气传输的微孔层(MPL)。

表6-6 质子交换膜燃料电池几何参数

参数	数值
活性面积/m²	5.0×10^{-3}
流道深度/m	1.0×10^{-3}

续表

参数	数值
流道宽度/m	2.0×10^{-3}
脊背宽度/m	1.0×10^{-3}
气体扩散层厚度/m	2.5×10^{-4}
质子交换膜厚度/m	2.5×10^{-5}
催化层厚度/m	1.0×10^{-5}

本实验测试系统示意图如图 6-43 所示,气源中的氧气和氢气不经过加湿以定压力通过压力控制器调节分别通入阴极和阳极,在阴、阳极出口分别设置有电磁阀分别控制阴极和阳极的排放,电池的加载电流通过台湾 Hephas Energy Corporation 生产的 HTS 单电池工作站的负载提供,电池温度、电压以及高频电阻通过该工作站监测。

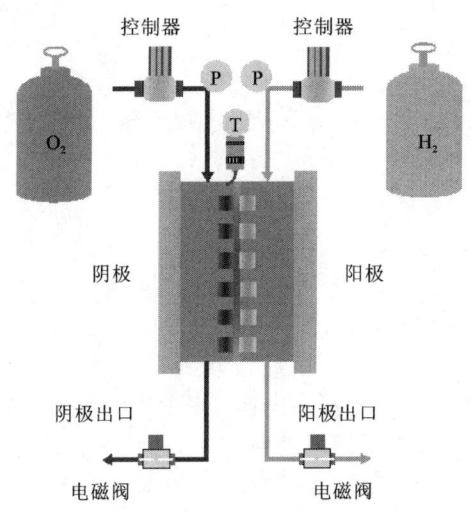

图 6-43 燃料电池阴、阳极全闭口实验示意图

本实验过程中单电池垂直放置,以充分利用重力作用克服液态水的黏滞力而使其自动脱落缓解电池内部水淹。为考察不同操作条件燃料电池阴、阳极全闭口的运行特性,以电池工作温度 50℃,加载电流 20 A,阴、阳极气体入口压力均为 150 kPa 为初始操作条件对单电池进行阴、阳极全闭口运行,待电压衰减 10% 时打开阴极出口电磁阀,而在运行过程中阳极出口电磁阀一直处于关闭状态。此后,分别改变加载电流至 40 A,电池工作温度 65℃,阴极进口压力 200 kPa,阳极进口压力 200 kPa。考察不同操作条件下燃料电池阴、阳极全闭口的运行特性及其对闭口周期的影响。在此基础上对燃料电池阴、阳极全闭口运行进行优化,以使电池能维持相对稳定的输出性能。在优化条件基础上对电池进行不同操作条件下阴、阳极全闭口运行,累积运行的时间与优化前大致一样。

对阴、阳极全闭口运行后的电池进行极化曲线测试作为最终性能。对电池进行循环伏安测试,考察阳极闭口运行对电极活性面积的影响,测取阴极 CV 曲线时气体流量均为

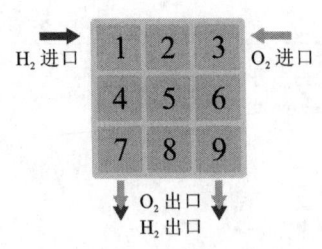

图 6-44 膜电极分区示意图

300 mL/min,温度均为 30℃,相对湿度均为 100%,扫面速率均为 30 mV/s。之后对膜电极分成 9 个区域进行断面形貌 SEM 测试,考察经过多种操作条件下阴、阳极闭口运行后对各区域催化层的影响。9 个样本对应的区域如图 6-44 所示。在阳极闭口实验之前,电池先经过 10 h 高电流充分活化,活化过程中阴、阳极气体均为 100% 加湿且均为敞口测试。待电池性能达到稳定后测取其极化曲线作为阳极闭口实验的初始性能。优化后的电池经过阴、阳极闭口运行后同样进行以上操作。

由第 5 章研究得知,电池从单出口改变为双出口有利于液态水排出,缓解电池内部水淹降低电池性能的衰减。因此本章实验的电池阴、阳极均为双出口。燃料闭口运行需保证良好的气密性,在测试之前电池经过严格的气密性检测,达到国际标准要求。本实验采用的氢气和氧气纯度分别为 99.99% 和 99.999%。优化前环境温度 25℃,优化后环境温度 15℃。

6.3.2 阴、阳极全闭口燃料电池运行特性研究

图 6-45 为在电池工作温度 50℃,加载电流 20 A,阴、阳极气体入口压力均为 150 kPa 时,燃料电池阴、阳极全闭口运行电压和高频电阻随时间变化关系图。由于电化学反应在阴极侧生成水,而阳极的水主要通过阴极反扩散、电流渗透拖拽、压力渗透拖拽以及热渗透拖拽的相互作用产生,相比阴极的水少得多。在电池全闭口运行过程中阳极尾气电磁阀一直处于关闭状态,待电压衰减 10% 后打开阴极尾气电磁阀排放累积在阴极的液态水。从图中可以看出在闭口运行过程中电压曲线不断下降,待阴极电磁阀打开排气后迅速恢复至原来水平,形成有规律的闭口持续周期,每周期持续时间约为 950 s。在每个周期中高频电阻曲线先有短时间上升后在较长时间内随时间逐渐下降。

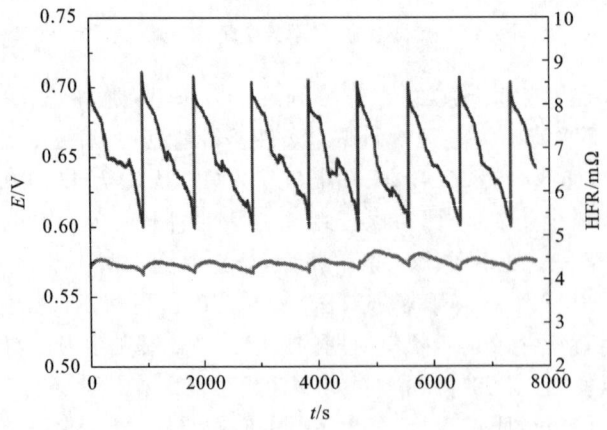

图 6-45 燃料电池全闭口电压及高频电阻曲线

在电池全闭口运行过程中产生水的阴极出口处于关闭状态,运行过程中水不断增多,充分润湿反应气体后析出液态水。不断增多的液态水在电池累积,在重力作用下克服其黏滞力自动脱落至底部缓冲区,经过出口后在尾气电池阀前端汇集。然而仍有部分液态水在电池内部汇集并逐渐增多,会引起电池水淹,液态水覆盖在催化层,限制了氧气与催化层接触进行反应,堵塞气体扩散层阻碍了气体传输,从而引起电池性能衰减,且随着时间的进行电池内液态水不断增多,电池水淹逐渐变严重,其性能不断下降。阴极尾气电磁阀打开将液态水排走,消除电池水淹,水淹区域的氧气传输以及电化学反应恢复,电池性能恢复。由于反应气体未经过加湿,每次排放后电池内部的液态水以及湿气均被排出,每个周期开始电池处于干燥状态,高频电阻曲线有短时的轻微上升,而随着反应的进行产生的水不断增多,反应气体以及膜逐渐得到润湿,质子传导阻力逐渐变小,高频电阻逐渐下降。

6.3.3 工作温度对全闭口运行影响

图 6-46 为在电池工作温度 50℃,加载电流 20 A,阴、阳极气体入口压力均为 150 kPa

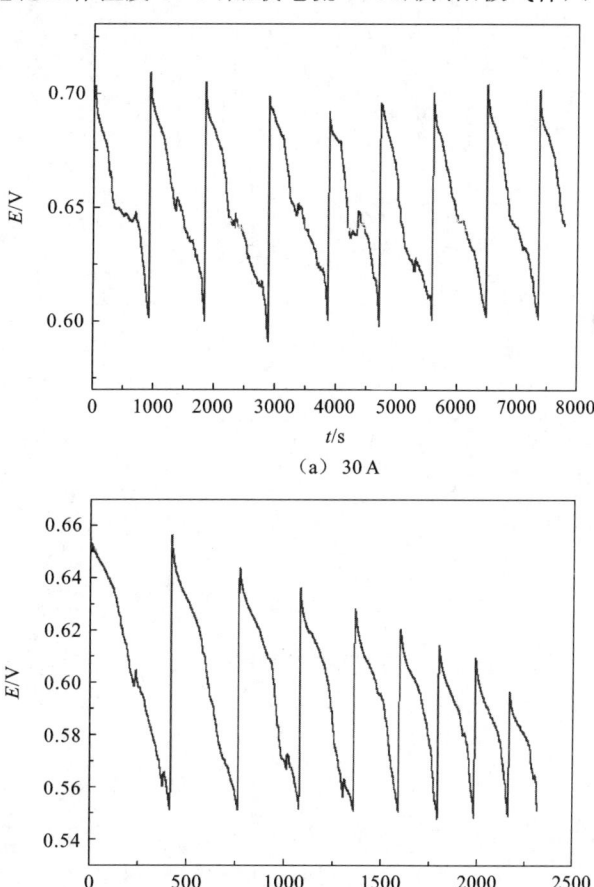

(a) 30 A

(b) 50 A

图 6-46 50℃燃料电池全闭口周期

时,单电池全闭口运行在不同加载电流下电压随时间变化曲线。图 6-47 为在电池工作温度 65℃,加载电流 20 A,阴、阳极气体入口压力均为 150 kPa 时,单电池全闭口运行在不同加载电流下电压随时间变化曲线。随着加载电流增加,全闭口运行周期减小。电池工作温度 50℃,加载电流为 20 A 时电压下降 10% 的周期约为 950 s,而加载电流为 40 A 时电压下降 10% 的周期从最初 400 s 逐渐减少至 200 s,每次排放后电压并不能完全恢复,且恢复的电压均有所降低。电池工作温度 65℃ 时在同一条件下电池的性能均比 50℃ 时差。加载电流为 20 A 时电压下降 10% 的周期约为 300 s,而加载电流为 40 A 时电压下降 10% 的周期从最初 90 s 逐渐减少至 50 s,每次排放后恢复的电压均有所降低且比 50℃ 时下降更快。

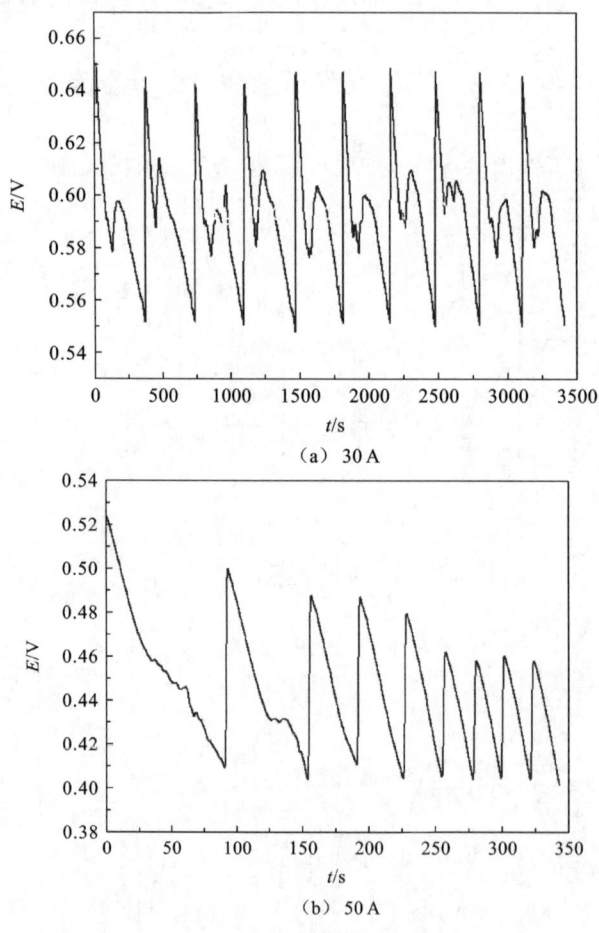

图 6-47 65℃ 燃料电池全闭口周期

增加加载电流,电池阴极产生的水量增加,析出液态水的速度加快,加速电池内部水淹使电池性能衰减,因而高加载电流下电池全闭口运行周期缩短。全闭口条件下提高电池工作温度,电池的性能较小,闭口运行周期缩短。电池工作温度从 50℃ 增加至 65℃,水蒸气饱和压力从 12.33 kPa 增加至 25.01 kPa,由于电池内压力由前级压力控制器控制保持不变,相应的反应气体的分压减小,从而电池内水蒸气浓度增加,反应气体浓度相对减小,电池运行不稳定,电压相对低温衰减更快。高加载电流加速电池内部水淹以及反应气体分压降低共同造成了性能衰减速度加快。

6.3.4 压差对全闭口运行影响

图 6-48 为在电池工作温度 50℃,加载电流 20 A,阴极气体入口压力为 150 kPa,阳极气体入口压力为 200 kPa 时,单电池全闭口运行在不同加载电流下电压随时间变化曲线。图 6-49 为在电池工作温度 65℃,加载电流 20 A,阴极气体入口压力均为 150 kPa,阳极气体入口压力均为 200 kPa 时,单电池全闭口运行在不同加载电流下电压随时间变化曲线。电池工作温度 50℃加载电流为 20 A 时电压下降 10% 的周期从 1000 s 降至 800 s,每次排放后恢复的电压均有所下降。而加载电流为 40 A 时电压下降 10% 的周期从最初的 300 s 逐渐减少至 100 s,每次排放后电压并不能完全恢复,电压下降率比 20 A 时快。

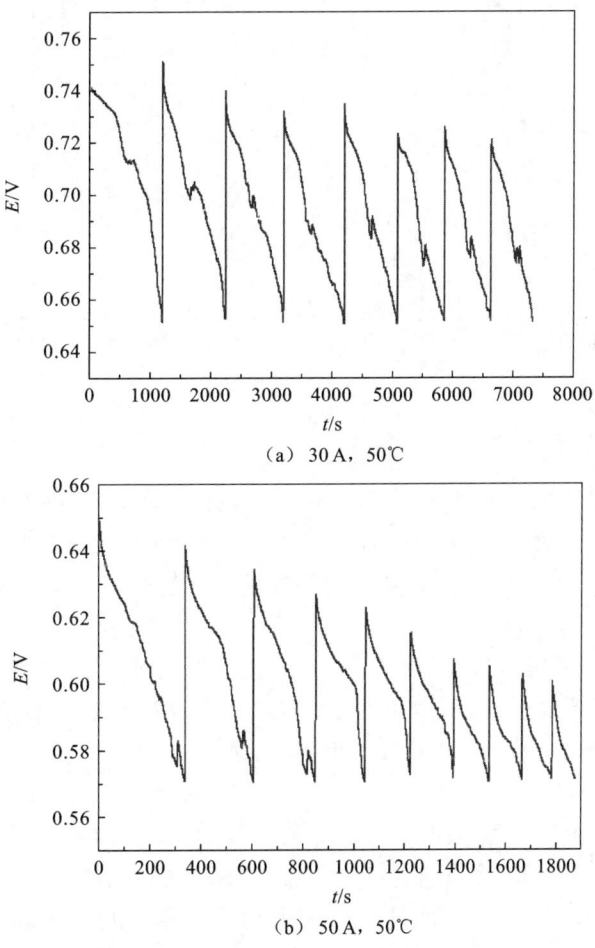

(a) 30 A,50℃

(b) 50 A,50℃

图 6-48 阴极 150 kPa,阳极 200 kPa 燃料电池全闭口周期

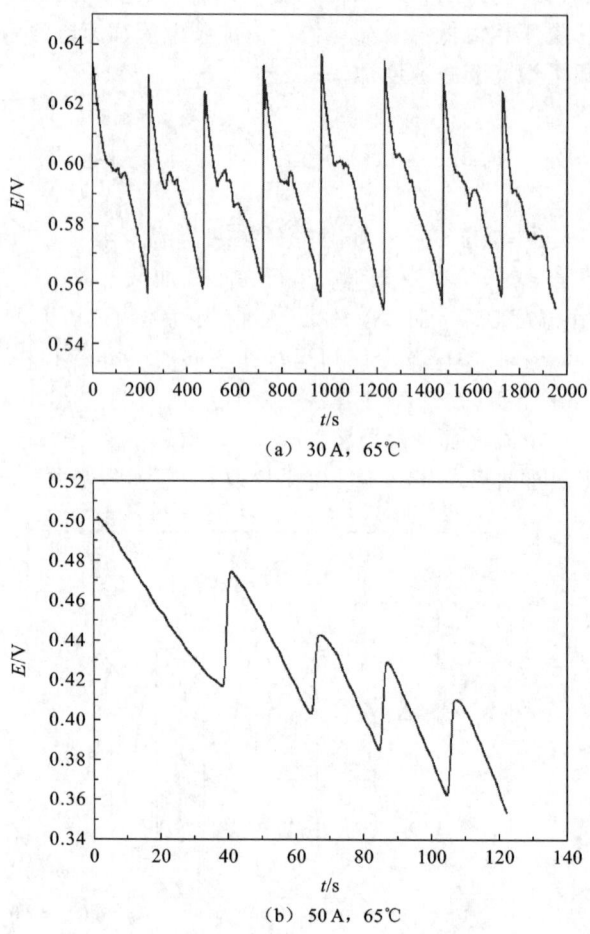

图 6-49　阴极 150 kPa，阳极 200 kPa 燃料电池全闭口周期

同样，电池工作温度 65℃时在同一条件下电池的性能均比 50℃时差。加载电流为 20 A 时电压下降 10% 的周期约为 240 s，而加载电流为 40 A 时电压下降 10% 的周期从最初 40 s 逐渐减少至 20 s，且性能急速下降。每次排放后恢复的电压均有所降低且比 50℃下降得更快。

电池全闭口在阳极压力大于阴极压力，在不同的加载电流以及工作温度下，闭口周期均有所缩短，这主要是由于阳极压力高于阴极压力，阴极反扩散至阳极的水量减少，相同条件下阴极的水量增加，增加了阴极排水负担，加速电池"水淹"，因此电池性能衰减加快，闭口周期缩短。

图 6-50 为在电池工作温度 50℃，加载电流 20 A，阴极气体入口压力为 200 kPa，阳极气体入口压力为 150 kPa 时，单电池全闭口运行在不同加载电流下电压随时间变化曲线。图 6-51 为在电池工作温度 65℃，加载电流 20 A，阴极气体入口压力均为 200 kPa，阳极气体入口压力均为 150 kPa 时，单电池全闭口运行在不同加载电流下电压随时间变化曲线。

电池工作温度50℃,加载电流为20 A时电压下降10%的周期约为1300 s,每次排放后电压均能恢复至原有水平。加载电流为40 A时电压下降10%的周期约为350 s,与前两个压力条件不同,排放周期较为稳定,且排放后电压能恢复至原有水平。

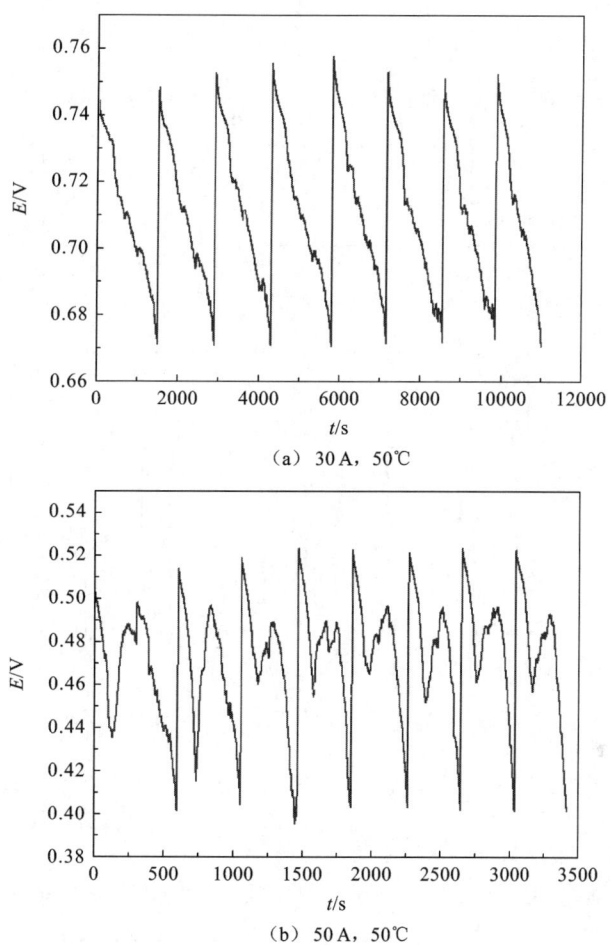

图 6-50　阴极 200 kPa,阳极 150 kPa 燃料电池全闭口周期

与前两个操作压力一样,电池工作温度65℃时在同一加载电流下电池的性能均比50℃时差。加载电流为20 A时电压下降10%的周期约为400 s,而加载电流为40 A时电压下降10%的周期从最初的100 s逐渐减少至80 s,与前两个压力条件不同,性能较为平缓且最终能稳定。

电池全闭口在阴极的压力大于阳极压力,在不同的加载电流以及工作温度下,闭口周期均有所增加,这主要是由于阴极压力高于阳极压力,阴极反扩散至阳极的水量增加,相同条件下阴极的水量较小,减轻了阴极排水负担,减缓电池阴极水淹,因此电池性能衰减减慢,闭口周期增加。与此同时,阳极产生的水量增多,这会加重电池阳极水淹,但由于氢气氧化反应速率比氧还原快,阳极抗水淹能力较强,性能衰减比较慢。

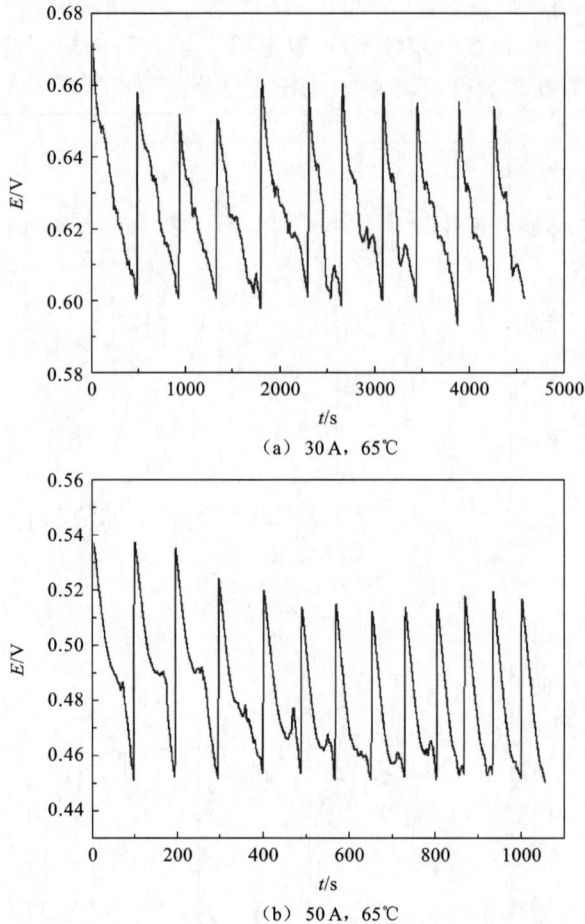

(a) 30 A，65℃

(b) 50 A，65℃

图 6-51　阴极 200 kPa，阳极 150 kPa 燃料电池全闭口周期

不同电池工作温度、阴极与阳极压差下的燃料电池闭口运行周期比较如图 6-52 所

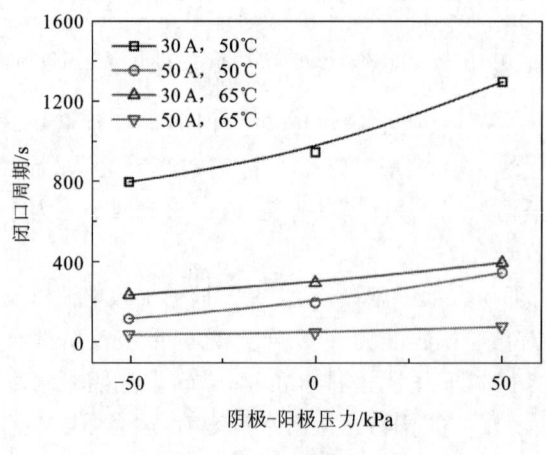

图 6-52　闭口周期比较

示,电池闭口运行持续周期与阴极产生水的速率有关。增加阴极与阳极之间的压力差,阴极反扩散至阳极的水量增加,可以减缓阴极水淹,延长电池闭口周期。提高加载电流阴极产生水速率增加,电池闭口周期缩短。提高电池工作温度,电池内水蒸气压力增加,相应的气体分压降低,电池闭口周期缩短。

6.3.5 闭口系燃料电池运行性能诊断

全闭口运行前后分别测取电池的极化曲线作为最初性能和最终性能,极化曲线在阴阳极均为敞口,氢气和氧气加湿度分别为80%和100%,电池工作温度65℃下测取。图6-53为电池累积经过60 h阴、阳极全闭口运行前后极化曲线对比,电池在多种操作条件累积进行60 h全闭口实验后,电池的性能衰减较为明显。随着电流密度增加性能衰减率逐渐增加,其中在电流密度为1 A/cm² 下,电池性能衰减率为3.5%。

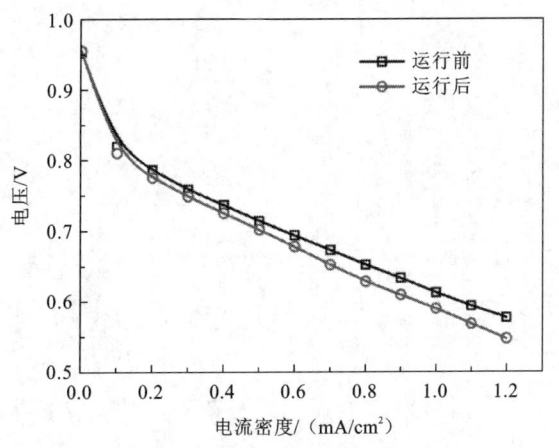

图6-53 全闭口前后极化曲线对比

图6-54为电池累积经过60 h阴、阳极全闭口运行前后阴极循环伏安对比,测取阴极循环伏安曲线时阳极通氢气,阴极通氮气,气体流量均为300 mL/min,温度均为30℃,相

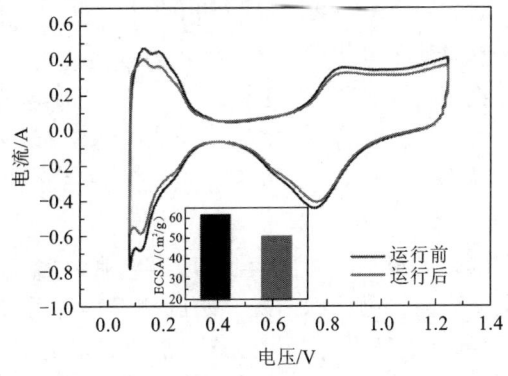

图6-54 阴极循环伏安对比

对湿度均为100%,扫面速率均为30 mV/s。从图中可以看出电池经过全闭口运行后阴极氢吸附峰和脱附峰均有明显降低,电化学活性面积从 62.15 m^2/g 减小至 51.63 m^2/g,衰减率为 16.93%。电池全闭口运行极易引起阴极"水淹",其催化剂衰减。

为考察造成电池性能衰减的原因,对在多种操作条件累积进行了 60 h 阴、阳极全闭口运行电池的膜电极分成 9 个区域进行形貌 SEM 测试,膜电极分区示意图如图 6-44 所示。全闭口运行后的膜电极 SEM 测试结果如图 6-55 所示。在电池下部区域,即膜电极 7、8、9 处阴、阳极催化层厚度均有减薄,而其他区域(1~6 处)阴、阳极催化层均只有少量衰减。在催化层减薄区域,阳极催化层减薄程度比阴极小。

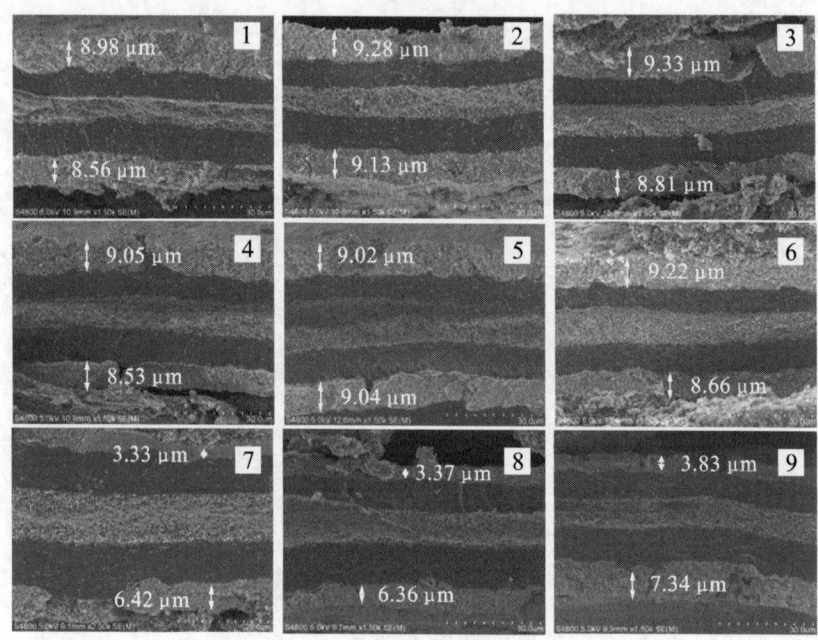

图 6-55 膜电极分区断面形貌 SEM 图
上部为阴极,下部为阳极

与电池出口敞排运行不同,电池阴、阳极全闭口运行过程中,产生的水会在电池内部不断积累而得不到排出,直至出口电磁阀打开。其中电化学反应生成的水发生在阴极,因而阴极是水淹的"重灾区",虽然阳极反应气体氢气不经过加湿且没有反应生成水,但由燃料电池水传输机理可知,在阴极反扩散、电流渗透拖拽、压力渗透拖拽以及热渗透拖拽的相互作用下阳极会产生水。本实验阳极一直处于闭口状态,因而阳极不断累积液态水,长时间运行液态水过多同样会引起阳极水淹,尽管水的扩散系数比反应生成水的速率小得多。

本实验采用的是阴阳极板均为平行流道流场的单电池,对流道尺寸进行了针对性的设计,减小液态水与流道壁面的接触面积而减小水脱落阻力。阴阳极产生的液态水在重力作用下克服其与扩散层间的黏滞力后自动脱落并汇聚到电池下部缓冲区,随着时间的进行电池的下部液态水逐渐增多引起该区域水淹。特别是阴极下端是水淹的"重灾区",

液态水堵塞了氧气传输通道,造成了这部分区域缺氧气,氧气不足以维持正常的电化学反应,引起阴极形成高电位导致催化剂碳载体被氧化,碳载体腐蚀催化剂流失,因而阴极下端催化层厚度减薄。

本实验阳极一直处于闭口状态,长时间运行液态水不断积累同样引起阳极水淹,造成水淹对应的区域缺氢气,不能维持正常的电化学反应,不能产生氢质子,在缺氢气区域发生水电解反应产生氧气,加上部分氧气从阴极透过膜扩散到阳极,使在缺气区域形成氢氧界面,对应区域形成阴极高界面电势(约 1.6 V),导致对应区域阴极催化剂碳载体腐蚀。催化剂碳载体的平衡电池相对于标准氢电极较低,25℃下为 0.207 V,从热力学角度来讲不稳定,在过高的界面电势下碳载体容易被腐蚀,因而阳极下端水淹区域对应的阴极催化层厚度减薄。与此同时,阳极水淹造成相应区域燃料饥饿造成相应区域阳极电极电位增加($>1\ V_{RHE}$),引起阳极催化层的碳载体与水发生氧化反应,导致阳极水淹区域即阳极下端催化层碳载体腐蚀从而厚度减薄。

6.3.6 阴、阳极全闭口燃料电池运行优化

1. 排气提前探讨

以上研究可知,燃料电池阴、阳极全闭口运行极易引起水淹,造成碳载体腐蚀,催化剂流失,催化层厚度减薄,导致电池性能的不可逆衰减。运行过程中液态不断积累没有及时排放引起了水淹。为避免这种不利情况,阴极出口电磁阀应提前打开排放,避免过多的液态水在阴极积累,同时也减小了从阴极反扩散至阳极的水量,也可以起到缓解阳极水淹的作用,从而减小催化层的碳载体腐蚀,减小电池性能衰减,提高电池工作寿命。

在电池全闭口运行过程中,电压曲线会出现"拐点",在拐点后电压曲线下降得很快,这主要是由于阴极水淹引起的电压快速下降,为避免这种情况发生,在电压曲线出现"拐点"便打开阴极出口电磁阀。图 6-56 为在基准条件即工作温度 50℃,阴、阳极气体入口压

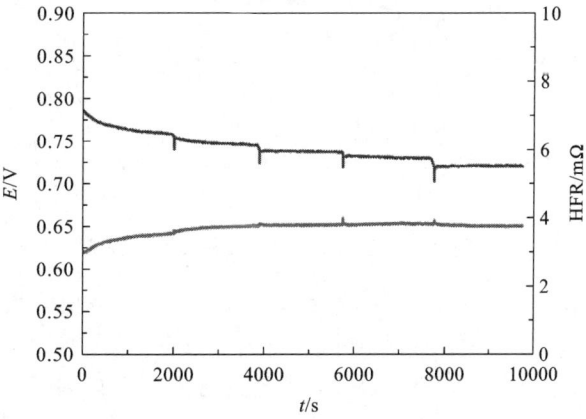

图 6-56 电池全闭口电压与高频电阻曲线

力为 150 kPa，加载电流为 20 A 时，电压曲线出现"拐点"后阴极开始排放的电压与高频电阻曲线。除了第一次阴极排放前电压有所下降以外，之后每个周期内电池均能平稳运行，然而排放后电压并不能完全恢复至上一周期的值，而是维持在电压出现"拐点"下降后阴极排放时的值，因而整个闭口运行过程中电压曲线呈阶梯状往下分布，表明虽然单个周期内输出性能平稳，但整个过程中输出性能逐渐变差。高频电阻曲线除了第一周期有所增加后维持稳定以外，在之后周期内均基本保持不变。这与前一节在闭口运行时高频电阻会慢慢下降有所不同，这主要是由于阴极提前排放，电池内部没有多余的液态水。

与前一节研究不同，在闭口运行每个周期内电压曲线并没有缓慢下降，而是能维持相对稳定，这主要由于此次全闭口实验环境温度降低，根据本书第 2 章研究结果，提高水蒸气浓度梯度可以增加水蒸气扩散通量，加快水蒸气传输。本实验电池出口至电磁阀之间的管道是暴露在环境中的，因而其内部的气体在低温环境换热作用下温度会更低，增加了电池内部与出口管道的水蒸气浓度梯度，有利于将电池内部水分转移到出口管道，缓解水淹，因而电池运行平稳。

图 6-57 为在工作温度 50℃，阴、阳极气体入口压力为 150 kPa，加载电流为 20 A 时，电压曲线将要出现"拐点"前阴极开始排放的电压与高频电阻曲线。除了第一次阴极排放前电压有所下降以外，之后每个周期内电池均能平稳运行，并且之后的每个周期电池的性能基本一样，整个全闭口运行期间电压曲线除了第一个周期以外基本呈平稳的直线分布。高频电阻曲线除了第一周期有所增加后维持稳定以外，在之后周期内均基本保持不变。电压曲线将要出现"拐点"前阴极开始排放这种方式在整个全闭口运行过程中可以获得稳定的输出性能，是一种比较理想的排放控制方式。

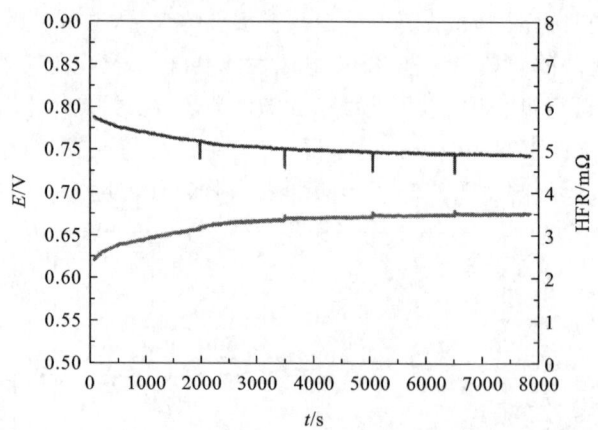

图 6-57　电池全闭口电压与高频电阻曲线

图 6-58 为在工作温度 50℃，阴、阳极气体入口压力为 150 kPa，加载电流为 20 A 时，过早排气的电压与高频电阻曲线。提前排放将会引起电压更快速的下降，高频电阻更快的增加。这是由于反应气体未经过加湿，全闭口运行第一周期内反应产生的水还不足以将膜充分润湿，若排气过早使电池内部更干燥，导致质子传导阻力增加，高频电阻增加，恶化电池性能。因此基于电池内水平衡，全闭口运行阴极排气不宜过早。

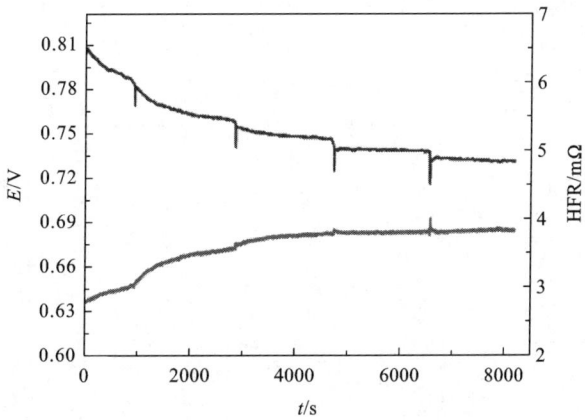

图 6-58 电池全闭口电压与高频电阻曲线

以上三种阴极排放方式表明,全闭口运行阴极排气过早或过晚(拐点后)都会降低电池的输出性能。而在电压将要出现"拐点"前阴极开始排放这种方式可以获得持续稳定的输出性能,是比较理想的排气方式,以下对其做进一步研究。

2. 压力对全闭口运行影响

图 6-59 为工作温度 50℃,加载电流为 20 A,阴、阳极压力分别为 150 kPa、200 kPa 以及 300 kPa 时电池全闭口运行电压与高频电阻曲线。随着电池工作压力的增加,全闭口运行情况变好,第一周期内电压的下降值以及高频电阻的增加值均逐渐变小,在整个闭口运行过程中电池性能越来越稳定。

图 6-60 为工作温度 50℃,加载电流为 40 A,阴、阳极压力分别为 150 kPa、200 kPa 以及 300 kPa 时电池全闭口运行电压与高频电阻曲线。在工作温度 50℃时提高加载电流,全闭口仍可保持稳定运行,与低加载电流的趋势基本一致;随着电池工作压力的增加,全闭口运行情况变好,第一周期内电压的下降值以及高频电阻的增加值均逐渐变小,在整个

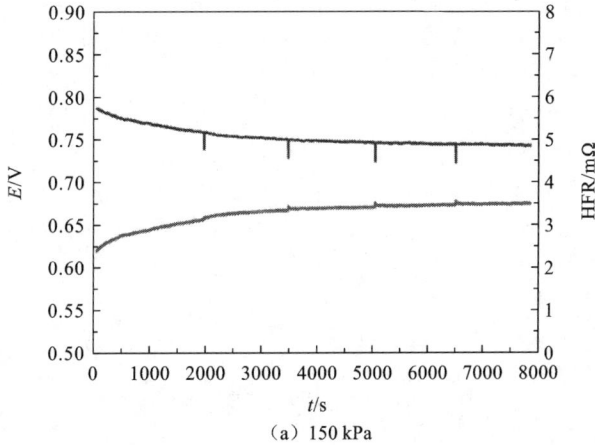

(a) 150 kPa

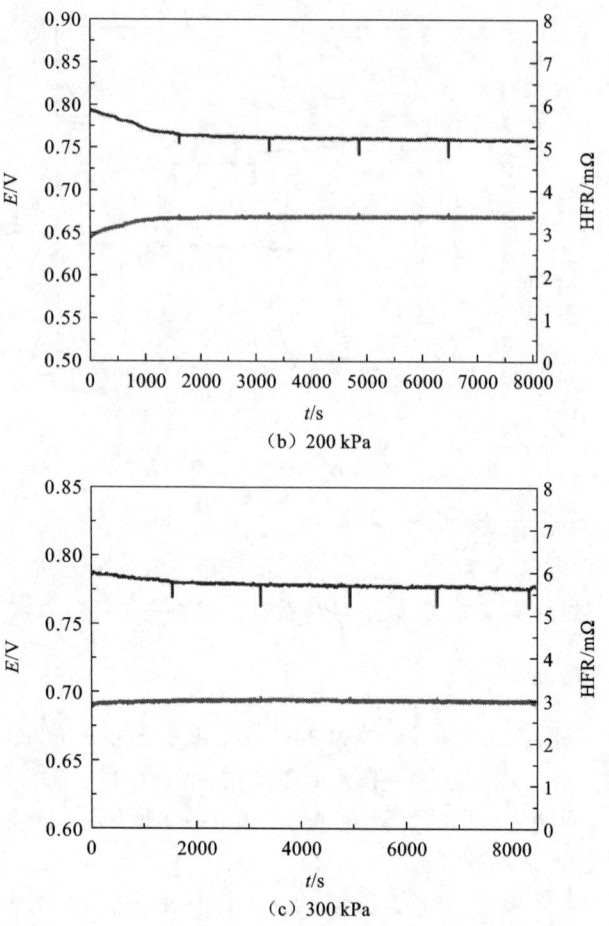

(b) 200 kPa

(c) 300 kPa

图 6-59 不同压力下电压与高频电阻曲线

闭口运行过程中电池性能越来越稳定。不同的是排放周期较低加载电池时小，这主要是因为高电流生成水的速率加快，排放周期缩短。

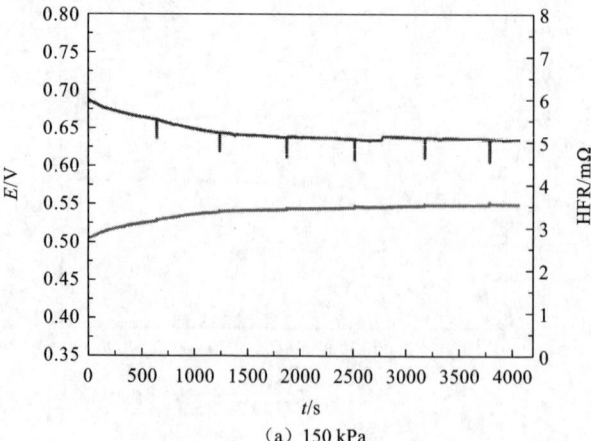

(a) 150 kPa

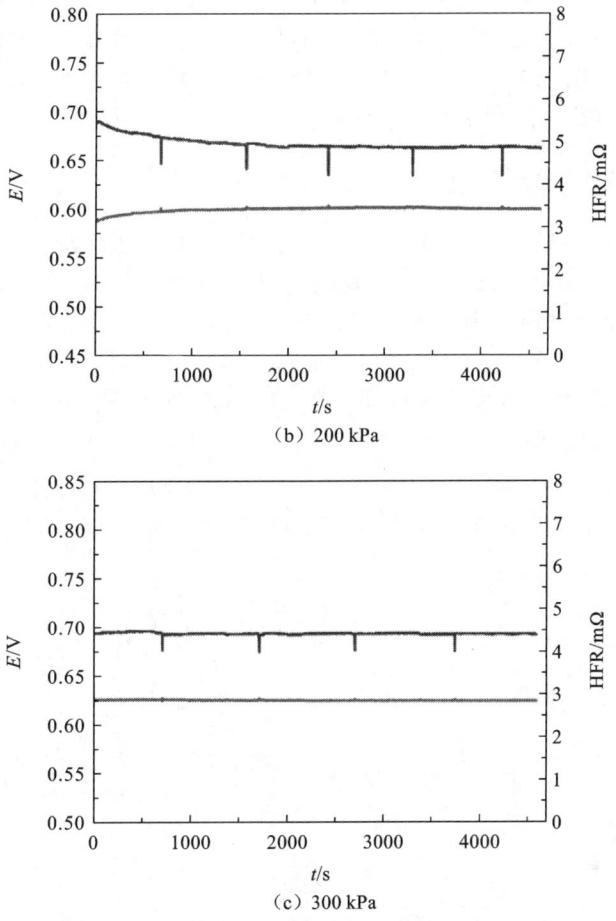

图 6-60 不同压力下全闭口电压与高频电阻曲线

图 6-61 为不同压力和电流下的排放周期比较,增加电池工作压力可以增加全闭口运

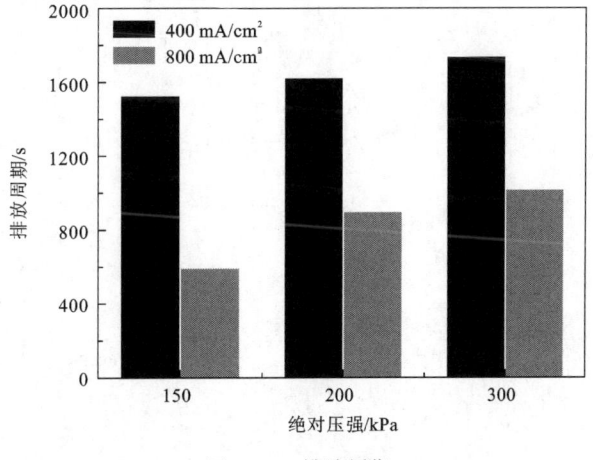

图 6-61 排放周期

行排放周期,增加电流将缩短全闭口运行排放周期。提高电池工作压力,反应气体压力随之提高,从而电池运行稳定性增加,排放周期增加。提高工作电流,电池产生水的速率增加,排放周期缩短。电池全闭口适合在高压下运行,不但可以获得稳定的性能,同时还可以延长排放周期,提高气体利用率。

3. 温度对全闭口运行影响

图 6-62 为工作温度 65℃,加载电流为 20 A,阴、阳极压力分别为 150 kPa、200 kPa 以及 300 kPa 时电池全闭口运行电压与高频电阻曲线。图 6-63 为工作温度 50℃,加载电流为 40 A,阴、阳极压力分别为 150 kPa、200 kPa 以及 300 kPa 时电池全闭口运行电压与高频电阻曲线。提高工作温度至 65℃,电压与高频内阻曲线均呈周期性的波动和下降。第一周期内电压的下降值与高频电阻的增加值均比 50℃时大,随着压力的增加这种情况有所改善。电池工作温度增加,水蒸气饱和压力增加,相应地减小了反应气体压力,因而电池性能稳定性变差。增加电池工作压力,反应气体分压随之增加,电池运行稳定性变好。全闭口燃料电池适合在低温高压下运行,不但运行稳定,而且气体利用率高。

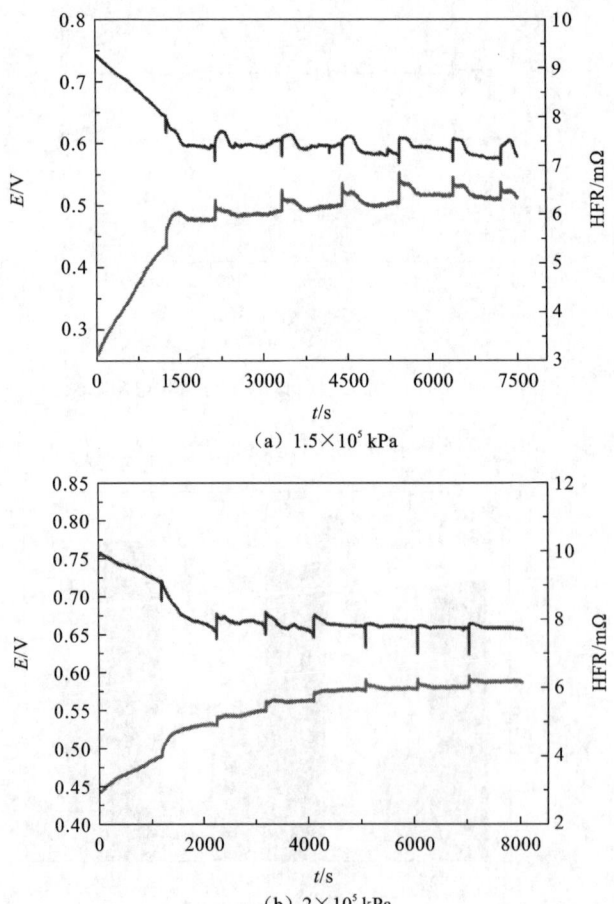

(a) 1.5×10^5 kPa

(b) 2×10^5 kPa

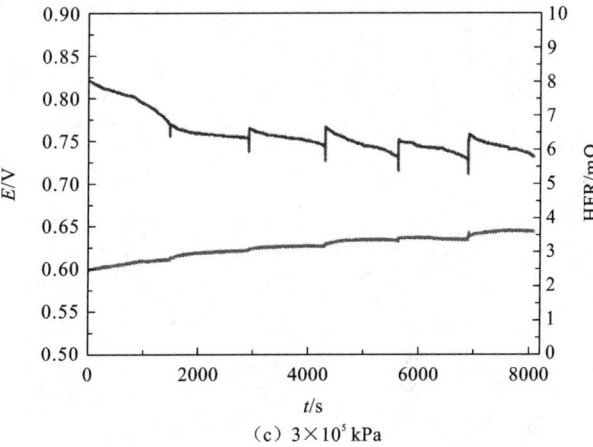

(c) 3×10^5 kPa

图 6-62　20 A 全闭口电压与高频电阻曲线

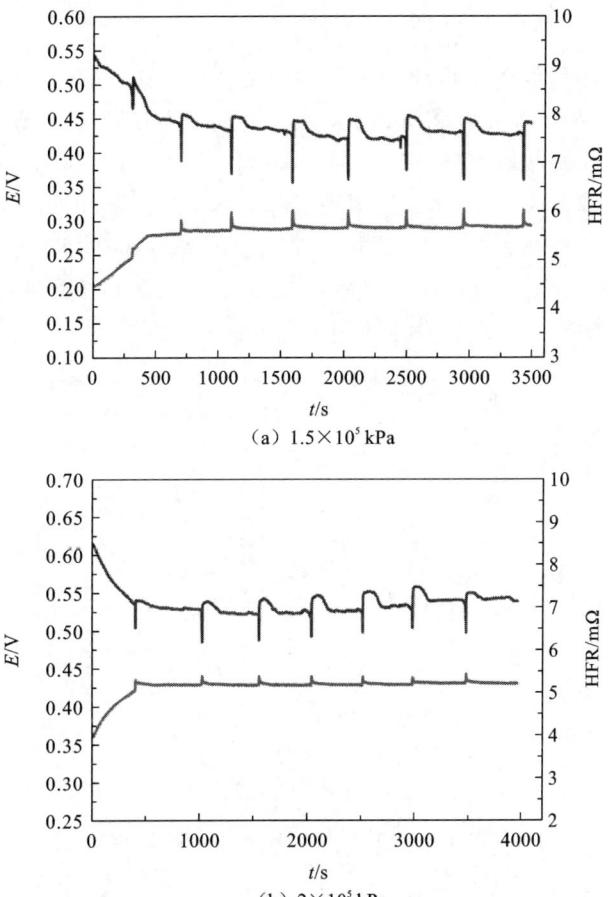

(a) 1.5×10^5 kPa

(b) 2×10^5 kPa

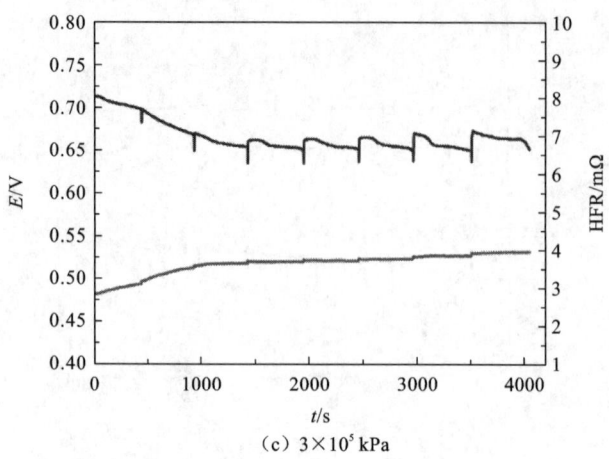

(c) 3×10^5 kPa

图 6-63　40 A 全闭口电压与高频电阻曲线

4. 阴阳极全闭口运行性能诊断

电池全闭口采用新的阴极排放方式经多种操作条件运行,累积时间与前一节排放方式的全闭口运行累积时间大致相等,约为 60 h。电池全闭口运行前后极化曲线对比如图 6-64 所示。极化曲线测取的条件与前一种全闭口排放方式一致,即阴阳极均为敞口,氢气和氧气加湿度分别为 80% 和 100%,电池工作温度 65℃。采用电压将要出现"拐点"前阴极开始排放这种新的阴极排放方式电池性能衰减明显降低。在电流密度为 1 A/cm² 下,电池性能衰减率为 0.77%。而之前排放方式 1 A/cm² 下电池性能衰减率为 3.5%。这表明采用这种新的排放方式有效地抑制了电池性能的衰减。

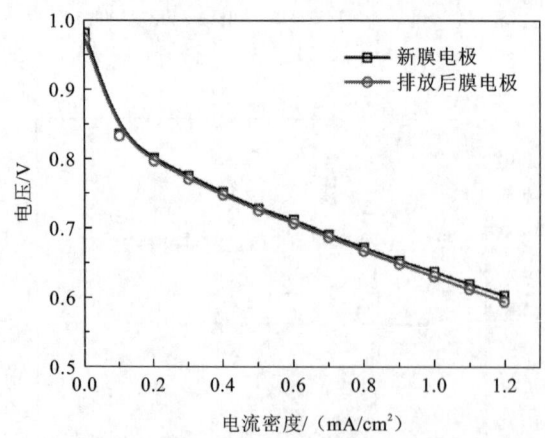

图 6-64　全闭口运行前后极化曲线对比

图 6-65 为采用新的排放方式在电池累积经过 60 h 阴、阳极全闭口运行前后阴极循环伏安对比,从图中可以看出电池经过全闭口运行后阴极氢吸附峰和脱附峰均只有轻微降

低,电化学活性面积从 62.83 m²/g 减小至 60.15 m²/g,衰减率为 4.26%。采用新的排放方式有效地抑制了阴极催化剂活性面积的减小,阴极催化剂电化学活性面积衰减从 16.93% 降低至 4.26%。两种排放方式的电化学活性面积损失比较如表 6-2 所示。

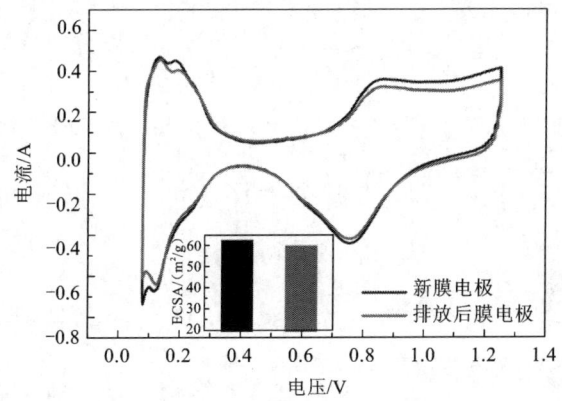

图 6-65 全闭口运行前后循环伏安对比

表 6-7 不同排放方式电化学活性面积损失对比

	常规排放策略	改进后排放策略
新膜电极电化学活性面积/(m²/g)	62.15	62.83
排放后膜电极电化学活性面积/(m²/g)	51.63	60.15
电化学活性面积损失率	16.93%	4.26%

新的阴极排放方式累积进行了 60 h 阴、阳极全闭口运行后电池的膜电极断面 SEM 测试结果如图 6-66 所示。采用新的阴极排放方式可有效地抑制催化层的碳载体腐蚀,电池底部阴阳极催化层仍有轻微的衰减,与传统排放方式相比,阴、阳极的催化层厚度减薄现象得到了明显的抑制,特别是阴极催化层。新的阴极排放方式将阴极排气时刻提前,减小了液态水在电池内部积累,有效缓解电池内部"水淹",减轻催化层的碳腐蚀。相应地,通过阴极反扩散至阳极的水也得到抑制,缓解阳极"水淹"。为了避免氢气排放提高氢气利用率,本实验阳极一直处于关闭状态,在阴极反扩散、电流渗透拖拽、压力渗透拖拽以及热渗透拖拽的相互作用下阳极仍会不断积累水,但与传统的排放方式相比已经得到明显的改善。

针对潜艇、航空航天等领域应用要求,本节以氢氧燃料电池作为研究对象。对该单电池进行阴、阳极全闭口运行实验研究。采用传统的阴极排放方式经过多种操作条件运行后电池性能、电化学活性面积以及催化层厚度均有明显的衰减。为此对电池全闭口运行的排放方式进行优化研究,电池性能衰减得到有效的改善,主要的结论如下所述。

传统的排放方式,即电压衰减到一定值后排放,电池全闭口运行过程中特别容易引起电池"水淹"而造成电压下降,经阴极排气后电压能迅速恢复,如此形成了规律性波动的周期。排放周期与阴极产生水的速率有关,随电流密度增加而减小,随阴极与阳极之间压力

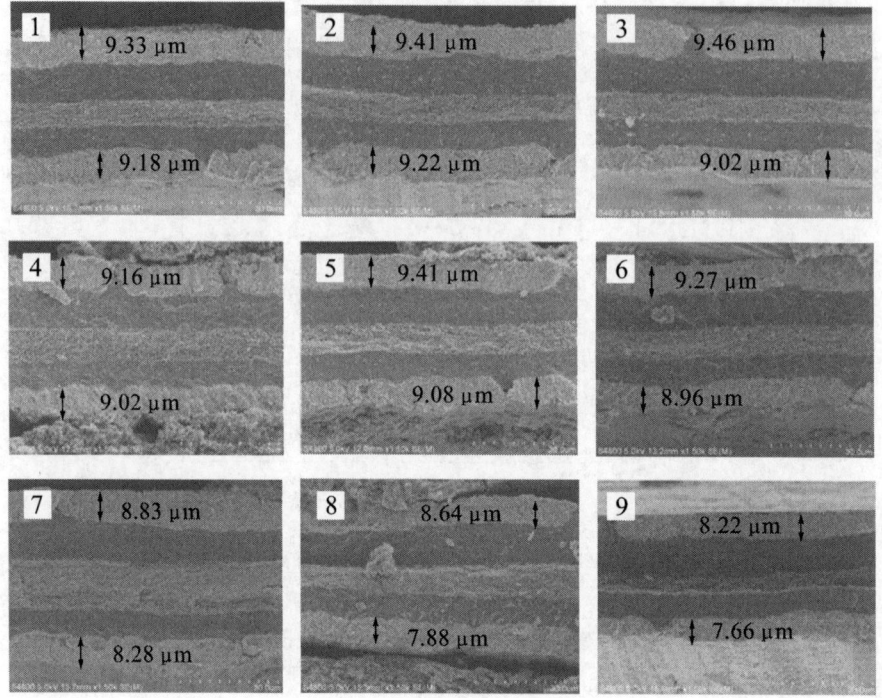

图 6-66 膜电极分区断面 SEM 图
上部为阴极，下部为阳极

差的增加而增加。提高电池工作温度，电池内水蒸气压力增加，相应的气体分压降低，电池性能变差，闭口周期缩短。电池经过累积 60 h 全闭口运行后电池性能、电化学活性面积以及催化层厚度均有明显的衰减，这主要是电池内部严重水淹而造成的。

为了减缓电池内部水淹，对电池全闭口运行采用新的排放方式，即待电压将要出现"拐点"前阴极开始排放。采用新的排放方式电池运行的稳定性得到大大的改善，且电池运行稳定性随电池工作压力的增加而提高。排放的周期也随电池工作压力的增加而增加，且随电流的增大而减小。在相对高温下电池全闭口运行过程中性能会周期性的波动和下降，电池运行稳定性变差。电池经过累积 60 h 全闭口运行后电池性能、电化学活性面积以及催化层厚度的衰减均有明显的改善。这种排气方式能有效提高全闭口电池运行的稳定性，且更适合在高压和低温下操作，不仅提高了输出性能及其稳定性，还延长排气周期提高了反应气体的利用率。

6.4 闭口系燃料电池启停衰减特性的实验研究

6.4.1 闭口系燃料电池启停衰减特性的实验研究方法

本实验所用的单电池活性面积为 25 cm^2，采用商业化膜电极（MEA）。MEA 是有阴阳极两片气体扩散层(GDL)和一片催化剂涂覆膜(CCM)热压而成。其中，碳纸为日本 Tory 公司提供，阴极为30%疏水，阳极为20%疏水，质子交换膜(PEM)为 Nafion 211 膜，催化剂为 JM 催化剂，阴阳极载量均为 0.4 mg/cm²，单电池的双极板为刻有流道的石墨板，阴阳极均采用单蛇形流道。双极板两侧通过镀金铜板夹在一起，镀金铜板为集流板。组装单电池时，MEA 两侧通过 PTFE 密封层密封，所用装夹力为 60 kgf·cm①。单电池组装完成后，通过标准检漏仪器测漏表明单电池的密封性很好，阴阳极两侧的气体漏气量均小于 0.1 nlpm。实验所用内阻测试仪为日置 3551 系列，单电池组装好后对初始内阻进行测试，两个单电池的内阻均小于 100 mΩ·cm²。

本实验所用测试系统为加拿大 Greenlight 公司生产的 FCATS G8320。它可以通过软件编程，精密地控制各种操作参数，如负载大小，反应气体流量或过量系数，露点温度以及电池温度，并实现自动控制实验。燃料气体和空气在通入电池之前通过加湿系统，从而给电池提供充分加湿的反应气体。将燃料电池湖北省重点实验室自制的标准单电池连接到测试系统上，可以测试燃料电池的输出电压和功率等参数，也可以测试燃料电池的极化曲线以表征膜电极材料的性能。

PEMFC 单电池在进行启停操作之前，均进行 8 h 的充分活化，使电池的性能达到最优及稳定状态。活化采用逐步加载电流的过程，空气过量系数为 2.5，氢气过量系数为 1.5，采用 100% 加湿气体进行活化。活化完成后，测试电池的极化曲线以表征单电池的初始性能。开口系与闭口系单电池的启停操作对比实验，是通过控制阴极尾气阀的开关闭状态来实现。两个单电池在启停过程中电池内部的不同电化学过程如图 6-67 所示。

1500 次的频繁启停操作程序由以下几步实现，开口系和闭口系 PEMFC 单电池均采用以下程序。

(1) 单电池在开路状态下运行 30 s。100% 加湿的氢气和空气分别通入电池的阳极和阴极。氢气过量系数为 1.5，空气过量系数为 2.5，在开路状态下的流量按照 100 mA/cm² 时的流量供给。

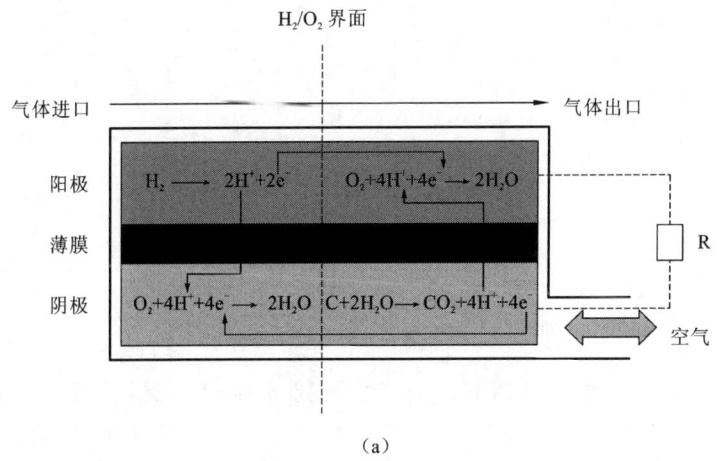

(a)

---
① kgf：千克力，1 kgf=9.806 65 N

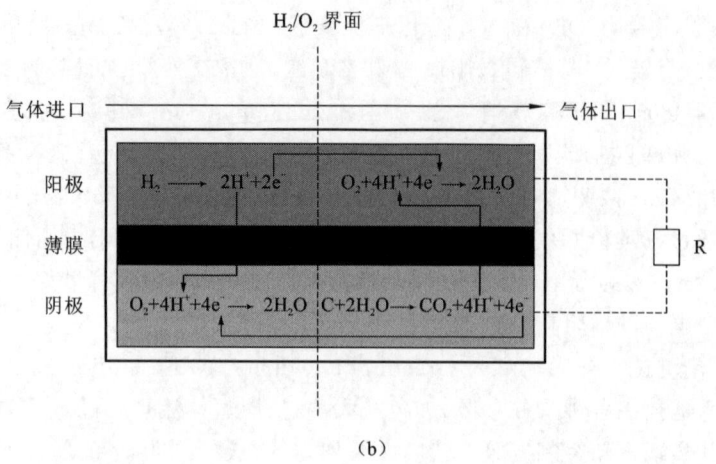

(b)

图6-67 开口系和闭口系单电池PEMFC电化学反应示意图

(2) 断开空气供给，并采用一个虚拟小负载消耗残留在电池阴极的氧气。随着氧气的不断消耗，电池的电压不断下降，当电池的电压降到0.05 V以下，氢气供应停止。

(3) 氢气进气阀关闭10 s之后，辅助负载撤除。同时，空气和氢气分别通入电池的阴极和阳极，即电池状态回到开路电压。

在此操作程序中，由步骤1到步骤2，电池的电压由开路降到0.05 V以下；由步骤2到步骤3，电池电压由0.05 V重新回到开路电压。电池电流密度在一个循环下随时间的变化如图6-68所示。

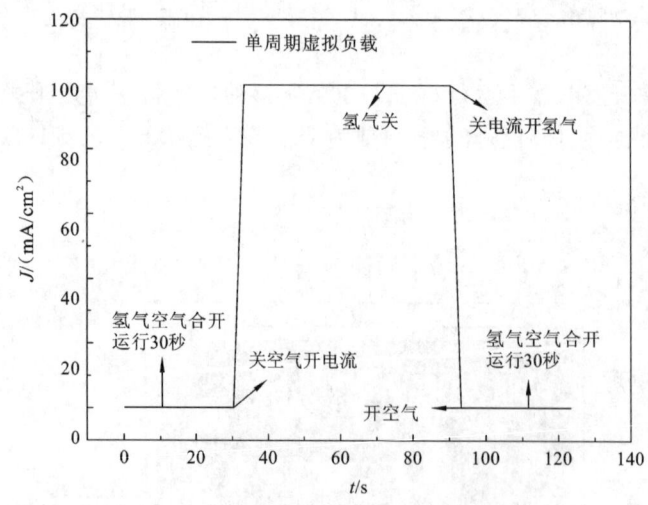

图6-68 单次循环下电流密度的变化图

每300次启停循环之后，PEMFC单电池的性能分别通过极化曲线、CV以及H_2 LSV曲线来表征。CV曲线和LSV曲线采用AUTOLAB电化学工作站（荷兰，PGSTA30）进行测试。CV曲线是用来考察催化剂的电化学活性面积。CV测试时，氮气通入电池的阴极，连接工作电极；氢气通入电池的阳极，连接参比电极。测试条件为：扫描速度为

50 mv/s,扫描范围为0.05～1.25 V,该项测试在室温下进行。LSV用来表征质子交换膜的氢气渗透率,扫描范围为0.05～0.7 V,扫描速率为2 mV/s。实验用的各单电池组装好后对其气密性进行测试,阴阳极的漏气量均小于0.1 mL/min,电池气密性良好。

1500次启停循环完成之后,对膜电极进行断面扫描电镜分析。裁取活性区一小块儿MEA,标明其阴阳极,然后放入液氮中轻轻掰断,使其断面不受外力损坏,送至测试中心测试其断面SEM。

6.4.2 横电流和横电压放电

本实验在燃料电池停机之后,采用虚拟小负载消耗掉残留在电池阴极的氧气,使阴极只有保护性气体氮气,那么该小负载如何添加? 是使用恒压模式放电,还是恒流模式放电? 对此,做了以上探索性试验,如图6-69所示。

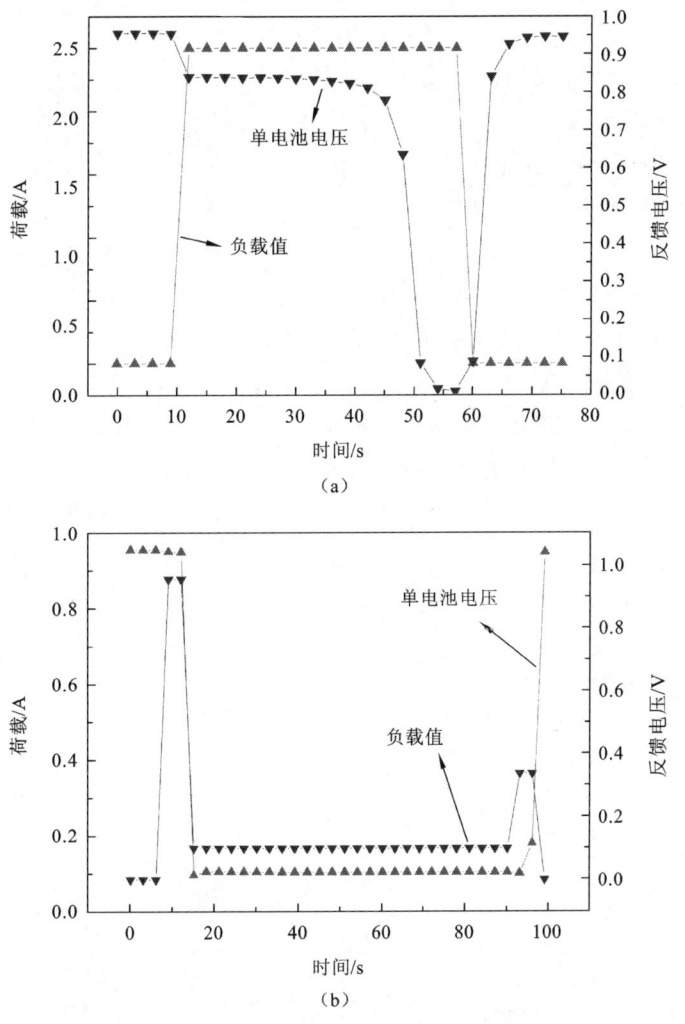

图6-69 恒流放电(A)与恒压放电(B)PEMFC电池反馈电流电压随时间变化

图 6-69(a)显示的是恒流放电模式下设置电流和反馈电压随时间的变化关系,选取的电流大小为 2.5 A,即 100 mA/cm²。当关闭空气源后添加一个放电电流,电池电压一开始会稳定 20 s,之后电压会在 10 s 内急速下降到 0.2 V 以下直至 0 V 左右,此时电池催化层中的氧气基本消耗殆尽。关闭放电电流之后,电池电压有小幅度上升(0.1 V),此时再通入空气,电池电压上升至开路电压 0.95 V 左右。图 6-69(b)显示的是恒压放电模式下设置电压和反馈电流随时间的变化关系,设置的电压大小为 0.1 V,此时电池电压会瞬间由开路 0.95 V 左右下降到 0.1 V,相应的反馈电流也发生大幅度变化。本实验目的是考察开口系与闭口系电池启停衰减特性研究,为了避免在恒压放电时,电压大幅度的动态电压循环对电池性能的影响,所以采取恒流放电模式,设置放电电流为 100 mA/cm²。

6.4.3 启动和停机过程

图 6-70 为一个启停循环过程中负载大小以及阴极进气口压力随时间的变化,其中图 6-70(a)对应的是开口系电池,而图 6-70(b)对应的是闭口系电池。在步骤 2 中,当空气停止供应同时采用辅助负载时,两个电池的电压均瞬间降到 0.8 V,并在 40 s 之内缓慢下降,但是在接下来的 15 s 内迅速下降到接近 0 V。这是当空气供给被断开后,由于辅助负载的存在使电池内阴极氧气浓度不断下降,从而导致阴极的浓差极化增大。当阴极的氧气浓度减小到一定程度时,PEMFC 的电压会急剧下降。对于开口系燃料电池,如图 6-70(a)所示,当阴极进气口压力为 5 kPa 左右时,电池的电压降到最低;而对于闭口系燃料电池,直到阴极进气口压力为 0 kPa 时,电池的电压降到最低,如图 6-70(b)所示。

在 PEMFC 进行频繁启停操作时,当阴极尾气阀开启时,外界的空气可以通过电池的尾气管道进入电池内部。随着电化学反应的发生,电池内部的氧气不断消耗,浓度不断降低,在浓度扩散的作用下,外界的空气会不断地补给进入电池的阴极流道中,这样会打破电池内部阴阳极气体压力的一个平衡。相反地,如果电池的尾气都是处于关闭状态,那么

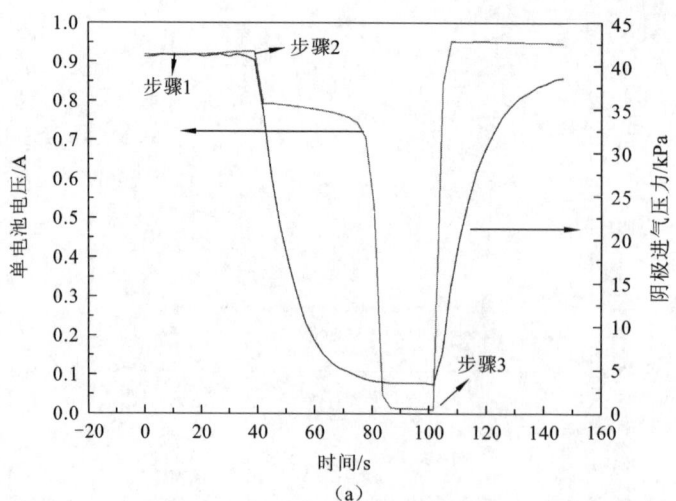

(a)

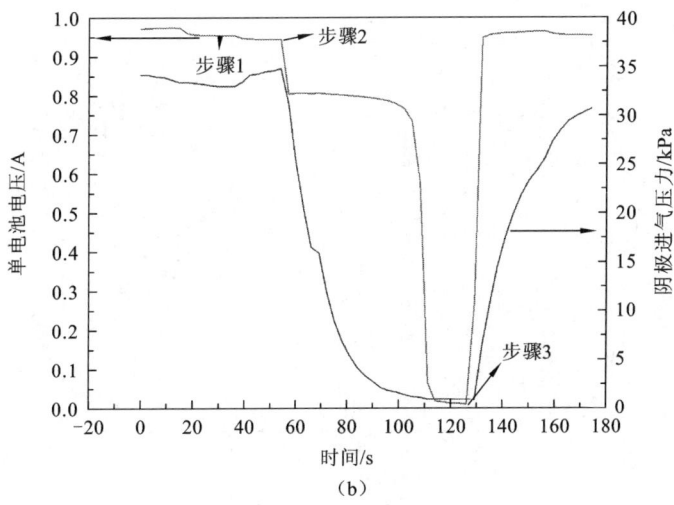

(b)

图 6-70 单次启停循环中电池电压和阴极进口气压变化

电池内部的气压始终处于一个平衡状态。对于开口系燃料电池,内部气压的非平衡状态会使由阴极通过质子交换膜扩散到阳极的氧气浓度增大。在这种情况下,电池阳极端 H_2/O_2 界面的存在时间会加长。根据反向电流机理,催化剂载体在启停过程中的衰减主要是阳极 H_2/O_2 界面的存在所造成。这样一来阴极尾气出口的开启和关闭状态会对 PEMFC 在启停过程中的衰减造成很大的影响。

6.4.4 闭口系燃料电池启停衰减诊断

图 6-71 是两个电池在启停循环前后的极化曲线对比图,其中图 6-71(a)为开口系 PEMFC 每 300 个循环的性能衰减图,图 6-71(b)为闭口系 PEMFC 每 300 个循环的性能衰减图。

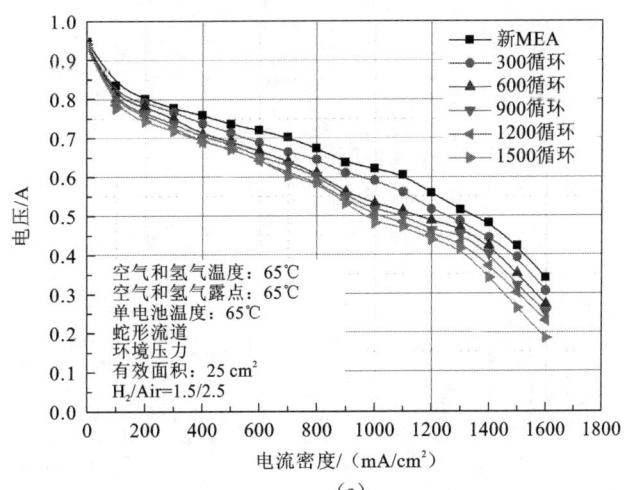

(a)

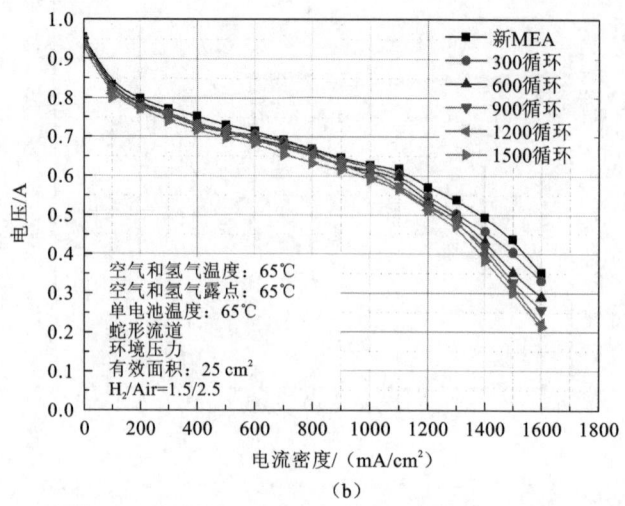

图 6-71 开口系(a)和闭口系(b)经历 1500 次启停循环前后的极化曲线对比

从图中可以明显看出,随着启停循环操作次数的增加,两个电池的性能均在下降。这表明频繁启停过程中,PEMFC 性能的恶化是确实存在的。通过两个图的比较可以明显看出,开口系 PEMFC 的性能衰减比闭口系 PEMFC 要大。尤其在高电流密度区,性能衰减的差异更加明显。

图 6-72 显示的是经过 1500 次的启停循环后,开口系与闭口系电池的开路电压、100 mA/cm² 以及 1000 mA/cm² 对应的电池电压对比。电池的电压衰减速率通过以下公式计算:

$$衰减速率(mV/次循环)=\frac{初始电池性能(mV)-最终电池性能(mV)}{循环次数}$$

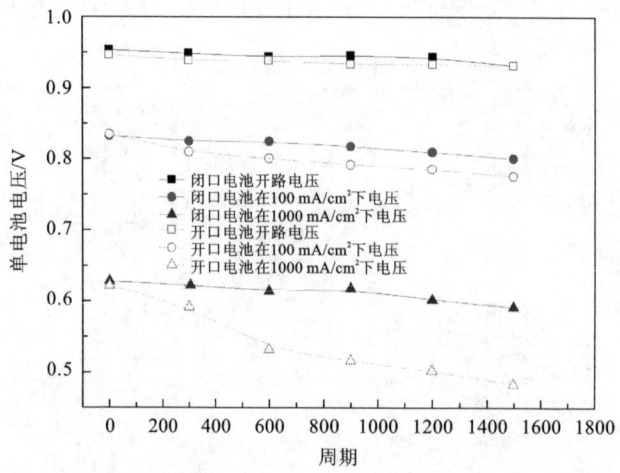

图 6-72 开口系和闭口系电池循环后开路电压和工作电压变化

对于两个电池而言,电池的开路电压变化都不是很明显,只是有很小的降低。而开路电压的大小主要和电池的温度和质子交换膜的氢气穿透电流有关。那么,开路电压的变化说明了开口系和闭口系电池中的质子交换膜并未发生明显的恶化。而电流密度为 100 mA/cm² 时的电压变化却并不如此。经过 1500 次的启停循环,开口系 PEMFC 的电压由 0.835 V 下降到了 0.776 V,衰减的速率为 0.0393 mV/次循环;而闭口系 PEMFC 的电压衰减速率为 0.021 mV/次循环。100 mA/cm² 下的电压,开口系 PEMFC 的衰减速率为闭口系 PEMFC 的两倍。同样地,这种差别在 1000 mA/cm² 时的电压更为明显。此时,开口系 PEMFC 的电压由 0.621 V 下降到 0.481 V,衰减速率为 0.093mV/次循环;而闭口系 PEMFC 的电压由 0.627 V 下降到 0.591 V,衰减速率仅仅为 0.0224 mV/次循环。PEMFC 经历频繁启停循环后,其在高电流密度下的性能衰减速率更快,这是由于在频繁启停循环中催化剂载体碳材料被氧化,导致催化剂载体的多孔结构遭到破坏,从而导致反应气体经过扩散层达到催化剂表面的阻力增大,PEMFC 在高电流下的浓差极化增大。由此看来,PEMFC 在经历启停工况时,如果阴极尾气阀打开直接排空的话,电池的性能下降会比较严重;而如果此时将阴极尾气阀关闭以防止外界空气的进入,能够有效减少 PEMFC 性能的衰减。并且,PEMFC 此时的衰减并不是由于质子交换膜的恶化引起的,这一点结论可以通过开口系电池与闭口系电池开路电压的变化而得出。这个结果与 Takeuchi 等模拟工作的结果相吻合,他们的模拟结果表明尾气阀的开口状态会使 PEMFC 阳极的氧气分压增大,从而使阳极催化层表面形成 H_2/O_2 界面,最终导致电池性能的衰减。

循环伏安法和线性扫描法是表征膜电极衰减的重要手段。这两种方法被广泛运用到膜电极的性能表征测试中。

图 6-73 和图 6-74 分别显示了开口系 PEMFC 和闭口系 PEMFC 经历 1500 次的启停循环前后的循环伏安图。如图 6-73 所示,图(a)为阴极循环伏安图,图(b)为阳极循环伏安图。由两个图的比较可以明显看出,阴极催化剂的衰减明显比阳极要大,同样的结论也出现在闭口系 PEMFC 中。

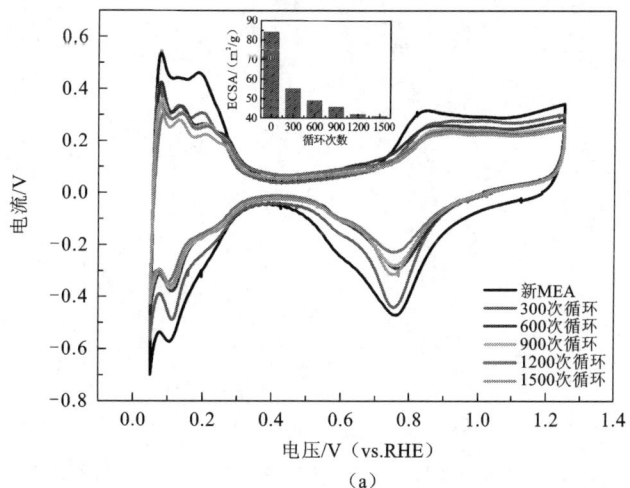

(a)

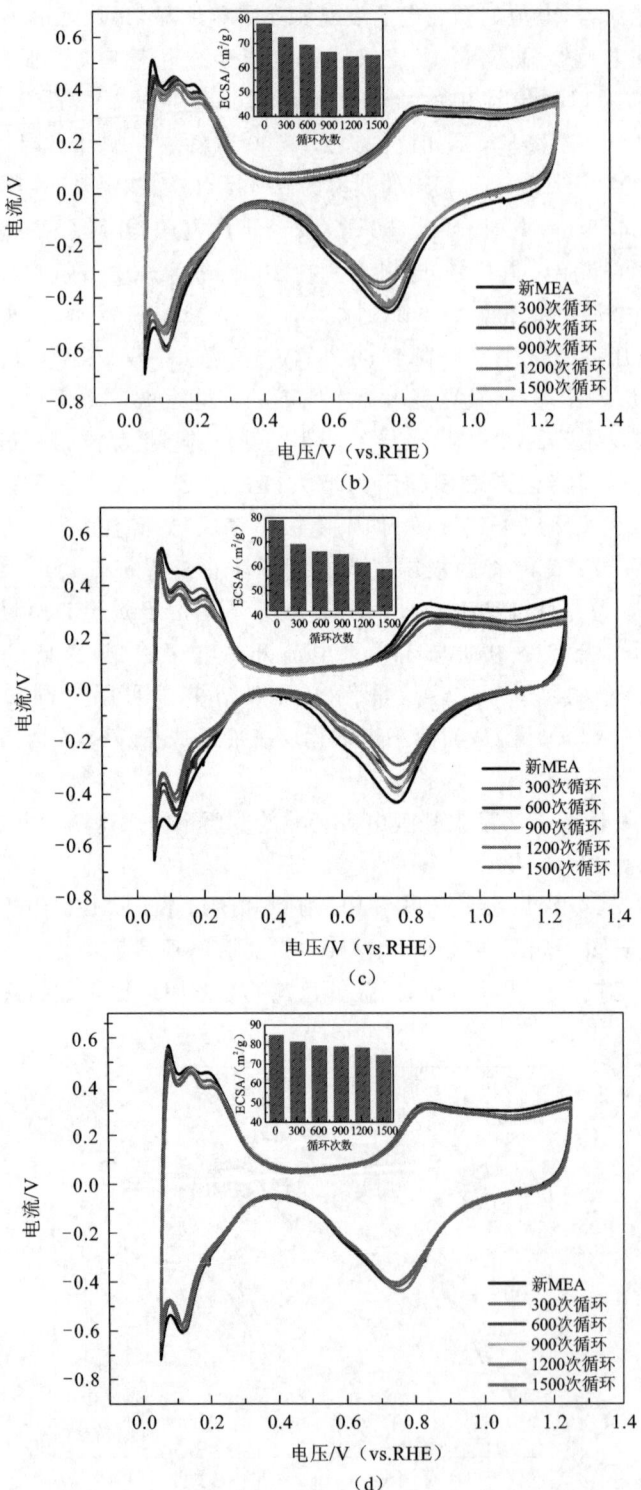

图 6-73 开口系和闭口系 PEMFC 启停循环前后循环伏安图

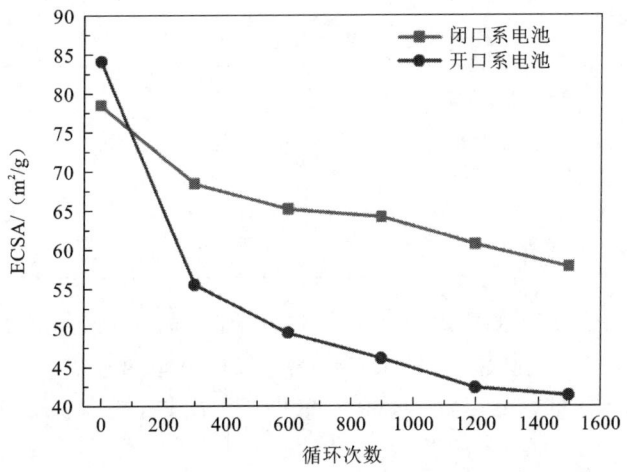

图 6-74　经历 1500 次启停循环后开口系和闭口系电池阴极 ECSA 变化

为了降低燃料电池的成本和提高贵金属铂的利用率,纳米铂颗粒分散于碳载体的表面以提高催化剂的表面活性面积。然而,在经历长时间高温、高湿度、低 pH 和高氧气浓度等环境下运行,碳载体极易被氧化(也可称为"碳腐蚀")而使催化剂活性面积降低。碳载体的氧化是一个化学或者电化学过程,与燃料电池内氢气不足的现象类似,启停过程也会造成一个很高的阴极电位。C. R. Reiser 等通过一维电化学模型解释了反向电流机理的存在[6]。他们指出,在 PEMFC 启停过程中,阴极的电位差会高达 1.44 V。在如此高的电位下,催化剂载体碳材料会发生如下反应[21-23]:

$$C + 2H_2O \longrightarrow CO_2 + 4H^+ + 4e^-, \quad E_{00} = 0.207 \text{ V} \tag{6-1}$$

$$C + H_2O \longrightarrow CO + 2H^+ + 2e^-, \quad E_{00} = 0.518 \text{ V} \tag{6-2}$$

碳载体的氧化使铂颗粒从载体表面脱落,最终导致了催化剂活性面积的降低。而脱落下来的铂颗粒发生团聚现象或被溶解[21,24-25]。因此,在高电位下碳载体的氧化是启停过程中阴极催化剂衰减的一个主要因素。但是,对于阳极催化层,在启停过程中表面电势差大概维持在开路电压。在此电位下,从电化学动力学来考虑,阳极催化剂载体的氧化速率会低于阴极载体。而这一点很明显地体现在循环伏安图图 6-73(c)、(d)中。

电化学活性面积(EAS)是表征 MEA 衰减的一个重要参数,EAS 可通过循环伏安曲线图计算出来,计算公式如下:

$$\text{EAS} = \frac{Q_H}{[\text{Pt}] \times 0.21} \tag{6-3}$$

其中,[Pt]为膜电极单位面积的铂载量,mg/cm^2;Q_H 为氢脱附电量,mC/cm^2,可通过循环伏安图得出。通过计算,经过 1500 次的启停循环后,开口系 PEMFC 阴极催化剂的活性面积由初始的 84.3 m^2/g 降到了 41.2 m^2/g,而开口系 PEMFC 对应的由 78.6 m^2/g 下降到了 57.8 m^2/g,如图 6-74 和表 6-8 所示,这一结果再次表明闭口系 PEMFC 在启停循环中表现出了更好的耐久性和稳定性。

表 6-8　开口系和闭口系 ECSA 的对比

单电池 电化学活性面积	开口系电池	闭口系电池
初始状态电化学活性面积/(m²/g)	84.3	78.6
1500 次循环后电化学活性面积/(m²/g)	41.2	57.8
电化学活性面积衰减速率	51.13%	26.46%

氢穿透电流在 PEMFC 的应用中是一个很重要的参数,氢穿透电流过大会导致燃料利用率低,甚至会出现安全隐患。PEMFC 的氢穿透电流是通过线性扫描 LSV 方法来求得的。所用样品 MEA 的初始以及每 300 个循环之后的线性扫描曲线如图 6-75 所示。

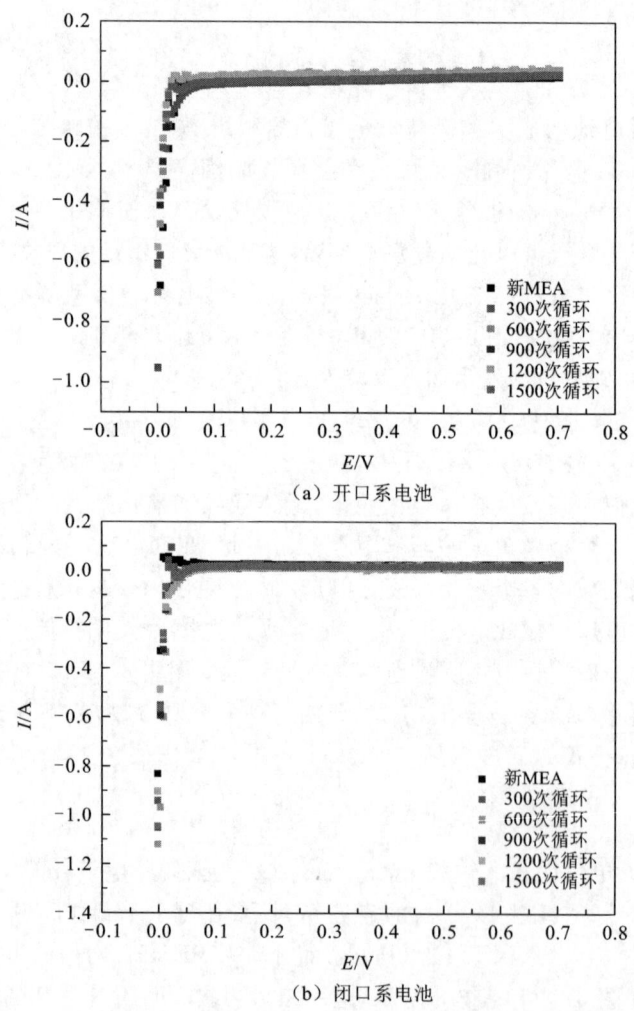

图 6-75　开口系和闭口系 PEMFC 启停循环前后线性扫描图

氢气穿透率的大小是通过给定电压下的氢气穿透电流来表征的。以 0.6 V 下的氢穿透电流作为对比来评价膜电极的衰减。通过图 6-75 可以看出，开口系 PEMFC 与闭口系 PEMFC 在启停循环前后的氢气穿透率并未发生很明显的改变，大概维持在 1 mA/cm²。这进一步说明，无论是开口系电池还是闭口系电池，质子交换膜没有发生明显的恶化，这一点已经在两个电池的开路电压变化的对比中得到说明。因此，PEMFC 在启停过程中性能的衰减主要是催化剂的腐蚀而造成的，在此工况下质子交换膜没有出现很明显的失效。

在 1500 次的启停循环之后，样品 MEA 要进行断面扫描分析，分析结果如图 6-76 所示。断面扫描可以明显看出 MEA 分成三层：阴极催化层、质子交换膜和阳极催化层。催化层的厚度是用来表征催化剂衰减的重要参数。

图 6-76(a)所示的是没有进行启停循环的新 MEA 断面扫描图，其阴阳极催化层的厚度分别为 9.60 μm 和 9.81 μm。经过 1500 次循环后，对于开口系 PEMFC 来说，阳极催化层的厚度变化不大，为 7.02 μm。而阴极催化层的厚度却下降得很严重，为 2.67 μm；而对于闭口系 PEMFC，阳极催化层的厚度变化更小，只减少了 0.8 μm，阴极催化层的厚度也

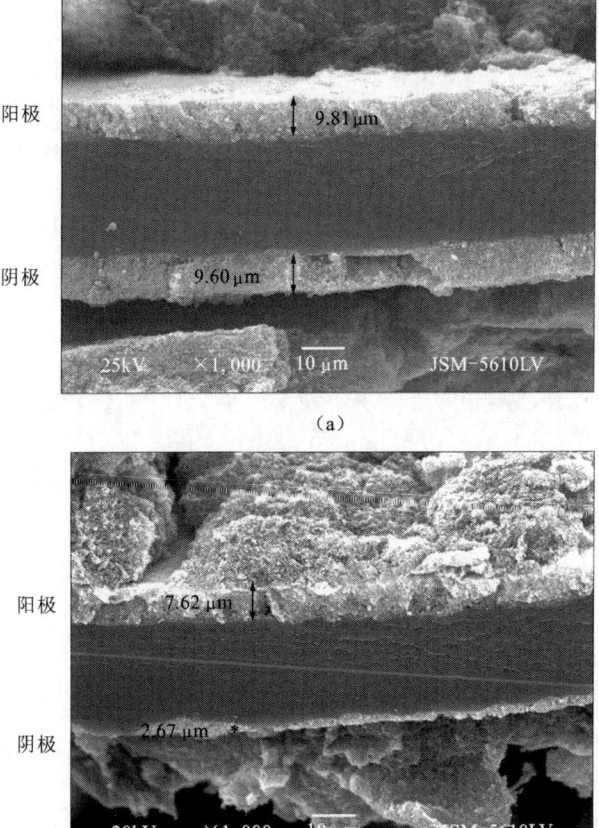

图 6-76 开口系和闭口系 PEMFC 经历启停循环前后的 MEA 截面 SEM

只减少了 2.61 μm，都比开口系 PEMFC 的衰减要小。开口系与闭口系 PEMFC 膜电极断面扫描分析分别如图 6-76(b)和图 6-76(c)所示。由此可以说明，在 PEMFC 停机时采用闭口系放电能够有效减小催化层的腐蚀，从而提高电池耐久性。

本章为了模拟 PEMFC 发动机启停过程，通过对单电池阴极尾气阀开启与关闭状态的控制，分别测试开口系和闭口系 PEMFC 经 1500 次启停循环的性能衰减。并采用极化曲线、循环伏安法和线性扫描分析法等电化学分析方法以及对膜电极的断面进行扫描分析，得出的结论如下所述。

（1）PEMFC 在启停过程中，关闭阴极尾气阀能够有效减少催化剂的衰减，这一点可以通过催化剂活性面积以及催化层的厚度变化看出。开口系 PEMFC 在启停过程中的衰减很严重，特别是在高电流密度下。

（2）催化剂载体的氧化对 PEMFC 的性能及其耐久性造成很严重的负面影响。而在频繁启停过程中，PEMFC 性能的衰减主要是由于催化剂的腐蚀，而质子交换膜在这个过程中并没有出现明显的失效。

（3）通过关闭氢气尾气阀来防止启停过程中催化剂载体的氧化，这一措施是行之有效的，而且能够很容易在 PEMFC 发动机系统中推广使用。

参 考 文 献

[1] KIM B J, KIM M S. Studies on the cathode humidification by exhaust gas recirculation for PEM fuel cell[J]. International Journal of Hydrogen Energy,2012,37(5):4290-4299

[2] HERBIG T,HILD T,WNENDT B. Cathode humidification of a PEM fuel cell through exhaust gas recirculation into a positive displacement compressor:U. S. Patent 7781084[P],2010

[3] PIEN M,WARSHAY M,LIS S. PEM fuel cell with dead-ended operation[J]. ECS Transactions,2008,16(2):1377-1381

[4] NISHIKAWAA H,SASOUA H,KURIHARAA R,et al. High fuel utilization operation of pure hydrogen fuel cells

[J]. International Journal of Hydrogen Energy,2008,33(21):6262-6269.

[5] NIKIFOROW K,KARIMÄKI H,KERÄNEN T M,et al. Optimization study of purge cycle in proton exchange membrane fuel cell system[J]. Journal of Power Sources,2013,238(28):336-344

[6] HAN I S,JEONG J,SHIN H K. PEM fuel-cell stack design for improved fuel utilization[J]. International Journal of Hydrogen Energy,2013,38(27):11996-12006

[7] MOÇOTÉGUY P,DRUART F,BULTEL Y,et al. Monodimensional modeling and experimental study of the dynamic behavior of proton exchange membrane fuel cell stack operating in dead-end mode[J]. Journal of Power Sources,2007,167(2):349-357

[8] MATSUURA T K,CHEN J,SIEGEL J B,et al. Degradation phenomena in PEM fuel cell with dead-ended anode [J]. International Journal of Hydrogen Energy,2013,38(26):11346-11356

[9] CHEN J,SIEGEL J B,STEFANOPOULOU A G,et al. Optimization of purge cycle for dead-ended anode fuel cell operation[J]. International Journal of Hydrogen Energy,2013,38(12):5092-5105

[10] PATTERSON T W,DARLING R M. Damage to the cathode catalyst of a PEM fuel cell caused by localized fuel starvation[J]. Electrochemical and Solid-State Letters,2006,9(4):183-185.

[11] TANIGUCHI A,AKITA T,YASUDA. K Analysis of electrocatalyst degradation in PEMFC caused by cell reversal during fuel starvation[J]. Journal of Power Sources,2004,130(1-2):42-49

[12] KIM M,JUNG N,EOM K S,et al. Effects of anode flooding on the performance degradation of polymer electrolyte membrane fuel cells[J]. Journal of Power Sources,2014,266(1):332-340

[13] CHOI J W,HWANG Y S,SEO J H. An experimental study on the purge characteristics of the cathodic dead-end mode PEMFC for the submarine or aerospace applications and performance improvement with the pulsation effects [J]. International Journal of Hydrogen Energy,2010,35(8):3698-3711

[14] SINHA P K,WANG C Y. Gas purge in a polymer electrolyte fuel cell[J]. Journal of the Electrochemical Society,2007,154(11):1158-1166

[15] HOU Y,SHEN C,DONG H,et al. A dynamic model for hydrogen consumption of fuel cell stacks considering the effects of hydrogen purge operation [J]. Renewable Energy,2014,62(3):672-678

[16] SIEGEL J B,MCKAY D A,STEFANOPOULOU A G. Measurement of liquid water accumulation in a PEMFC with dead-ended anode [J]. Journal of the Electrochemical Society,2008,155(11):1168-1178

[17] HIMANEN O,HOTTINEN T,TUURALA S. Operation of a planar free-breathing PEMFC in a dead-end mode [J]. Electrochemistry Communications,2007,9(5):891-894

[18] SASMITO A P,MUJUMDAR A S. Performance evaluation of a polymer electrolyte fuel cell with a dead-end anode:A computational fluid dynamic study [J]. International Journal of Hydrogen Energy,2011,36:10917-10933

[19] CHEN J,SIEGEL J B,STEFANOPOULOU A G,et al. Carbon corrosion in PEM fuel cell dead-ended anode operations [J]. Journal of the Electrochemical Society,2011,158(9):1164-1174